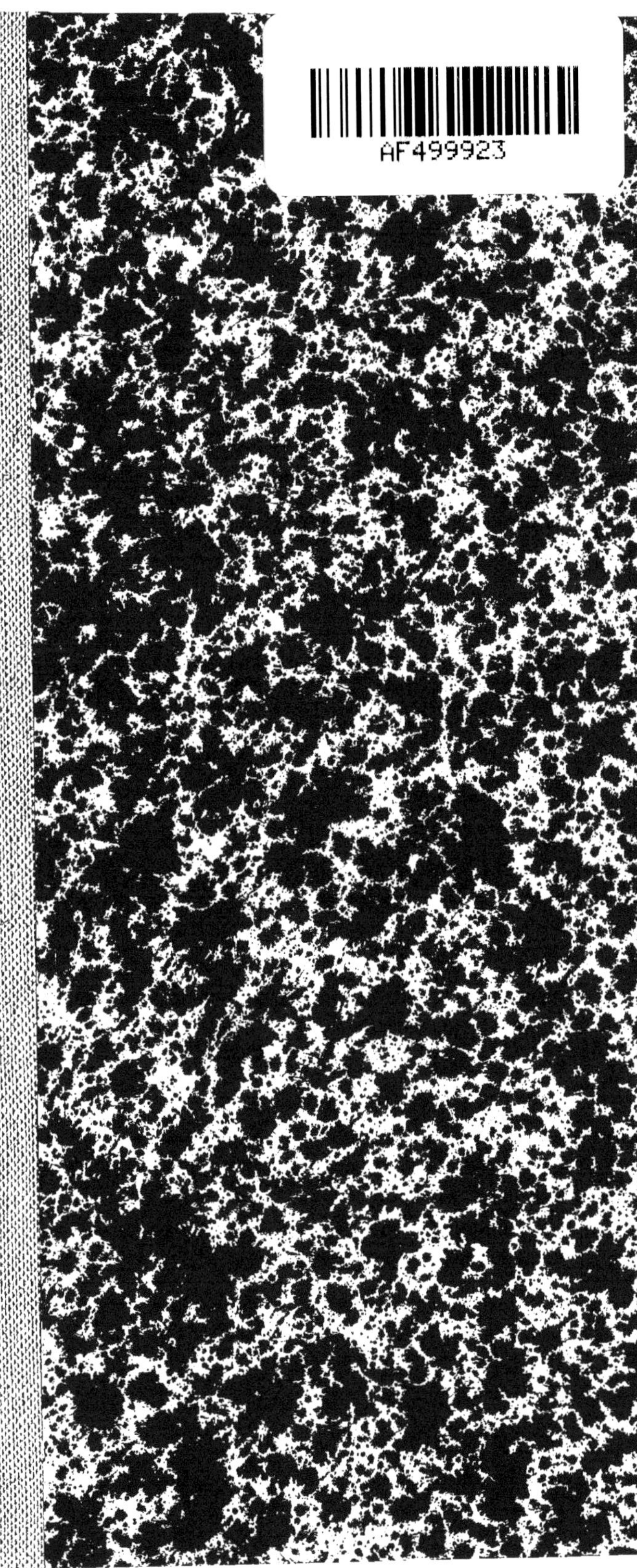

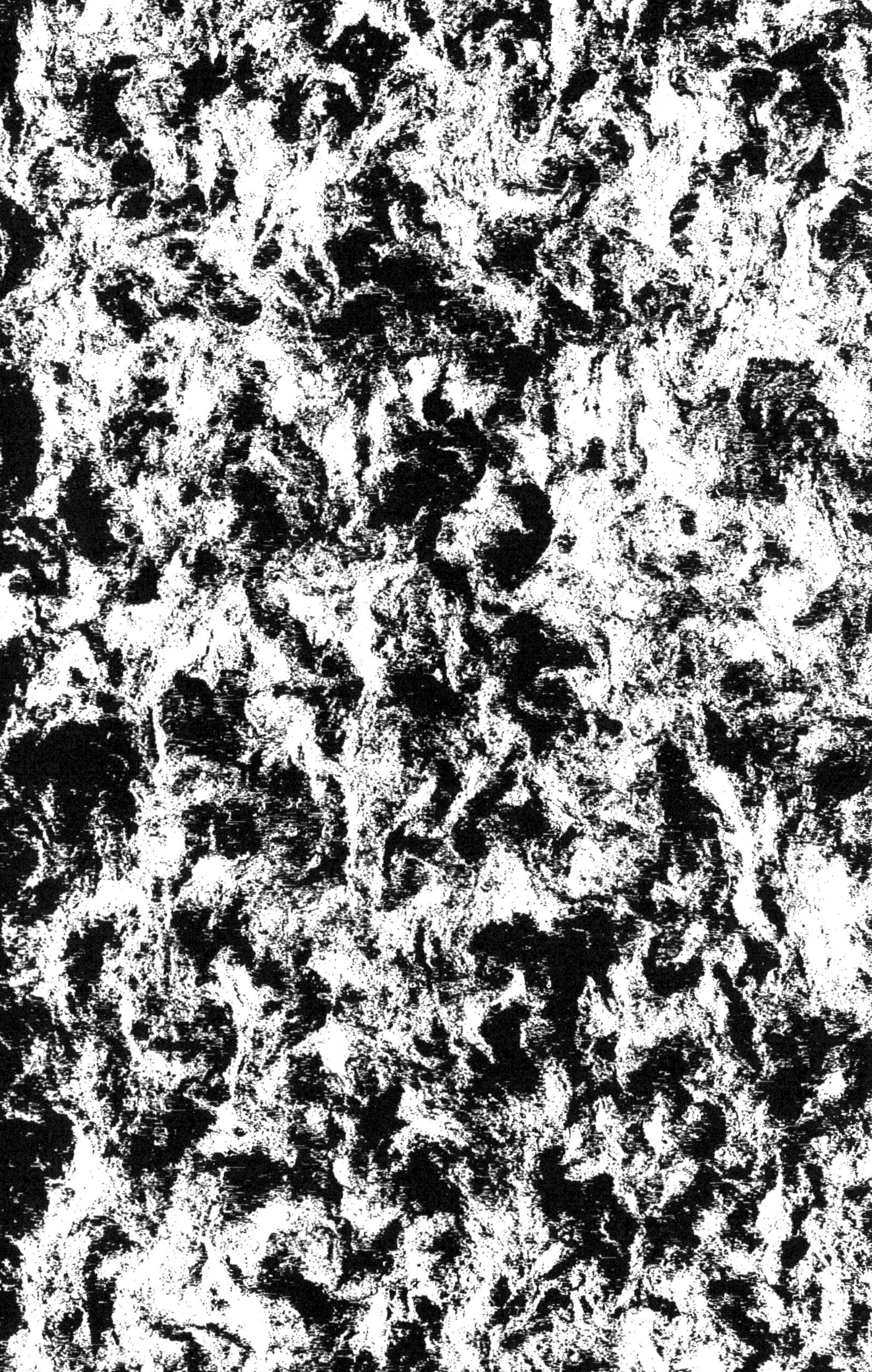

C.HOUDART 1965

Le Ier Congrès International

POUR LA

PROTECTION DES PAYSAGES

(Paris, 17-20 Octobre 1909)

COMPTE RENDU

Revu et Annoté par

Raoul de CLERMONT
Ingénieur-Agronome
Avocat à la Cour d'Appel de Paris

Fernand CROS-MAYREVIEILLE
Docteur en Droit
Avocat à la Cour d'Appel de Paris

Rapporteurs généraux de la Commission des Travaux du Congrès,

et

Louis de NUSSAC
Sous-Bibliothécaire au Muséum National d'Histoire Naturelle
Rédacteur en Chef
du BULLETIN DE LA SOCIÉTÉ POUR LA PROTECTION DES PAYSAGES DE FRANCE

SOCIÉTÉ POUR LA PROTECTION DES PAYSAGES DE FRANCE
Paris, 26, Rue de Grammont

1910

Le Ier Congrès International

POUR LA

PROTECTION DES PAYSAGES

(Paris, 17-20 Octobre 1909)

COMPTE RENDU

Revu et Annoté par

Raoul de CLERMONT
Ingénieur-Agronome
Avocat à la Cour d'Appel de Paris

Fernand CROS-MAYREVIEILLE
Docteur en Droit
Avocat à la Cour d'Appel de Paris

Rapporteurs généraux de la Commission des Travaux du Congrès,

et

Louis de NUSSAC
Sous-Bibliothécaire au Muséum National d'Histoire Naturelle
Rédacteur en Chef
du BULLETIN DE LA SOCIÉTÉ POUR LA PROTECTION DES PAYSAGES DE FRANCE

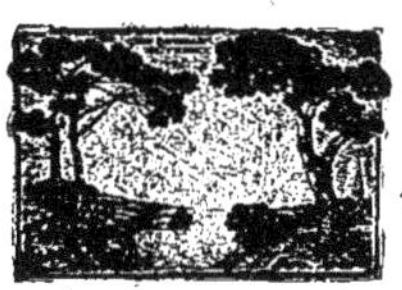

SOCIÉTÉ POUR LA PROTECTION DES PAYSAGES DE FRANCE
Paris, 26, Rue de Grammont

1910

Charles BEAUQUIER

Député du Doubs

Président de la Société pour la protection des Paysages de France

Président général du 1er Congrès International pour la protection des Paysages

BEAUQUIER (Charles), littérateur et député, né à Besançon, le 19 décembre 1833, fit à Paris ses études de droit, entra à l'École des Chartes en 1854 et en sortit avec le diplôme d'archiviste-paléographe. M. Beauquier se consacra d'abord à la critique musicale et au journalisme politique. Nommé sous-préfet de Pontarlier le 6 septembre 1870, il donna sa démission après la signature de la paix, collabora à divers journaux républicains du Doubs et devint conseiller général de ce département en 1871. Rédacteur en chef de la *Fraternité*, de Besançon, il fut élu conseiller municipal de cette ville en 1873. Député depuis le 25 avril 1880, M. Beauquier exerce sur ses collègues de la Chambre une autorité incontestée. C'est grâce à son inlassable activité que la Société pour la Protection des Paysages a remporté sa première victoire, par le vote de la loi du 21 avril 1906, dite " loi Beauquier ", relative à la Protection des sites et monuments naturels. Il est, en outre, l'auteur de la loi du 20 avril 1910, contre l'abus de l'affiche-réclame, et de différentes propositions de loi tendant au même but : loi sur les occupations temporaires, loi relative aux plans d'extensions et d'embellissements des villes, et loi sur les réserves nationales boisées.

(Cliché DAVID.)

M. Beauquier est, au surplus, un excellent écrivain. Citons parmi ses publications : Une *Notice historique et pittoresque sur le Raincy* (in-8°, 1865); une *Philosophie de la Musique* (in-18°, 1865); les *Dernières Campagnes dans l'Est* (1875); *Le Drame et la Musique* (1877); il a donné une édition annotée des œuvres de Beaumarchais (1872). Président de la Société des Traditions Populaires, il a fait, en outre, paraître un Recueil de Chansons populaires de Franche-Comté (paroles et musique), ainsi que différentes brochures : Le *Blason populaire de Franche-Comté;* la *Déclaration de la Fortune autrefois et aujourd'hui.*

Président d'honneur de la Fédération régionaliste française, M. Charles Beauquier est l'auteur d'une proposition de loi tendant à la constitution de 25 régions en remplacement des départements actuels. (Chambre des Députés de 1907, n° 731).

Membre fondateur et Président de la Société pour la protection des Paysages de France, il dirige cette association avec une compétence et un dévouement auxquels chacun se plaît à rendre hommage.

***

Nous avons reçu de M. Charles BEAUQUIER, président de la Société pour la Protection des Paysages de France, la lettre suivante :

A Mesdames Smith.

En tête de ce volume qui résume les travaux du premier Congrès International pour la Protection des Paysages, c'est un devoir pour notre Société de vous exprimer toute sa gratitude pour les encouragements que vous lui avez donnés et pour le concours, précieux à plus d'un titre, que vous avez prêté à ses efforts.

Nos congressistes n'oublieront jamais la gracieuse et si généreuse hospitalité que vous leur avez offerte dans votre beau parc de Nogent, illustré par le séjour de l'illustre Watteau. En se faisant l'interprète de leurs sentiments de reconnaissance, notre Société y ajoute ses remerciements tout particuliers pour le consentement que vous avez donné spontanément au classement de votre propriété, c'est-à-dire au maintien, à perpétuité, de son état actuel. Nous espérons que cet exemple de désintéressement ne restera pas isolé et qu'ainsi la loi sur la Protection des Sites exercera ses bienfaits influents sur la conservation des beautés naturelles de notre pays.

***

Le Comité d'organisation du Congrès adresse tout spécialement ses remerciements au Musée Social, en les personnes de ses distingués représentants, MM. Léopold Mabilleau, Montet, Merlin, Aubrun et Tardy.

En mettant ses salles de réunion à la disposition des congressistes, le Musée Social a largement contribué au succès de cette réunion et a, une fois de plus, montré qu'il n'est point de question touchant à l'intérêt général qui puisse le laisser insensible.

Premier Congrès International Pour la Protection des Paysages

I

L'Organisation

Sur l'initiative d'un comité local d'organisation, le premier Congrès international pour la Protection des Paysages de France s'est tenu à Paris, du dimanche 17 au mercredi 20 octobre 1909.

Le Comité local d'organisation était ainsi composé :

MEMBRES D'HONNEUR

Les Présidents d'honneur de la Société pour la Protection des Paysages de France :

MM. Fallières, Président de la République ;
Le Ministre de l'Instruction publique et des Beaux-Arts ;
Le Ministre de l'Agriculture ;
Le Sous-Secrétaire d'État aux Beaux-Arts ;
Frédéric Mistral.

MM. Daubrée, Conseiller d'État, Directeur général des Eaux et Forêts ;
Siegfried, Député, ancien Ministre, Président du Musée social ;
Léopold Mabilleau, Membre de l'Institut, Directeur du Musée social ;
Ballif, Président du Touring-Club de France ;
Comte Clary, Président du Saint-Hubert-Club de France ;
Georges Maillard, Avocat à la Cour, Président de l'Association littéraire et artistique internationale ;
Marin, Député, Président de la Fédération régionaliste française.

MEMBRES DU COMITÉ EXECUTIF

Président :

M. Charles Beauquier, Député, Président de la Société pour la Protection des Paysages de France.

Vice-Présidents :

MM. Jean Lahor, Homme de lettres, Vice-Président de la S. P. P. F. ;
Augé de Lassus, Homme de lettres, Vice-Président de la S. P. P. F. ;
J. Looten, Vice-Président de la S. P. P. F.

Secrétaires généraux :

MM. P.-A. Changeur, Avocat ;
Louis de Nussac, Sous-Bibliothécaire au Muséum ;
Jean Lobel, Directeur du Bureau de la Propriété littéraire et artistique.

Membres :

Mmes LEFEBVRE SAINT-OGAN ;
MARQUETTE ;
SAVINE ;
Mlle HARLOR ;
MM. Jean CANORA-PRUNIÈRES, Homme de lettres ;
Emile CARDOT, Inspecteur des Eaux et Forêts ;
J. CHARLES-BRUN, Délégué général de la Fédération régionaliste ;
André CHEVRILLON, Homme de lettres ;
Raoul de CLERMONT, Avocat à la Cour d'Appel de Paris ;
F. CROS-MAYREVIEILLE, Avocat à la Cour d'Appel de Paris ;
Le Dr Louis CRUVEILHIER, Directeur de la *Revue communale* ;
CUENOT, Vice-Président de la Société des Peintres de Montagne ;
DUBUISSON, Député ;
Albert DUVAL, Propriétaire ;
GUÉRIN, Avocat à la Cour d'appel ;
André HALLAYS, Homme de lettres ;
Georges HARMAND, Avocat à la Cour d'Appel ;
HICKEL, Inspecteur des Eaux et Forêts ;
Paul JOANNE, Vice-Président du Club Alpin Français ;
LABORI, Député, Avocat à la Cour d'Appel ;
André LEFRANÇOIS, Membre du Comité directeur du Saint-Hubert-Club ;
MADELIN, Inspecteur des Eaux et Forêts ;
Arthur MAILLET ;
E.-A. MARTEL, Directeur de la Revue *La Nature* ;
MARC, ancien Notaire à Paris, Président de l'Union de la Propriété bâtie de France ;
André MELLERIO, Homme de lettres ;
Adrien MITHOUARD, Homme de lettres, Conseiller municipal de Paris ;
MOURGUES, Directeur de la *Chambre des Propriétaires* ;
Georges MOREAU, ancien Directeur de la *Revue Universelle* ;
Charles NORMAND, Président de la Société des Amis des Monuments parisiens ;
E. OGIER, Conseiller d'État, Directeur au Ministère de l'Intérieur ;
Robert de SOUZA, Homme de lettres ;
Louis TERNIER ;
Marius VACHON, Homme de lettres ;
VAUNOIS, Avocat à la Cour d'appel ;
VELAIN, Professeur à l'Université de Paris ;
Adrien de VILLEMEREUIL.

Le but poursuivi était nettement indiqué dans la circulaire adressée par la Société pour la Protection des Paysages de France (S. P. P. F.) aux différents groupements régionaux et aux simples particuliers susceptibles de lui apporter un concours effectif. Cette lettre-circulaire était ainsi conçue :

M

Le premier Congrès international pour la Protection des Paysages se tiendra cette année à Paris, du 17 au 20 octobre prochain.

Il sera organisé par un Comité dont vous trouverez ci-joint la composition.

Le programme des travaux comportera l'étude des questions suivantes :

I° *Protection et Législation*, pour montrer ce que l'initiative privée et la puissance publique font ou doivent faire dans les divers Etats ;

II° *Forêts*, pour mettre en évidence les grandes questions d'actualité : déboisement et reboisement ;

III° *Paysages ruraux*, pour dégager, notamment, l'intérêt de certains sites mondiaux ou historiques, et faire valoir les beautés naturelles dans les problèmes posés par l'industrialisme, l'utilisation de la houille blanche et le tourisme ;

IV° *Paysages urbains*, pour développer l'idée de l'esthétique des villes, avec son art public, ses espaces libres, l'architecture, la démolition des fortifications, et son affranchissement des affiches hurlantes ;

V° *Paysages, sciences et arts*, c'est-à-dire pour indiquer la connexité des exigences de la nature, avec l'hygiène, les sports, l'école, la littérature, même la protection de la flore et la faune.

Les séances auront lieu au Musée Social, 5, rue Las-Cases. Le programme des fêtes, qui n'est pas encore complètement arrêté, comportera des réunions générales, des séances de sections, plusieurs excursions et un banquet.

Il paraît inutile d'insister sur l'intérêt et la portée des questions qui seront débattues au Congrès, et de l'attrait que comporte cette session à Paris.

Nous saurions gré à nos amis de la propagande qu'ils feront auprès de tous ceux qui s'intéressent à la Protection des Paysages, afin que chaque section ait la plus heureuse influence, et nous serons reconnaissants que ceux-là même qui ne pourront prendre part aux discussions, nous donnent par leur adhésion le témoignage de leur sympathie et de leur collaboration effective.

Des démarches seront faites pour obtenir des avantages spéciaux pour le voyage. Et le secrétariat se fera un plaisir de fournir tous renseignements utiles sur les hôtels, les promenades, etc.

Agréez, Monsieur, l'expression de nos sentiments les plus distingués.

Le Secrétaire général,
P.-A. CHANGEUR.

Le Président,
CHARLES BEAUQUIER.

***

Le programme des travaux du Congrès était, d'autre part, ainsi arrêté :

Dimanche 17 octobre, à 9 heures du soir, réception des congressistes au Musée Social.

Lundi 18 octobre, à 10 heures du matin, séance d'ouverture, présidence de M. Ch. Beauquier ; à 2 heures du soir, séance de travail ; présidence de M. le Dr Conwentz.

Mardi 19 octobre, à 10 heures du matin, séance de travail ; présidence de MM. de Munck et Kœchlin ; à 2 heures, excursion au parc de Watteau, à Nogent-sur-Marne.

Mercredi 20 octobre, à 10 heures du matin, séance de travail ; présidence de M. le commandeur Boni ; à 2 heures, séance de clôture, présidence de Mme Lefèvre Saint-Ogan et de M. de Girard ; à 8 heures du soir, banquet offert aux congressistes par la Société pour la Protection des Paysages de France.

***

A la séance de réception des congressistes, le dimanche 17 octobre, au Musée Social, en quelques mots, M. Charles Beauquier, député, président de la

S. P. P. F., souhaite la bienvenue aux délégués ; M. Augé de Lassus, vice-président de la Société, et M. P.-A. Changeur, secrétaire général, prennent ensuite la parole à leur tour.

Devant une assistance nombreuse, on procède à la nomination des Comités du Congrès.

COMITÉ D'HONNEUR

Présidents :

MM. Ruau, Ministre de l'Agriculture ;
Dujardin-Beaumetz, Sous-Secrétaire d'État aux Beaux-Arts.
Léon Bourgeois, Sénateur, ancien Président du Conseil ;
S. E. M. Beernaert, ancien Président du Conseil des Ministres de Belgique ;
S. A. le Prince de Radolin, Ambassadeur d'Allemagne ;
S. E. M. Djuvara, Ministre de Roumanie, à Bruxelles ;
S. E. le Baron de Barck, représentant du Gouvernement de la Suède ;
S. E. le Commandeur Boni, représentant du Gouvernement italien ;
MM. E. de Munck, Délégué du Gouvernement belge ;
Albin Perret, Député de Neuchâtel (Suisse) ;
S. E. le Conseiller Koechlin, Délégué du Ministre des Travaux publics d'Autriche ;
S. E. le Secrétaire Solta, Délégué du Ministre des Travaux publics d'Autriche ;
S. E. le Comte d'Orschot, Chargé d'affaires de Belgique ;
M. Léopold Mabilleau, Directeur du Musée social.

Membres :

MM. Doumer, Député, ancien Ministre ;
Maurice Faure, Sénateur ;
Le Baron de Montenach, député de Fribourg ;
Jules Siegfried, Député ;
Daubrée, Conseiller d'État, Directeur général des Eaux et Forêts ;
Dabat, Directeur des Améliorations et de l'Hydraulique agricoles ;
Léon, Chef de division au ministère des Beaux-Arts.

COMITÉ

Président général du Congrès :

M. Charles Beauquier, Député du Doubs, président de la S. P. P. F.

Présidents :

M. Bonnard, délégué du Touring-Club de France ;
S. E. M. le Dr Conwentz, Conservateur des Monuments naturels de Prusse ;
MM. Cuënot, vice-président du Club Alpin français ;
Le Professeur Dr Fuchs, délégué du *Heimatschutz* allemand ;
Augé de Lassus, vice-président de la S. P. P. F ;
Georges Maillard, Avocat à la Cour, Président de l'Association littéraire et artistique internationale ;
Le Professeur Dr Osterrieth, Président de l'Association internationale pour la Protection de la Propriété industrielle.

Vice-Présidents :

Mme Lefèvre Saint-Ogan, membre du Comité directeur de la S. P. P. F ;
MM. Armand Balsinger, délégué de la ville de Zurich ;
Emile Cardot, Inspecteur des Eaux et Forêts, Président de la Société des Amis des Arbres ;
Georges Harmand, Avocat à la Cour d'appel ;
André Mellerio, Délégué de la Société de l'Art à l'Ecole ;
Charles Normand, Président des Amis des Monuments parisiens ;
Louis Ternier ;
Vaunois, Avocat à la Cour d'appel.

Secrétaire général :

M. Anselme Changeur, Avocat, Secrétaire général de la S. P. P. F. ;

Secrétaires :

Mmes Marquette, membre du Comité directeur de la S. P. P. F. ;
Savine, membre du Comité directeur de la S. P. P. F. ;
MM. Georges Aubrun, Secrétaire du Musée social ;
Lefrançois, membre des Comités directeurs du Saint-Hubert-Club de France et de la S. P. P. F. ;
L. de Nussac, S.-Bibliothécaire du Muséum, secrétaire de la Rédaction du *Bulletin de la S. P. P. F.*

COMMISSION DES TRAVAUX

Rapporteurs généraux :

MM. Raoul de Clermont, Avocat à la Cour d'appel, Secrétaire général de la Société des Peintres de montagnes, membre du Comité directeur de la S. P. P. F.
F. Cros-Mayrevieille, Avocat à la Cour d'appel, membre du Comité directeur de la S. P. P. F.
Le Dr Fritz Koch, Secrétaire général du *Heimatschutz ;*
Jean Lobel, Directeur du Bureau de la Propriété littéraire et artistique internationale, Trésorier de la S. P. P. F. ;

Membres :

Mlle la Dr Eisenberg, membre du Comité directeur du *Heimatschutz ;*
MM. Carton de Wiart, membre de la Chambre des Représentants de Belgique ;
Dr Louis Cruveilhier, directeur de la *Revue Communale;* membre du Comité directeur de la S. P. P. F., président du Groupe d'Etudes Limousines ;
Destrée, membre de la Chambre des Représentants de Belgique ;
Eugène Montet, Secrétaire général du Musée social ;
Adrien de Villemereuil, membre du Comité directeur de la S. P. P. F. ;
Wauwermans, Avocat à la Cour, membre de la Chambre des Représentants de Belgique.

II

La Protection des Paysages en France

I. — Les souhaits de bienvenue

La séance du lundi 18 octobre est ouverte sous la présidence de M. Beauquier, Député du Doubs, Président de la Société.

La parole est à M. le Dr Conwentz (1), conservateur des Monuments naturels de Prusse (2), délégué officiellement par son Gouvernement :

Le respect des monuments naturels, dit-il, est une chose commune à tous. La parole de Rousseau : « Revenons à la Nature », a encore plus de raison d'être aujourd'hui que jamais. Pour nous approcher davantage de ce but vers lequel nous tendons, il faudrait que toutes les nations du monde se mettent d'accord pour sauvegarder l'aspect original de leur nature propre.

C'est la France qui a le mérite, en convoquant ce Congrès, d'ouvrir la voie à une entente cordiale internationale dans ce domaine qui est à la fois social, esthétique, scientifique.

Les amis de la Nature, les naturalistes, les artistes et nous tous lui en serons toujours reconnaissants. (Applaudissements.)

Après lui, M. de Munck (3), délégué du Gouvernement belge, membre de

(1) M. le professeur docteur H. Conwentz, directeur du Provincial Muséum de l'Est de la Prusse, conservateur des Monuments naturels en Prusse depuis le 22 octobre 1906 (poste créé), est l'auteur d'un grand nombre d'ouvrages touchant à la Protection des Monuments et Sites naturels : *De la Protection des Monuments naturels, notamment en Bavière* (Munich, octobre 1906) ; *Des Dangers qui menacent les Monuments de la Nature et avant-projet relatif à leur conservation* (Berlin, librairie Borntraeger, S. W. 11. Grossbeereustrasse 9) ; *Le Respect de la Petite Patrie à l'Ecole* (même édition) ; en outre des rapports annuels sur l'organisation de son service et les résultats obtenus, rapports fort documentés, adressés au Ministre des Cultes et de l'Intérieur.

(2) Il semble intéressant de donner quelques renseignements succincts sur les fonctions de conservateur des monuments naturels, charge créée en Prusse par décision ministérielle du 22 octobre 1906. Le « Naturdenkmalpfleger » a, dans ses attributions, la recherche et la surveillance des monuments naturels, l'étude des meilleurs moyens pour l'entretien des monuments naturels, la propagande en faveur de la sauvegarde et de l'entretien des monuments naturels en danger. Il est chargé d'organiser un service de renseignements pour toute personne s'intéressant à la protection des monuments naturels. Il doit se mettre à la disposition de ceux, particuliers, associations ou même administrations de l'Etat, qui font appel à son concours au sujet de quelque monument naturel en danger. Pour tout ce qui concerne sa charge, il dépend du ministre de l'instruction publique, auquel il doit fournir des rapports périodiques. Le siège du « Naturdenkmalpfleger » est à Dantzig.

(3) M. Emile de Munck, collaborateur au Musée Royal d'Histoire naturelle de Belgique, est l'auteur de nombreux et intéressants travaux, parmi lesquels nous citerons : *Le Rapport sur l'avant-projet de loi sur la conservation des Monuments et objets mobiliers, historiques ou artistiques, spécialement en ce qui concerne les sociétés*, rapport présenté à la Fédération archéologique et historique de Belgique en 1904 (XVIIIe section, Mons) ; différents rapports sur les éolithes de Hautes Sagnes de Belgique et d'Allemagne ; des notes sur l'homme tertiaire en Belgique ; en outre, il a publié dans le *Bulletin de la Société belge de géologie, de paléontologie et d'hydrologie* de Bruxelles (tome XIII, année 1909), une proposition en vue de l'institution d'une commission chargée d'examiner les meilleures mesures à prendre pour la sauvegarde des sites et des objets offrant un intérêt scientifique. N. D. L. R.

l'Institut international d'Art public (1), fait part au Congrès du haut intérêt que porte à cette réunion M. le Ministre Beernaert, président de l'Institut d'Art public, et il ajoute : « Cela prouve que nous sommes en parfaite communion d'idées avec votre éminent président, M. Beauquier. »

L'orateur annonce ensuite à l'assemblée qu'à Bruxelles se tiendra, en 1910, le quatrième Congrès international d'Art public, auquel M. Beernaert et lui comptent voir de nombreux représentants de la France.

M. le Président lui donne l'assurance que les Français se rendront nombreux à Bruxelles.

La parole est à M. le Dr Fuchs, délégué de l'*Heimatschutz* allemand (2) qui adresse ses compliments et ceux de la Société qu'il représente, aux congressistes et à leur président.

Après lui, c'est M. le conseiller Koechlin, délégué autrichien :

Je crois devoir, dit-il, répéter dans la langue de nos hôtes les quelques paroles prononcées par M. le Dr Fuchs :

(1) *L'Institut International d'art public*, fondé à Bruxelles, le 24 septembre 1898, sous la haute présidence de deux hommes d'Etat, MM. Beernaert et Roujon, se donne pour mission générale la recherche des intérêts publics de l'art et la protection de ces intérêts. Une revue trimestrielle, *L'Art public* (bureaux, 56, Jef Lambeaux, Bruxelles), admirablement éditée et d'un grand intérêt, a pour but de favoriser son action qui se manifeste en outre par des congrès et des expositions. Il nous suffit de signaler que le 3e congrès s'est tenu en 1900, à Paris, organisé par MM. Labusquière, Lampué, André Hallays, Normand, Pressat... M. de Selves, préfet de la Seine, par son bienveillant appui, contribua fortement au succès. A ce congrès, on élabora une véritable charte des devoirs des gouvernements, des municipalités et des artistes pour le renouveau d'art nécessaire à l'évolution économique et sociale des peuples. Le seul énoncé des rubriques de la Revue : Traditions nationales, Sauvegarde des sites, Evolution artistique des villes, Culture esthétique... donne une idée des questions intéressantes traitées par l'Institut. Plus particulièrement, en ce qui concerne la « Sauvegarde des sites », chapitre important du programme, l'Institut d'art public entend réaliser le protection des beautés naturelles, accommoder le genre de construction à l'aspect général de la région, conserver les anciens us et coutumes en voie de disparition. Et c'est ainsi que dans le seul tome III de la *Revue* de 1908, nous trouvons différents articles sur la disparition de l'île de Phylae, par M. Carton de Wiart ; sur la Ligue pour la Beauté en Suisse, par Mme Burnat-Provins ; sur les Brutalités de la Réclame, sur le château de Bioul...

(2) La Société allemande *Heimatschütz*, fondée par M. Ernest Rudorff, a son siège social à Meinigen (Saxe). Elle a pour but de s'occuper :

1° De la conservation des monuments en général ;

2° De tout ce qui a trait au paysage rustique et urbain au point de vue de la construction et de son entretien ;

3° De la protection des paysages, y compris les ruines ;

4° Des moyens de sauver de la destruction les animaux et les plantes particulières au pays, ainsi que les particularités géologiques ;

5° De l'art populaire ;

6° Des usages, des fêtes et des costumes.

A la 6e assemblée générale annuelle du *Heimatschütz*, qui a eu lieu à Trèves, les 22, 23, 24 et 25 septembre 1909, assemblée à laquelle la S. P. P. F. avait officiellement délégué MM. Beauquier et de Clermont, M. le docteur Koch, secrétaire général, dans son remarquable rapport, a fait connaître les résultats obtenus par cette association : organisation de nouvelles sections de Schleswig-Holstein, Würtemberg, Solenberg, Francfort-sur-Mein, Erfurt, Steinmark, Brunswick, Lauenstein, Meklembourg, Silésie, Poméranie, Westphalie, Vienne et Thuringe. Un ouvrage du prince Schulze Nauenbourg : *La Défiguration de notre pays*, a été tiré à 37.000 exemplaires et recommandé spécialement par le ministre du commerce aux établissements d'enseignement. L'œuvre de la Société est puissamment secondée par la Presse. La Société a engagé des pourparlers avec la Société de réclame « Mons », pour l'amélioration des affiches. (*Bulletin de la S. P. P. F.*, 15 octobre 1909, p. 73).

Signalons que le docteur Koch a codifié en un volume toutes les ordonnances des municipalités prussiennes, relatives à la protection des paysages, notamment contre l'abus de l'affichage.

N. D. L. R.

M. le Ministre des Travaux Publics d'Autriche nous a chargés de vivement remercier la Société pour la Protection des Paysages pour son aimable invitation au premier Congrès International pour la Protection des Paysages et de transmettre ses meilleurs souhaits de réussite à ce Congrès. (Vifs applaudissements.)

M. le Président. — M. le Professeur Fuchs s'est exprimé au nom d'une Société dite Bund Heimatschütz. Vous savez tous qu'il existe en Allemagne quantité de ces Sociétés dont le nom, pour le traduire exactement, signifierait « la petite patrie ». Ce n'est pas le Vaterland, c'est la petite patrie, ce que nous pourrions appeler la « matrie », si on voulait créer une expression nouvelle qui correspondît mieux aux sentiments tendres et affectueux que nous avons tous pour notre petite patrie.

En Allemagne, il y a de très nombreuses sociétés qui s'occupent de la protection de la petite patrie, c'est-à-dire de la protection, non seulement des sites urbains et champêtres, mais aussi de tout ce qui constitue le caractère national et particulier des provinces : le costume, les traditions, certaines plantes, certains animaux qui tendent à disparaître et dont on voudrait empêcher la disparition. Mon ami M. Raoul de Clermont et moi, nous sommes allés, il y a un mois, à Trèves, où se tenait un Congrès de ces Sociétés de la petite patrie, Congrès très intéressant, dans lequel nous avons recueilli des renseignements dont nous ferons profiter notre Société. Nous n'avons qu'à imiter ce qui se fait en Allemagne. Ce n'est pas encore international, mais j'espère, grâce à l'élan que nous avons donné, que, dans un avenir très prochain, ces questions seront internationales. (Applaudissements).

Maintenant, nous allons, autant que possible, suivre l'ordre du jour.

Cet ordre du jour commence par un exposé que je vais vous faire du but, de la genèse de notre Association.

II. — La Société pour la Protection des Paysages de France et son œuvre

Fort éloquemment, M. le Président rappelle la raison d'être de la Société pour la Protection des Paysages de France, qui est née des erreurs monstrueuses de l'industrialisme et de la publicité, ainsi que de l'aveuglement de l'intérêt individuel mal compris. Le but poursuivi par la Société n'est point d'arrêter la marche des chemins de fer, des tramways électriques ou des automobiles, mais d'amener un sage accord entre les besoins du progrès en marche et le goût de la nature devenue pour la Société moderne un besoin en quelque sorte organique (1). Il y a manière et manière de tracer une ligne de chemin de fer et on ne saurait admettre que pour attirer plus de monde sur une route pittoresque on doive y installer un tramway qui coupe les arbres de ses bords et ruine tout le charme du pays. Il en est de même pour les affiches-réclames, qui heurtent à chaque instant la vue, pour la pioche du carrier qui creuse dans la montagne des trous béants, ce sont là autant d'atteintes à notre liberté et autant d'abus de propriété.

M. Beauquier retrace ensuite en quelques mots la genèse de l'Association. Il rappelle les efforts antérieurs, efforts isolés et intermittents du Club Alpin,

(1) Voir, sur cette question, *Bulletin de la Société pour la Protection des Paysages de France*, 1902, p. 2 ; voir également : Cros-Mayrevieille, De la Protection des Monuments Historiques, Sites et Paysages, 1907, p. 24 et suiv. ; Baron de Montenach : Pour le Visage Aimé de la Patrie, 1908, p. 13 et suiv. ; Gassot de Champigny : La Protection des paysages, 1909, p. 13.
N. D. L. R.

qui défendit la cascade de Gimel, près de Tulle, et la vallée de Granges ; du Touring-Club, des Amis des Monuments Parisiens, des Amis des Arbres, de la Société Populaire des Beaux-Arts, de la Fédération Régionaliste Française, des Syndicats d'Initiative....., les premiers hommes qui se sont dévoués à la cause : André Theuriet et le poète Jean Lahor, qui par son article de la *Revue des Revues*, fondait virtuellement la Société le 1er mars 1901 (1). Puis il rappelle l'intervention de M. Edmond Haraucourt et son article : « Sauvons le pittoresque », paru dans *Le Gaulois* du 3 mars; cependant, M. Jean Lahor se mettait en campagne et, en quelques semaines, recueillait les adhésions les plus chaleureuses et les plus illustres. M. Sully-Prudhomme acceptait la présidence, tandis que MM. Frédéric Mistral, André Theuriet et Gustave Larroumet étaient nommés vice-présidents (2).

Le 1er juillet 1901, se réunit à l'Institut Rody, l'assemblée constitutive de la Société ; de nombreuses personnalités étaient présentes, parmi lesquelles MM. Eugène Müntz, de l'Institut ; Ballif, président du Touring-Club ; Pierre de Nolhac, conservateur du Musée de Versailles ; Reuss, inspecteur des Eaux et Forêts ; Charles Le Goffic, André Hallays, Edouard Sarradin, Lucien Descaves., etc., etc.....

La nouvelle Société trouva dans la Presse un accueil enthousiaste (3). Le mouvement était donné ; l'œuvre accomplie par la Société n'a point déçu les espérances des fondateurs et au milieu des applaudissements, M. le Président cède la parole à M. P.-A. Changeur, secrétaire général, pour la lecture de son rapport sur « Les résultats pratiques obtenus par la Société pour la Protection des Paysages de France ».

MESDAMES, MESSIEURS,

Veuillez m'excuser d'entrer sans préambule dans la lecture de mon rapport. Au surplus, le rapport que vient de faire notre éminent Président ne laisse rien à dire, en dehors des limites strictes de la question que je dois vous exposer. Enfin, le temps du Congrès est mesuré, donc précieux, et je craindrais d'en abuser.

Je vais avoir l'honneur de vous exposer le bilan de notre Société, profits et pertes, car, hélas ! nos efforts n'ont pas toujours été couronnés de succès, mais ce sont là des défaites dont nous n'avons pas à rougir.

Je diviserai l'œuvre de notre Société en deux parties : dans la première, rentrent les résultats pratiques de notre action, le détail de nos luttes, la liste des questions qui ont mérité l'attention et exercé l'initiative de notre Société. Et cette partie même peut se subdiviser en deux chapitres : questions de détail, questions d'ensemble.

La seconde partie comprendra l'œuvre législative de notre Société.

Notre Société, dont vous connaissez les origines, était à peine née, en juillet 1901 (4), qu'elle s'élançait au combat, combat est le mot, quand on songe à toutes les

(1) Voir *Bulletin de la S. P. P. F.*, 1902, p. 12 et suiv.
(2) Voir *Bulletin de la S. P. P. F.*, 1902, p. 46 et suiv.
(3) Voir *Bulletin de la S. P. P. F.*, 1902, p. 51 et suiv.
(4) Dans la revue *La Réforme Sociale*, bulletin de la Société d'économie sociale et des Unions de la paix sociale, fondée par P.-F. Le Play, 24e année, tome XLVIII de la collection ; 2e série, tome VIII, 5e et 6e livraisons, nº 17-18. Les 1er et 16 septembre 1904, pp. 427 à 438, a paru un article de M. A. Mellerio, sur la Société de Protection des Paysages de France. Il nous donne une intéressante analyse des travaux de la Société.

Voir Rapport de M. Raoul de Clermont : *De la Protection des Monuments du Passé, des Pay-*
N. D. L. R.

barrières à renverser, à toutes les hostilités à vaincre. Son premier Bulletin est un Bulletin de victoire. Il annonçait le sauvetage de la source et de la cascade du Lizon (1), un des plus beaux sites du Jura, qu'un industriel s'était avisé de capter et de remplacer par un tuyau de fonte. Un procès s'en était suivi, que la Société soutint de toute l'autorité de son Président, M. Charles Beauquier, et un peu de ses deniers.

Bulletin de victoire, disais-je, et aussi déclaration de guerre, car le même Bulletin enregistre une protestation énergique, sous forme de rapport documenté, contre le projet d'imposer lourdement la propriété non bâtie de Paris, c'est-à-dire ses jardins (2), c'est-à-dire ce qui fait sa gaieté, sa beauté et sa santé. Et, dès lors aussi, ne bornant pas son action à Paris, la Société prenait en mains la question — toujours en suspens ! — des magnifiques rochers de Ploumanach (Côtes-du-Nord) (3). Et encore, dès cette même année, M. Beauquier présentait au Parlement le projet de la loi qui fut votée en 1906, et sur laquelle nous reviendrons.

C'était inscrire en quelques pages le programme infini que se fixait la Société, programme auquel elle ne faillit pas. Et il faut remercier M. Robert de Souza de l'avoir si énergiquement établi et suivi.

Voici maintenant, dans leur ordre chronologique, avec la mention de ceux de nos collègues qui s'adonnèrent plus spécialement à leur étude, la liste des questions dont la Société poursuivit, et obtint le plus souvent l'heureuse solution :

Désengrillagement de la forêt de Saint-Germain, au moins dans l'espace compris à moins de 3 kilomètres de la ville, et de la Mare-aux-Canes qui, depuis 18 ans, était en cage. (M. Georges Godin) (4).

Source du Loiret, menacée par les projets d'adduction d'eau de la Ville de Paris. (M. J.-M. Senion) (5).

Dérochement et destruction des châtaigniers dans la Creuse. (Dr Manouvrier, que nous retrouverons toujours sur la brèche quand on touchera à cette belle région) (6).

sages et des sites, au Congrès de l'Association littéraire et artistique internationale et du Congrès international d'art public à Liège, 18 au 24 septembre 1905. (Annexe au *Bulletin* n° 19, page 31.)

Voir Thèse de J. Constans, p. 130.

Voir *Bulletin de la S. P. P. F.*, 1902, pp. 1, 5, 28, 30 et 46 ; *Bulletin*, 1903, pp. 90 et 101 ; *Bulletin*, 1904, pp. 13, 52, 91 ; 15, 16 et 93 ; *Bulletin*, 1905, p. 1.

(1) *Bulletin*, 1902, pp. 20 et 81 ; 1903, p. 40.

Cros-Mayrevieille, loc. cit. p. 83.

Il paraît intéressant de reproduire ici un considérant du jugement intervenu à la suite du procès intenté devant le tribunal civil de Besançon, par la commune de Nans-sous-Sainte-Anne, à l'industriel auteur du dommage :

« Considérant que..... le droit de la commune sur les parois latérales et supérieures étant établi, Prat serait encore privé du droit d'appuyer sur ces parois n'importe quels ouvrages nouveaux qui élèveraient le niveau des eaux dans la grotte, interdiraient l'accès du fonds par le chemin pratiqué dans la paroi, capteraient toutes les eaux lorsqu'elles sont peu abondantes et laisseraient alors desséché le lit actuel de la source, *ce qui nuirait à la beauté du site que la commune a intérêt à conserver* ;..... »

A notre connaissance, ce jugement est malheureusement unique ; il serait intéressant d'avoir sur ce point une jurisprudence certaine. N. D. L. R.

(2) Voir *Bulletin* 1902, p. 16 et suiv. ; 1904, p. 3 et suiv., 21, 54, 89 ; 1906, p. 94 ; 1908, p. 55.

(3) Voir *Bulletin* 1902, p. 12, 25, 78, 117 ; 1903, p. 23, 42, 51 ; 1904, p. 53, 55 ; 1906, p. 122 ; 1907, p. 221 ; 1908, p. 15, 62 et 77.

(4) 1902, p. 15, 43 et 99 ; 1904, p. 22, 55 ; 1905, p. 22.

(5) 1902, p. 25, 61, 117 ; 1903, p. 23.

(6) *Bulletin de la S. P. P. F.*, 1902, p. 66, 68, 93, 120, 122, 124. N. D. L. R.

Pont transbordeur de Marseille, devant détruire l'admirable perspective du Vieux-Port, évité grâce à l'énergie du regretté M. Auquier (1).

Projet de voie ferrée à travers la forêt de Fontainebleau, qui fut définitivement écarté (2).

Démolition des fortifications de Paris. Il est à noter que, dès cette époque, cette grave question figurait aux ordres du jour de nos réunions, et qu'un projet de loi fut présenté le 12 novembre 1902, et confirmé le 17 avril 1905, déclarant que les terrains désaffectés ne pourraient donner lieu à aucun lotissement et demeureraient à l'état de zone libre plantée d'arbres et de jardins.

La question, faut-il ajouter, mise sur le tapis par M. de Souza, n'est pas encore résolue, et nous la suivons de très près (3).

Route d'Honfleur à Trouville, projet de tramway dont l'adoption anéantirait, sur 15 kilomètres, toute la beauté de cette côte (4). (M. Ternier.)

Nous en demandons encore le classement, et tout fait espérer que nous obtiendrons gain de cause.

Forêt de Marly (5), où l'insistance de M. André Mellerio finit par obtenir l'accès, au moyen d'échelles doubles permettant de franchir le grillage, de deux emplacements historiques et pittoresques : celui de l'ancien château de Montjoie et celui du château de Retz.

Rochers des quatre Fils Aymon, dans la Meuse, que des carrières avoisinantes menaçaient d'atteinte grave (6). (M. André Fage.)

Morcellement du parc de la Muette, dans Paris, que la protestation de M. de Souza ne réussit pas à éviter (7).

Lotissement des terrains du Champ-de-Mars, dont nous obtînmes la réduction (8).

L'Église de Célaumont contribuant si puissamment, par sa silhouette, sur le coteau à pic qui borde la Creuse, à un ensemble extrêmement pittoresque. Elle fut conservée grâce à son acquisition, à laquelle contribua notre Société (9).

Dégradation des Vosges par des carrières (10).

(1) *Bulletin de la S. P. P. F.*, 1902, p. 79, 87, 117 ; 1908, p. 172.

(2) *Bulletin de la S. P. P. F.*, 1902, p. 78, 99, 117 ; 1903, p. 5, 23, 31, 68, 71, 72 ; 1904, p. 23, 82, 90 ; 1908, p. 211, 213, 260, 302.

(3) Voir *Bulletin* 1902, p. 101, 117 ; 1905, p. 56, 75, 90 ; 1906, p. 66, 125 ; 1907, p. 149, 171, 172, 210, 262, 289 ; 1908, p. 55 ; voir également : « Le Musée Social, Mémoires et Documents, juillet 1908, n° 7, Les Espaces libres à Paris, donnant un excellent résumé de la campagne active menée, en 1908, par la Section d'Hygiène Urbaine et Rurale du Musée Social, sous la direction de MM. Siegfried et Bisler, campagne à laquelle la S. P. P. F. s'est associée. — Voir J. Flourens : *Les Fortifications de Paris*, Paris, 1908. On se trouve, à l'heure actuelle en face de plusieurs projets, notamment le projet Hénard, qui consiste dans la création de neuf grands parcs, réunis entre eux par un large boulevard, avec terrains de jeux, le tout compris sur l'emplacement des fortifications : le projet Dausset, qui consiste à transformer la zone militaire en une ceinture de verdure et d'espaces libres frappés de servitude, *non edificandi* ; une troisième solution a été proposée, elle consisterait à réserver sur l'ensemble des fortifications et de la zone militaire un espace libre au moins égal à la totalité des fortifications. Egalement un projet de la Ligue des Espaces Libres qui se rapproche du projet Dausset et qui veut établir une ceinture continue d'air et de verdure tout autour de Paris. La question est pendante devant la Chambre et M. Desplas, député de Paris, a été chargé du rapport. N. D. L. R.

(4) Voir *Bulletin de la S. P. P. F.*, 1903, pp. 41, 42, 71 ; 1904, pp. 24, 53 ; 1906, p. 126 ; 1907, pp. 213, 234, 299 ; 1908, p. 35.

(5) Voir *Bulletin de la S. P. P. F.*, 1902, p. 105 ; 1903, 58, 71, 97 ; 1905, 48, 90 ; 1906, p. 66 ; 1907, pp. 172, 177, 209 ; 1908, pp. 28, 113.

(6) V. *Bulletin de la S. P. P. F.*, 1903, p. 62.

(7) V. *Bulletin de la S. P. P. F.*, 1903, pp. 75, 76, 78, 79, 80, 81 ; 1904, p. 23.

(8) Voir *Bulletin de la S. P. P. F.*, 1902, p. 104 ; 1903, pp. 97, 98.

(9) Voir *Bulletin de la S. P. P. F.*, 1904, pp. 55, 63 ; 1905, p. 16 ; 1906, p. 22.

(10) Voir *Bulletin de la S. P. P. F.*, 1903, pp. 92, 95 ; 1904, pp. 69, 73. N. D. L. R.

Affichage sur la Côte-d'Azur. M. René Vauquelin obtint du maire de Villefranche le premier arrêté, exemple mémorable, contre l'apposition d'affiches sur les murs et les façades de maisons bordant la voie publique (1).

Parc de Bagatelle, alors à vendre, et que les actives démarches de la Société contribuèrent à faire acheter par la Ville de Paris, pour le laisser à la disposition du public (2).

Forêts autour de Paris (3), presque interdites au public par les barrières et grillages qui y abondent par suite de leur location, à prix minime, pour la chasse.

Bois de Boulogne (4). Cette question — maintien intégral des limites actuelles du Bois — se liait étroitement à celle de la désaffectation des fortifications, et fut, dès ce moment, posée par MM. Beauquier, de Souza et Charrier.

Ile Saint-Martin (5), près Pontoise. (M. Deslignières, qu'il faut encore féliciter.) Charmante, boisée, menacée de perdre ses arbres, nous demandâmes et obtînmes son achat par l'État ; mais cette mesure ne devait pas la sauver, et, malgré nos longs efforts, l'île fut sacrifiée aux réclamations des Ponts et Chaussées.

Square du Temple (6). Nous demandions, avec M. Eugène Hénard, que l'on profitât de la démolition du marché voisin pour l'agrandir. Des raisons budgétaires empêchèrent de nous donner satisfaction.

Petit Parc de Marly (7), dont, depuis longtemps, MM. Mellerio et André Hallays s'occupent et demandent le classement, car c'est éminemment un paysage historique, éveillant des souvenirs royaux, comme Versailles, mais empreints d'un charme plus intime et plus frais.

Accessoirement, le vœu était formulé, pour la forêt de Marly, que l'on n'y fît que les coupes absolument indispensables en maintenant, naturellement, intangibles, les zones dites artistiques, et qu'il fût laissé à la lisière des coupes nécessaires une distance de quelques mètres plantés et touffus, pour masquer la dénudation.

Pont de Cahors (8). Il faut ici déplorer que tous nos efforts et ceux de nombreuses Sociétés et personnalités, se soient brisés contre l'opiniâtre résolution de la municipalité de priver, à grands frais, la ville d'un monument et d'un site remarquables.

Mont Saint-Michel (9). Sous la signature de M. Beauquier, notre Bulletin de juillet 1906 enregistrait un éloquent cri d'alarme en faveur du Mont, menacé de se trouver, sous peu, en terre ferme, par suite de l'extension des polders. Depuis lors, la question nous occupe, et une commission, spécialement nommée à cet effet, poursuit l'arrêt des concessions de polders et la rupture de la digue.

Vallée de la Creuse (10). Les barrages qui en compromettraient la beauté, les dérochements, sont l'objet de nos démarches, centralisées par MM. Maillet, de Nussac, Mornet et le Dr Manouvrier.

(1) Voir *Bulletin de la S. P. P. F.*, 1903, pp. 19, 24, 42, 68, 71, 72, 83, 85, 91, 97 ; 1904, pp. 76, 79 ; 1905, p. 84 ; 1906, p. 21, avec le texte de l'arrêté du maire de Villefranche ; 1906, pp. 61, 62 ; 1907, p. 182.

(2) Voir *Bulletin de la S. P. P. F.*, 1903, p. 97 ; 1905, p. 3.

(3) Voir *Bulletin de la S. P. P. F.*, 1902, pp. 105, 35 ; 1903, pp. 5, 23, 31, 68, 71, 72, 58, 97, 7, 8, 59 ; 1904, pp. 38, 86, 22, 55 ; 1905, pp. 22, 23, 48, 56, 75, 82, 90 ; 1906, pp. 30, 31 ; 1907, pp. 172, 174, 177, 208, 213, 260, 302 ; 1908, pp. 29, 34.

(4) Voir *Bulletin de la S. P. P. F.*, 1903, pp. 68, 75 ; 1905, pp. 56, 75, 90 ; 1906, pp. 22, 28 ; 1907, pp. 149, 210.

(5) Voir *Bulletin de la S. P. P. F.*, 1906, pp. 29, 32, 126 ; 1907, p. 239 ; 1908, pp. 28, 31, 35, 61, 63, 77.

(6) Voir *Bulletin de la S. P. P. F.*, 1905, pp. 16, 67, 82.

(7) Voir *Bulletin de la S. P. P. F.*, 1906, p. 66 ; 1908, pp. 28, 113.

(8) Voir *Bulletin de la S. P. P. F.*, 1906, pp. 28, 69, 92, 120, 122 ; 1907, pp. 214, 260.

(9) Voir *Bulletin de la S. P. P. F.*, 1906, pp. 57, 93, 60, 122 ; 1907, pp. 172, 173, 211, 213, 261 ; 1908, pp. 61, 78, 84, 86.

(10) Voir *Bulletin de la S. P. P. F.*, 1902, p. 66 ; 1907, p. 68 ; 1907, pp. 172, 198, 247, 262, 299.

N. D. L. R.

Les Allées Marines de Bayonne (1), la Pointe du Réduit, la Porte de France exercèrent, sans succès, hélas ! la patiente activité de M. Paul Labrouche.

Dans la vallée du Taurion, le Dr Manouvrier représente énergiquement la Société, dans ses protestations contre la construction de tout barrage.

Lac de Saint-Point, près Pontarlier (2). M. Beauquier tient en respect les dangers de captation qui élèveraient le niveau de l'eau et détruiraient tout l'aspect pittoresque.

Au Saut du Doubs (3), le danger est actuellement écarté (M. de Clermont).

La source du Cuzancin (4), dans le Doubs, fut épargnée grâce à la modification du tracé de la route qui la menaçait.

Le Bois de Vincennes (5) a été défendu avec une vigueur peu commune par M. Charles Perrier, contre les empiètements du Jardin Colonial.

Pour la Cité de Carcassonne (6), un vœu formulé par M. Cros-Mayrevieille spécifie que la hauteur des maisons à édifier dans l'enceinte de la Cité sera réglementée par la municipalité, afin que son aspect et sa silhouette, qui constituent un ensemble si pittoresque, ne soient déparés par aucune construction apparente de l'extérieur.

Ploumanac'h, ses rochers, la magnifique côte qui s'étend de Perros-Guirec à Trégastel, sont l'objet de nos démarches (nous en demandons le classement), qui, lentement, mais presque sûrement, sont en bonne voie.

Pour les remparts si pittoresques de Rochefort et de Brouage, nous avons formulé des vœux énergiques pour leur maintien.

A Bagnoles-de-l'Orne, le Roc-au-Chien a été classé, et les exploitations de carrières signalées à l'administration (M. Albert Duval).

Les Pyramides de Vallauris, si curieuses, sont indiquées comme devant faire l'objet d'un classement (M. Martel) (7).

De même pour le remarquable paysage des Baux (8).

Enfin, en ce qui concerne Paris, ses jardins, ses espaces libres (9), ses belles perspectives, la Société veille jalousement à leur maintien, à leur augmentation et à leur embellissement.

Quant aux questions d'ensemble, la lutte contre l'affichage abusif, entreprise dès 1902, vient d'aboutir, heureusement, à la loi votée le 28 juin dernier, dont vous aurez les détails plus loin.

L'établissement de Parcs Nationaux, la cause des Espaces Libres soutenue si vigoureusement par M. Hénard, les dangers que font courir à la nature l'industrie et le tourisme (qui devient quelquefois ravageur à l'égal de l'industrie, M. Martel), l'aménagement des Montagnes (M. Cardot), adhésions aux vœux du Congrès de Bordeaux (10) de juillet 1905, pour : 1° que les Associations reconnues d'utilité publique soient autorisées à acquérir, à titre onéreux, à posséder et à administrer des forêts et des terrains à reboiser ; 2° que ces Associations et les Sociétés par actions, dont la gestion est reconnue par l'État, aient la faculté de réclamer l'application à leurs bois des

(1) Voir *Bulletin de la S. P. P. F.*, 1905, p. 60 ; 1906, pp. 67, 69 ; 1908, pp. 30, 33, 35.
(2) Voir *Bulletin de la S. P. P. F.*, 1906, p. 125 ; 1907, pp. 198, 208, 213, 247, 262, 299 ; 1908, pp. 29, 113.
(3) Voir *Bulletin de la S. P. P. F.*, 1905, p. 58.
(4) Voir *Bulletin de la S. P. P. F.*, 1907, p. 171 ; 1908, p. 113.
(5) Voir *Bulletin de la S. P. P. F.*, 1907, p. 170, 173, 209.
(6) Voir *Bulletin de la S. P. P. F.*, 1907, p. 208 ; 1908, pp. 17, 61, 62, 77.
(7) Voir *Bulletin de la S. P. P. F.*, 1903, p. 68 ; 1906, pp. 126, 127 ; 1907, p. 209 ; 1908, p. 28.
(8) Voir *Bulletin de la S. P. P. F.*, 1908, p. 33.
(9) Voir *Bulletin de la S. P. P. F.*, 1908, pp. 16, 61, 63, 71.
(10) Voir *Bulletin de la S. P. P. F.*, 1904, pp. 3, 21, 54, 89 ; 1905, p. 88. N. D. L. R.

dispositions du Code forestier, relatives aux bois des communes et établissements publics (1). — Les extractions de matériaux par suite d'occupation temporaire (2) (Albert Duval), question résolue par un projet de loi déposé au Parlement. — L'épandage (3).

La vente de forêts à des Sociétés étrangères, dont nous avons signalé le danger à MM. les Ministres de l'Agriculture et de la Guerre.

Le déboisement en général. Des vœux pour que les forêts soient achetées et exploitées par l'Etat ou des municipalités, à leur bénéfice pécuniaire.

Des vœux pour que dans les décorations des locaux scolaires, une large part soit faite aux dessins, gravures et photographies reproduisant les principaux paysages de France, et que les instituteurs apprennent à leurs élèves l'amour et le respect des beautés naturelles comme des sources de richesse et de patriotisme local (4).

Tels sont, à grands traits, les sujets qui ont attiré toute l'attention et provoqué toute l'activité de notre Société.

Quant à son œuvre législative, qui constitue son œuvre principale et *exclusive*, je vous la rappellerai rapidement (5).

Pour mémoire, notre Président obtenait, dès 1902, l'adjonction de la prise en considération des paysages, dans un projet de loi relatif aux usines hydrauliques sur des cours d'eau non navigables, ni flottables : « L'acte d'autorisation des ouvrages hydrauliques détermine les conditions à remplir pour la sauvegarde des intérêts généraux, notamment en ce qui concerne la salubrité publique... l'alimentation des populations riveraines... et la protection des paysages. » C'était, détail piquant, la première application de la défense *esthétique* accomplie par une loi industrielle.

Mais la loi vraiment importante, par ses conséquences pratiques autant que par le principe qui, pour la première fois, est consacré officiellement, c'est la loi du 21 avril 1906, organisant la protection des sites et monuments naturels de caractère artistique, instituant, en chaque département, des commissions présidées par le Préfet, et donnant à ces commissions le droit de « classer » les propriétés foncières dont la conservation peut avoir un intérêt artistique — classer est obtenir, soit par consentement, soit par expropriation, l'engagement du propriétaire de ne détruire, ni modifier l'état des lieux ou leur aspect, sauf autorisation de la commission et approbation du Ministre de l'Instruction Publique et des Beaux-Arts.

Cette loi heureuse, qui a déjà produit quelques résultats que je vous citerai plus bas, et qui pourrait en produire beaucoup plus, doit être complétée par d'autres mesures législatives. Et déjà, l'une d'elles vient-elle d'être adoptée, le 28 juin dernier. C'est la loi contre les abus de l'Affiche-Réclame, interdisant l'affichage, sur les édifices, monuments naturels et dans les sites classés, et l'interdisant également dans un périmètre, autour des dits édifices ou paysages, à déterminer par la Commission Départementale des Sites.

C'est là une loi qui, sans avoir la portée fondamentale de la première, possède une importance qui n'échappera à personne, alors que depuis si longtemps, et si justement, l'abus de l'affichage excite la plus vive indignation.

Quant aux projets de loi déposés au Parlement et actuellement à l'étude, l'un

(1) Voir *Bulletin de la S. P. P. F.*, 1905, pp. 69, 91.

(2) Voir *Bulletin de la S. P. P. F.*, 1906, p. 2.

(3) Voir *Bulletin de la S. P. P. F.*, 1906, pp. 29, 31.

(4) Voir *L'Art à l'Ecole*, par Couyba et André Mellerio (*Bibliothèque Larousse*), publications de la Société nationale de l'Art à l'Ecole (26, quai de Béthune, Paris, VIe). Voir notamment p. 65 et suiv. : l'Imagerie à l'Ecole, et p. 43 et suiv., la Maison d'Ecole et son mobilier.

(5) Sur l'œuvre législative de la Société pour la Protection des Paysages de France. Voir p. 20, le rapport de M. Raoul de Clermont sur un Projet de Code des Paysages, ainsi que le chapitre consacré aux « questions de législation nouvelle ». N. D. L. R.

tend à créer des Réserves nationales boisées, en vue de l'hygiène et de la conservation des sites (notamment dans un rayon de 80 kilomètres autour de Paris), et place en cette catégorie les bois et forêts possédés à titre particulier et classés.

Un deuxième a pour objet de réglementer les occupations temporaires sur les terrains classés, c'est-à-dire dispensant les paysages classés, et dans un périmètre à déterminer, de toute occupation temporaire, et spécifiant, de manière générale, que toute modification apportée à l'aspect du sol sera réparée ou dissimulée dans la mesure du possible.

Un troisième impose aux villes de plus de 10.000 habitants l'obligation d'établir un plan d'extension et d'embellissement, déterminant l'emplacement des jardins et espaces libres, fixant la largeur des voies, le mode de construction des maisons, etc., etc.

Excusez-moi de passer rapidement sur l'exposé de ces lois, dont vous trouverez, ou avez trouvé tous les détails dans la brochure répandue largement par la Société, et mise à la disposition de tous ceux qui la demandent.

Ces lois, ces projets de loi, ont été et sont présentés par M. Charles Beauquier, notre très précieux Président. Après lui, il faut exprimer notre reconnaissance à notre Commission législative : MM. Dubuisson, Aynard, de Souza, André Hallays, de Ségogne, de Clermont, Cros-Mayrevieille, etc., etc.

Je terminerai par la mention des sites et monuments naturels déjà classés en vertu de la loi du 21 avril 1906 :

Meurthe-et-Moselle : Camp romain de César ou d'Afrique.

Côtes-du-Nord : Ile de Bréhat.

Orne : Parc du château de Flers.

Haute-Savoie : Gorges du Pont-du-Diable.

Orne : Roc-au-Chien ; Camp celtique de Bierre.

Morbihan : Vieux rocher du Port, à la Roche-Bernard ; Promenade de Ruisard, à la Roche-Bernard ; Promenade de Lagrée, à la Roche-Bernard ; Ruines du château de Crouhac, à Peiller ; Rochers de Saint-Gildas.

Finistère : Rochers du Kernic, à Ploumanac'h-Lochrist ; Rochers de Croach'zec, à Cledez.

Corse : Escaliers du Roi d'Aragon, à Bonifacio.

Et, enfin, le beau parc de Nogent-sur-Marne, que nous aurons le plaisir de visiter demain.

Mais cette liste devrait être beaucoup plus longue, et nous agissons activement pour que s'y ajoutent bientôt :

Le Jardin des Tuileries ;
Les Champs-Elysées ;
La Pointe de l'Ile de la Cité, à Paris ;
Les Rochers de Ploumanac'h ;
La Route de Honfleur à Trouville ;
La Fontaine de Vaucluse ;
Les Baux ;
Le Parc de Cadoudal, dans le Morbihan, etc., etc.

J'aurais encore beaucoup de choses à dire si je voulais entrer dans le détail de l'œuvre de la Société, sa participation aux Congrès étrangers ou provinciaux, ses relations fructueuses avec les Sociétés similaires de France ou de l'étranger, la propagande qu'elle s'efforce de faire pour la cause qu'elle défend. La médaille d'or, qui lui a décerné le jury de l'Exposition franco-britannique, l'année dernière, consacre ces résultats et ces efforts.

Aux deux parties en lesquelles j'ai divisé l'œuvre de la Société, je dois en ajouter une troisième, et c'est celle qui répond au but que nous nous proposons : je veux dire son action morale. Créer ou réveiller le sentiment du beau, révéler à tous le charme puissant qui émane de la nature, en inspirer l'amour et le respect, leur en démontrer l'*utilité*, et enfin, déterminer un mouvement de l'opinion publique. Ce but, nous croyons l'avoir atteint, et la preuve en est dans les mesures législatives obtenues, car ce sont les mœurs qui font les lois, dans le nombre des Sociétés qui, après nous, ont compris la grandeur et la beauté de la tâche, et dont certaines nous apportent une aide précieuse, dans le souci plus grand, parmi les populations, de conserver le magnifique héritage que constituent de beaux paysages.

Notre Société a été une semeuse, et aujourd'hui l'idée germe et trouve son épanouissement dans la réunion même de ce Congrès. Mais l'œuvre n'est pas finie, ne sera jamais finie, et notre devise doit rester celle du bon laboureur : creuser profond et tracer droit.

⁂

A la séance du mardi 19 octobre, sous la présidence de M. le conseiller Kœchlin et de M. de Munck, M. Raoul de Clermont, membre du Comité directeur de la S. P. P. F., expose l'œuvre de la Société en matière de réglementation, ainsi que le fonctionnement et les attributions des Commissions départementales des Sites, rouages officiels et départementaux de surveillance et de protection :

Rapport de M. Raoul de Clermont : DU ROLE DES COMMISSIONS DÉPARTEMENTALES DES SITES ET MONUMENTS NATURELS DE CARACTÈRE ARTISTIQUE. — LE CODE DES PAYSAGES.

L'un des buts poursuivis par la Société pour la Protection des Paysages de France, a été l'organisation de la sauvegarde des sites et monuments naturels par des lois et règlements.

Si l'homme, en société, était parfaitement conscient de ses intérêts et de ses devoirs, il eût sans doute suffi de faire appel à son bon sens par une propagande de tous les instants, et la question serait résolue. Mais vous savez avec quelle aveugle insouciance on sacrifie la France pittoresque au besoin mal compris d'un industrialisme exagéré et absolu.

Ainsi s'est fait sentir la nécessité d'une réglementation (1).

(1) En Suisse, *M. Albin Perret*, le très sympathique et distingué député de Neuchâtel, voudrait aboutir à la naturalisation ou la communalisation des sites et des points de vue, et il a exposé à la Société d'utilité publique le programme suivant, que nous extrayons de sa très importante brochure : *La Nationalisation des Sites* :

« 1° Qu'il soit établi un catalogue des principaux sites et points de vue qui intéressent tout le pays et de ceux qui intéressent plus spécialement les localités et les communes ;

» 2° Qu'un certain nombre de sites et points de vue appartenant à l'État ou aux communes soient désignés comme inaliénables ;

» 3° Qu'un certain nombre de sites et points de vue soient désignés à l'avance comme devant être joints un jour au domaine communal, et que le classement en soit adopté après une enquête dirigée par l'État et les communes et après consultation de l'opinion publique ;

» 4° Qu'aucune mise en vente de domaines où se trouve un site classé ne puisse se faire avant que l'État en ait été informé à l'avance ;

» 5° Que dans les lieux classés, aucune construction ne puisse être entreprise sans l'assentiment des autorités ;

» 6° Que l'État et les communes se rendent autant et aussitôt que possible acquéreurs des sites et points de vue classés ;

» 7° Que ces sites soient déclarés d'utilité publique ;

Réglementation dont la nécessité est apparue tour à tour pour chaque matière spéciale.

La protection du gibier, par exemple, a suscité tout un ensemble de lois, décrets ou ordonnances, qui forment en quelque sorte le Code de la chasse.

Les rapports entre ouvriers et patrons, les accidents résultant du travail, le contrat de travail, la durée du travail, le repos hebdomadaire, ont fait surgir le Code du Travail.

Enfin, tout récemment, l'essor des automobiles et de la locomotion mécanique a donné lieu à une série de mesures qui forment le Code du Chauffeur, et une Commission a été officiellement chargée d'établir le Code de la locomotion aérienne.

Il était donc de toute justice que les Paysages aient leur Code.

Les éléments de cette codification sont aujourd'hui assez nombreux.

Le premier monument, monument fondamental, est la loi du 21 avril 1906, dite *Loi Beauquier.*

Fondamentale, en effet, est cette loi qui, pour la protection des paysages en France, crée officiellement, dans chaque département, une Commission qui prend le nom de *Commission départementale des Sites et Monuments naturels de caractère artistique.*

En voici, d'ailleurs, le texte :

LOI du 21 avril 1906 organisant la Protection des Sites et Monuments naturels de caractère artistique

Le Sénat et la Chambre des députés ont adopté,

Le Président de la République promulgue la loi dont la teneur suit :

ARTICLE PREMIER. — Il sera constitué, dans chaque département, une Commission des sites et monuments naturels de caractère artistique.

Cette Commission sera composée :

Du Préfet, Président ;

De l'Ingénieur en chef des ponts et chaussées et de l'Agent voyer en chef ;

Du chef de service des eaux et forêts ;

De deux conseillers généraux élus par leurs collègues ;

Et de cinq membres choisis par le Conseil général parmi les notabilités des arts, des sciences et de la littérature.

ART. 2. — Cette Commission dressera cette liste des propriétés foncières dont la conservation peut avoir, au point de vue artistique ou pittoresque, un intérêt général.

ART. 3. — Les propriétaires des immeubles désignés par la Commission seront invités à prendre l'engagement de ne détruire ni modifier l'état des lieux ou leur aspect, sauf autori-

» 8° Qu'en cas d'achat par l'Etat ou les communes, la voie amiable soit avant tout observée ;

» 9° Qu'au cas où la voie amiable n'aboutirait pas, l'expropriation pour cause d'utilité publique soit déclarée, mais qu'il n'y soit donné suite que si l'Etat et les communes sont d'accord et après avoir consulté l'opinion publique ;

» 10° Qu'à défaut d'achat, les autorités fassent constituer des servitudes dans un but de protection des sites et points de vue et dans l'intérêt d'une libre vue et circulation ;

» 11° Que dans le cas où l'Etat et les communes vendraient des terrains, des conditions soient bien déterminées en ce qui concerne la vue et la circulation dans l'intérêt général ;

» 12° Que dans des endroits déterminés, l'Etat fasse défense de construire des murs trop élevés, et qu'il interdise les plantations d'arbres aux endroits où, par intérêt public, la vue doit être réservée ;

» 13° Que les autorités examinent toujours avec soin toute demande de mise à ban, pour refuser celles qui ne seraient pas parfaitement justifiées, en particulier celles relatives aux chemins d'accès, aux pâturages, aux forêts et aux prairies, pour celles-ci par rapport aux saisons ;

» 14° Que les autorités interdisent l'établissement d'estaminets dans le voisinage immédiat d'endroits dits « historiques » ;

» 15° Qu'il soit interdit de peindre et d'apposer des réclames dans les sites énumérés par la loi de protection. »

sation spéciale de la Commission et approbation du Ministre de l'Instruction publique et des Beaux-Arts.

Si cet engagement est donné, la propriété est classée par arrêté du Ministre de l'Instruction publique et des Beaux-Arts.

Si l'engagement est refusé, la Commission notifiera le refus au département et aux communes sur le territoire desquels la propriété est située.

Le déclassement pourra avoir lieu dans les mêmes formes et sous les mêmes conditions que le classement.

Art. 4. — Le préfet, au nom du département, ou le maire, au nom de la commune, pourra, en se conformant aux prescriptions de la loi du 3 mai 1841, poursuivre l'expropriation des propriétés désignées par la Commission comme susceptibles de classement.

Art. 5. — Après l'établissement de la servitude, toute modification des lieux, sans l'autorisation prévue à l'article 3, sera punie d'une amende de cent francs (100 francs) à trois mille francs (3.000 francs).

Art. 6. — La présente loi est applicable à l'Algérie.

La présente loi, délibérée et adoptée par le Sénat et par la Chambre des députés, sera exécutée comme loi de l'Etat.

Telle est la loi dont nous nous donnons pour mission de surveiller l'application ; en voici, d'ailleurs, comme document, l'évolution législative :

En mars 1899, M. Hubert, député des Ardennes, présentait à la Chambre un amendement au chapitre concernant la conservation « des monuments historiques ». Il voulait ajouter au texte les épithètes « naturels et légendaires ».

M. Georges Leygues, alors ministre de l'Instruction publique et des Beaux-Arts, promit d'étudier l'établissement des servitudes artistiques analogues aux servitudes militaires pour protéger les monuments naturels et légendaires.

M. Charles Beauquier, député du Doubs, Président de la Société pour la Protection des Paysages de France, fut le premier qui, le 28 mars 1901, proposa, dans ce but, un texte de loi de quatorze articles à la Chambre, appuyé par un exposé des motifs détaillé. (*Officiel*, Chambre des députés, 7e législature, n° 2315.)

Dès lors, avec une infatigable persévérance, pendant plusieurs législatures, chaque fois que l'occasion se présentait, il a remarquablement et éloquemment plaidé notre cause.

Le 17 mai 1907, M. Dubuisson, député du Finistère, membre du Comité directeur de la S. P. P. F., justement indigné du dérochement qui sévissait en Bretagne, a joint ses instances à celles de M. Beauquier et, avec quelques-uns de ses collègues, a déposé sur le bureau de la Chambre une proposition ayant pour objet d'assurer la protection des sites et monuments naturels de France. (*Officiel*, Chambre des députés, 7e législature, n° 2348.)

Le 4 mars 1902, lors de la discussion du budget à la Chambre, MM. Charles Beauquier et Maurice Faure réclamèrent au Ministre, M. Georges Leygues, l'exécution de ses promesses. (*Officiel*, Chambre des députés, 5 mars 1902.)

A la séance du 26 juin 1902, M. Dubuisson dépose un projet de loi de cinq articles, avec exposé des motifs. (*Officiel*, Chambre des députés, 8e législature, n° 136.)

Le 30 juin 1902, M. Dubuisson, au nom de la première Commission d'initiative parlementaire chargée d'examiner sa proposition de loi, demande à la Chambre de prendre en considération cette proposition. (*Officiel*, Chambre des députés, 8e législature, n° 159.)

Le 5 février 1903, M. Charles Beauquier et un certain nombre de ses collègues déposent sur le bureau de la Chambre une proposition de loi de six articles, précédée d'un exposé des motifs, ayant pour objet de protéger les sites pittoresques, historiques ou légendaires de France. Cette proposition est renvoyée à la Commission relative à la protection des sites et monuments naturels de France. (*Officiel*, Chambre des députés, 8e législature, n° 733.)

Le 23 juin 1903, M. Dubuisson, au nom de cette Commission chargée d'examiner la proposition de M. Beauquier et celle de M. Dubuisson, dépose un rapport concluant à un projet de cinq articles. Cette commission était composée de MM. Charles Beauquier, président ; Coulondre, secrétaire, et de plusieurs députés, parmi lesquels MM. E. Dujardin-Beaumetz et Dubuisson. (*Officiel*, Chambre des députés, 8e législature, n° 1058.)

Le 13 décembre 1904, M. Dubuisson, au nom de la commission, dépose un rapport supplémentaire demandant une loi de cinq articles. (*Officiel*, Chambre des députés, 14 décembre 1904, page 3033, et Chambre des députés, 8e législature, n° 2136.)

Le 2 février 1905, la Chambre, après déclaration d'urgence et discussion des articles sans observations, vote le projet de loi. (*Officiel*, Chambre des députés, 3 février 1905, pages 123 et 126.)

Conformément à l'article 141 du règlement de la Chambre, M. le président Doumer a transmis, le 2 février, la proposition de loi adoptée par la Chambre à M. le Président du Sénat. (*Officiel*, Sénat, année 1905, n° 20.)

Le Sénat a nommé une Commission présidée par M. Bérenger et M. Maurice Faure, rapporteur, a déposé, à la séance du 6 mars 1906, son rapport tendant à modifier légèrement les articles 1 et 3 du texte voté par la Chambre. Il prévoit une possibilité de modification et de déclassement après examen et autorisation du Ministre et de la Commission. (*Officiel*, Sénat, 1906, n° 87.)

Ce projet, après avoir été renvoyé plusieurs fois (*Officiel*, 24 mars 1906 ; Sénat, séance du 23 mars 1906, page 270), est venu utilement à l'ordre du jour de la séance du 27 mars où il a été longuement discuté.(*Officiel*, 28 mars 1906, Sénat, pages 281 à 286.)

Le 10 avril 1906, la Chambre a confirmé sans débats le vote du Sénat. (*Officiel*, 11 avril 1906 ; Chambre des députés, page 1705). Cette loi a été promulguée le 21 avril 1906. (*Officiel*, mardi 24 avril 1906, page 2762.) (1).

M. Maurice Faure (2) fut, au Sénat, l'avocat et le vaillant défenseur des lois que M. Beauquier proposa et fit adopter par la Chambre.

Il y plaida éloquemment la cause de la loi du 21 avril 1906, dans son remarquable rapport (3), d'abord présenté à la séance du 27 mars, où il fut longuement discuté (4).

A cette occasion, il fit un tableau vibrant du patriotisme (5).

Le patriotisme, Messieurs, n'est pas uniquement une entité morale, une conception abstraite, une expression géographique ou historique.

Il est la représentation, en quelque sorte, matérielle et visible du pays même, avec ses caractères physiques particuliers et ses éléments divers, avec ses montagnes, ses forêts, ses plaines, ses fleuves, ses rivages, avec les aspects multiples et variés de son sol tels qu'ils ont été formés et transmis par la lente succession des siècles.

Certes, le patriotisme est un sentiment inné et pour ainsi dire instinctif, mais ce qui contribue le plus sûrement à le fortifier et à le graver d'une manière ineffaçable dans les âmes, c'est l'attachement à la terre maternelle, à ses horizons préférés et aux souvenirs qu'ils évoquent. Altérer peu à peu ce sentiment filial en négligeant de conserver toutes ses raisons d'être, c'est l'atteindre dans sa source la plus pure, n'en doutez pas, l'amour de la patrie dont celui du sol natal est le fondement granitique.....

(1) BIBLIOGRAPHIE. — REVUES. — Voir *Bulletin de la S. P. P. F.*, 1905, pp. 15, 16, 41, 63, 64 : 1906, pp. 2 et suiv. : Une Victoire, notre loi au Parlement : pp. 41 et suiv., Evolution législative, texte et documents : pp. 75 et suiv., documents annexes, 109, 127.

Action Régionaliste, 1906, p. 405. La loi du 21 avril 1906 et la Protection des sites, article de M. F. Richard.

Le « *Correspondant* », 25 août 1908. Les « Œuvres et les Hommes », par Edouard Trogan, p. 807.

OUVRAGES SPÉCIAUX.— Raoul de Clermont : Rapport au Congrès de l'Association Littéraire et Artistique international et au Congrès de l'Art public de Liège, 1905. La Protection des monuments du passé, des Sites et des Paysages, pp. 9, 11, 15, 25, 48, 49, 51 et 56. — J. Constant, Monuments historiques et objets d'art, Montpellier, 1905, pp. 130 et suiv. — F. Cros-Mayrevieille : De la Protection des Monuments historiques, des Sites et des Paysages, Paris, 1907, notamment pp. 90 et suiv. — L. Gassot de Champigny : La Protection des Sites et des Paysages, Paris, 1909, notamment pp. 35 et suiv.

(2) M. MAURICE FAURE, aujourd'hui sénateur, naquit à Saillans (Drôme), le 19 janvier 1850. Félibre, il fonda, avec Henri de Bornier et A. Daudet, « La Cigale ». Gambetta le nomma, en 1870, rédacteur au ministère de l'intérieur. Il devint chef du personnel à la direction pénitentiaire, entra à la Chambre des députés en 1885. En 1902, il fut élu Vice-Président de la Chambre, et le 14 septembre de la même année, sénateur. Il se spécialisa, au Parlement, aux questions concernant les beaux-arts, l'instruction publique.

(3) Rapport (*Journal Officiel*, Sénat, 1906, n° 87).

(4) *Journal Officiel*, 28 mars 1906, Sénat, pp. 281 à 286, et *Bulletin S. P. P. F.*, 1906, pp. 43 à 55.

(5) *Journal Officiel*, 28 mars 1906, Sénat, p. 282, et *Bulletin S. P. P. F.*, 1906, p. 1.

N. D. L. R.

***

Désormais, l'instrument est créé, instrument souple qui doit s'accommoder aux besoins locaux et qui les connaît d'autant mieux qu'il en est plus près.

Toute réglementation qui interviendra dans la suite ne sera plus pour elle qu'une augmentation d'attributions, et elle devient, dans chaque département, le pivot de la protection des paysages.

C'est la commission départementale des Sites qui sera chargée de dresser la liste des sites à classer. Saisie par toute personne intéressée d'une demande de classement, elle réunira, sur chaque question, un dossier documentaire et s'entourera de tous renseignements de nature à éclairer la décision à prendre.

Il lui appartiendra de statuer sur chaque cas particulier, de connaître les négociations intervenues entre le propriétaire et le Préfet, Président de la Commission, et d'arrêter, avec les conditions de classement, les termes mêmes du contrat.

Au reste, voici un bref commentaire des articles de la loi :

Sur l'article premier, remarquons qu'à l'inverse de la loi du 30 mars 1887, relative aux monuments historiques qui confie le classement à une Commission centrale et unique, la nouvelle loi, essentiellement décentralisatrice, remet à des Commissions locales, plus aptes à juger dans chaque cas, le soin de prendre des décisions.

Elles comprennent les personnes qui, à raison de leurs fonctions, de leur autorité ou de leur compétence, paraissaient le mieux qualifiées pour remplir cette mission.

Sur l'article deux, observons que dans l'inventaire qui sera dressé par les Commissions départementales, il y a lieu de bien s'inspirer des définitions des paysages, sites et monuments naturels.

Et notamment il n'y aura pas lieu de se laisser arrêter par cette considération que les paysages ne sont pas uniquement composés d'éléments naturels.

Les termes impératifs de la loi indiquent clairement que l'établissement de cette liste est *obligatoire* dans chaque département.

L'article trois traite du classement volontaire. Il en résulte nettement que le classement présente un caractère *contractuel* au sens des articles 1101 et suivants du Code civil ; en conséquence, l'arrêté ne peut être pris qu'avec le consentement préalable du propriétaire.

A défaut de stipulation contraire, l'immeuble classé est frappé d'une servitude *sui generis*, dans le genre des servitudes administratives, transmissible avec le fonds et qui oblige passivement les héritiers et ayants-droit à titre particulier.

Par son consentement, le propriétaire s'engage à respecter l'état des lieux ou leur aspect.

Mais du caractère contractuel, il faut logiquement déduire qu'il appartient aux contractants de préciser les conditions mêmes du classement, d'en déterminer strictement les effets quant aux objets et quant à l'étendue.

L'arrêté n'est que l'acte confirmatif du contrat intervenu, en sanctionnant la convention transformée en un contrat d'ordre public.

Au cas de refus du propriétaire, le contrat ne pouvant se former, les mesures de protection ne peuvent être prises que par la procédure de l'article 4.

Du caractère contractuel il faut encore déduire, ainsi qu'il est stipulé dans l'article 3, que toute modification ou déclassement doit faire l'objet d'une convention spéciale, en tant que clause additionnelle ou résolutoire du contrat.

D'une façon générale, d'ailleurs, il suffit de renvoyer aux règles du Code civil en matière de contrats.

C'est en ce sens que se prononce mon confrère et ami, Fernand Cros-Mayrevieille, qui a étudié particulièrement les effets juridiques et la procédure de la loi du 21 avril 1906, dans son ouvrage sur la Protection des Monuments historiques, des Sites et des Paysages.

Il y a lieu, dit-il (pages 97 et suivantes), de considérer que, dans cette loi, apparaît le caractère contractuel du classement avec sa condition essentielle, la libre discussion des clauses. Il nous suffit, d'ailleurs, d'une simple lecture des travaux préparatoires pour nous apercevoir qu'il ne saurait en être autrement.

Au Sénat, à une observation de M. Gaudin de Villaine, M. Maurice Faure, rapporteur de la loi, répondait : « La Chambre des Députés avait rendu la décision concernant le classement absolument irrévocable et intangible. Votre Commission a pensé, conformément à l'avis très judicieux de son éminent Président, M. Bérenger, qu'il importait, dans l'application normale et facile de la loi, de rendre possible, en certains cas, telle ou telle modification de l'aspect des lieux qui ne nuiraient pas à la Beauté du Paysage... »

Et M. Cros-Mayrevieille continue :

A vrai dire, le plus souvent, l'accord portera sur le quantum des secours offerts par l'État en retour du consentement, mais, il est bien d'autres exemples : s'il s'agit d'un monument classé en vertu de la loi de 1887 sur les Monuments historiques, le propriétaire pourra se réserver certains droits de jouissance, habitation, aménagement intérieur.

S'il s'agit d'un Paysage, d'un Site, tantôt c'est un cours d'eau dont le propriétaire pourra, sous certaines conditions, stipuler le droit à l'eau ; tantôt c'est un bois, une forêt, et il aura droit aux coupes sous les réserves les plus strictes.....

J'ai insisté tout particulièrement sur ce caractère contractuel parce qu'il est, à mon avis, le point principal de la loi de 1906 et qu'il est de nature à entraîner le consentement des propriétaires qui ne voudraient s'astreindre à une servitude rigide et partout uniforme.

Quant à l'article 4, il permet d'obtenir le classement forcé au cas où le propriétaire refuserait son consentement. Dans un but d'intérêt général, pour cause de « *Beauté publique* », il met au service des départements et communes les moyens d'expropriation de la loi du 3 mai 1841.

L'établissement de la servitude « *non modificandi* » est la résultante nécessaire et obligatoire de l'expropriation poursuivie.

L'article 5 prévoit les infractions aux arrêtés de classement. Il ne s'agit seulement pas d'une clause pénale prévue par les articles 1226 et suivants du Code civil, sans action arbitraire des dommages et intérêts dus pour inexécution du contrat, mais bien d'une amende, véritable sanction pénale d'un contrat d'ordre public, réparation vis-à-vis de la Société du préjudice causé à l'intérêt général.

Il ne s'occupe point et n'avait point à s'occuper des dommages résultant du fait d'un tiers, dont la répression est prévue tant par les articles 434 et suivants du Code pénal relatifs aux dommages causés à la propriété immobilière d'autrui, que par l'article 257, réprimant la dégradation des monuments.

Quant à la procédure à suivre, il y a lieu tout d'abord de délimiter très exactement le rôle assigné à chaque rouage par la loi du 21 avril 1906 :

ROLE DE LA COMMISSION. — La Commission départementale des Sites a un pouvoir délibératif. Elle est saisie de toute demande de classement, soit par l'un de ses membres, soit par toute personne intéressée (propriétaire lui-même — sociétés — simples particuliers...). Elle s'entourera de tous renseignements utiles pour la constitution du dossier, et réunira tous documents (photographies, plans, devis...) de nature à éclairer la décision à prendre. Elle aura à statuer sur chaque cas particulier et dressera la liste des propositions de classement.

Elle aura qualité pour connaître des propositions résultant des négociations intervenues entre le propriétaire et le Préfet, président de la Commission, et pour arrêter les conditions de classement ainsi que les termes du contrat.

L'article 5 de la loi donne à la Commission un pouvoir spécial pour la poursuite des infractions aux arrêtés de classement.

ROLE DU PRÉFET. — Le Préfet, en tant que Président de la Commission, est l'organe agissant et a un pouvoir exécutif. Il devra porter les délibérations de la Commission à la connaissance des intéressés et engager les pourparlers en vue du consentement à obtenir. Il lui appartiendra, au cas de refus d'engagement, de notifier ce refus à la commune et au département intéressé. (Voir art. 3 de la loi.)

ROLE DU MINISTRE. — Le Ministre de l'Instruction Publique et des Beaux-Arts a un pouvoir de contrôle et d'enregistrement. Il devra s'assurer que les conditions exigées par la loi sont remplies, et, dans ce cas, prendra nécessairement l'arrêté de classement conformément à la délibération de la Commission.

Il devra, en outre, notifier aux intéressés et à la Commission départementale des Sites, l'arrêté de classement pris.

RECOURS EN CONSEIL D'ÉTAT. — Rappelons qu'un recours en Conseil d'État est ouvert contre la décision ministérielle et qu'en outre, aux termes de la loi récente du 13 juillet 1900, à l'expiration d'un délai de quatre mois, à dater de la demande faite par lettre recommandée au Ministre, le silence gardé par ce dernier doit être interprété comme un refus, et le recours est dès lors possible.

SURVEILLANCE DES SITES CLASSÉS. — Il appartient au Préfet, en vertu de ses droits généraux de police, d'exercer une surveillance constante sur les Sites classés, et notamment de les recommander à la vigilance des services publics.

La Commission départementale des Sites, saisie soit sur rapport du Préfet, soit sur plainte de l'un de ses membres ou même de tout intéressé, émet des vœux ou des avis qui auront telle conséquence que de droit. Plus spécialement, elle pourra inviter son Président — le Préfet — à saisir l'autorité judiciaire d'une demande de poursuite, conformément à l'article 5 de la loi (1).

Mais ce ne sont point là les seules attributions de la Commission départementale des Sites : grâce à l'intervention de M. Charles Beauquier, une nouvelle attribution lui est impartie ; elle résulte de l'article 19 de la loi du 19 mai 1906, sur la distribution des forces d'énergie (2).

Il appartient naturellement à la Commission départementale des sites de donner son avis sur les projets d'utilisation de la houille blanche.

Il convient également de porter remède aux abus, si souvent signalés, de l'affiche-réclame, et, à cet effet, M. Beauquier a déposé, sur le bureau de la Chambre, une proposition de loi en cinq articles contre l'abus de l'affiche-réclame.

En voici le texte (3) :

ARTICLE PREMIER. — L'affichage est interdit sur les édifices, monuments naturels et dans les paysages et sites classés.

Il l'est également autour des dits édifices, monuments, sites et paysages, dans un périmètre

(1) FORMULES DE DEMANDE DE CLASSEMENT :

M. le Préfet du département de......................., président de la Commission départementale des Sites et Monuments naturels.

Je soussigné........................ ai l'honneur de consentir (ou de solliciter) le classement, en vertu de l'article 3 de la loi du 21 avril 1906, de l'immeuble......................
(désignation précise, avec les renseignements du cadastre, etc.)

Sous les conditions suivantes..

Fait à ...., le .... 19 .

(2) LOI *sur la distribution des forces d'énergie*. Article 19 de la loi du 19 mai 1906 (amendement Ch. BEAUQUIER) : « Des Arrêtés pris par le Ministre des Travaux publics et le Ministre du Commerce et de l'Industrie, des Postes et des Télégraphes, après avis du Comité d'électricité, déterminent les conditions techniques auxquelles devront satisfaire les distributions d'énergie au point de vue de la sécurité des personnes et des services publics intéressés, *ainsi qu'au point de vue de la protection des paysages*. Ces conditions seront soumises à une revision annuelle ».

(3) *PROPOSITION DE LOI contre les abus de l'Affiche-Réclame* (renvoyée à la Commission de l'Administration générale, départementale et communale, des cultes et de la décentralisation), *présentée* par M. Charles BEAUQUIER, *député*. — *Annexe au Procès-Verbal de la Séance du 28 janvier 1908*. — N° 1472, Chambre des députés, neuvième législature, session de 1908.

Nota. — Cf. pour l'exposé des motifs, *Bulletin de la Société pour la Protection des Paysages*, n° 25, 1908, janvier, p. 269 et rapport conforme de M. Cloarec, député (loc. cit. n° 30, 1909 15 avril, p. 1), et *Officiel*, Chambre des Députés, annexe au procès-verbal de la séance du 29 janvier 1909. (Chambre des Députés, 9e législature, 1909, n° 2272 et 2575. — Voir n° 3271, Chambre des Députés, 9e législature, session de 1910, annexe au procès-verbal de la séance du 23 mars 1910 et rapport de M. Charles Beauquier, *Officiel*, Chambre des Députés, 9e législature, session de 1910, annexe au procès-verbal de la 1re séance du 29 mars 1910, n° 3309, et à la séance du 31 mars 1910, la Chambre a confirmé, sans discussion, le texte du Sénat, qui est devenu une loi définitive.)

qui sera, dans chaque cas particulier, déterminé par un arrêté préfectoral sur avis conforme de la Commission départementale des Sites.

Art. 2. — En dehors des cas prévus par l'article premier, le préfet pourra, sur avis de la Commission départementale des Sites, prendre un arrêté interdisant l'affichage, toutes les fois que l'exigera la beauté ou la conservation des édifices, monuments naturels, sites et paysages.

Art. 3. — Tout affichage contraire à l'arrêté préfectoral pris en conformité de la présente loi sera puni d'une amende de 100 à 3.000 francs.

Art. 4. — La présente loi est applicable à l'Algérie.

Art. 5. — Un règlement d'administration publique déterminera la procédure et les détails d'application de la présente loi.

Voir Sénat, année 1909, n° 167, et année 1910, n° 84, annexe au procès-verbal de la séance du 7 mars 1910. Rapport de M. Maurice Faure, qui propose le texte ainsi modifié :

Article premier. — L'affichage est interdit sur les immeubles et monuments historiques classés en vertu de la loi du 30 mars 1887, ainsi que sur les monuments naturels et dans les sites de caractère artistique classés en vertu de la loi du 21 avril 1906.

Il peut être également interdit autour des dits immeubles, monuments et sites dans un périmètre qui sera, pour chaque cas particulier, déterminé par arrêté préfectoral, sur avis conforme de la Commission des sites et monuments naturels de caractère artistique.

Art. 2. — Toute infraction aux dispositions du précédent article sera punie d'une amende de vingt-cinq francs à mille francs.

L'article 463 du Code pénal est applicable.

Art. 3. — La présente loi est applicable à l'Algérie.

Ce texte a été voté sans discussion au Sénat, dans sa séance du 22 mars 1910 ; il a été rapporté à nouveau à la Chambre, par l'auteur de la proposition lui-même, M. Charles Beauquier.

Cette loi date du 20 avril 1910 et a été promulguée à l'*Officiel* du 22 avril 1910.

Notons que la réglementation de l'affiche-réclame a fait, dans les pays étrangers, l'objet de mesures importantes (1).

En outre, on sait que l'une des questions qui préoccupent le plus la Société des Pay-

(1) Rapport de M. Raoul de Clermont à Liège, en 1905, pages 25 et 33, et Cros-Mayrevieille, loc. cit., p. 209 à 222.

Bulletin de la S. P. P. F. 1902, page 74 ; 1903, pages 19, 42 et 91 ; 1904, page 76 ; 1907, page 118.

Allemagne. — Loi prussienne de juillet 1883 et du 2 juin 1902, pour empêcher la détérioration des sites remarquables.

Grand-Duché de Hesse. — Art. 35 de l'ordonnance. Voir rapport R. de Clermont à Liège, page 19 et *Bulletin de la S. P. P. F.* 1909, pages 50 à 55 ; Cros-Mayrevieille, loc. cit., p. 214.

Angleterre. — Voir rapport de Clermont, page 11 : Règlement sur l'embellissement des villes, de 1847, et articles 41 et 43 de l'ordonnance municipale de Douvres, de 1901, réglementant l'affichage. — Société pour réprimer l'abus d'affichage. Scapa, *Bulletin de la S. P. P. F.* 1907, pages 242 à 246 ; Cros-Mayrevieille, loc. cit., p. 212.

Amérique. — Etat de Massachussets. — Texte réglementant l'affichage le long des routes. Etat de Pensylvanie. — Trois actes de législature relatifs à l'affichage sur les bâtiments et le long des routes.

Etat de Michigan. Projet de loi contre les affiches-réclames dans le voisinage des parcs. Voir *Bulletin de la S. P. P. F.* 1906, page 50.

Belgique. — Rapport de M. Wauwermans. Voir *Bulletin de la S. P. P. F.* 1907, page 118, et 1910, pages 99 à 101.

Suisse. — Voir rapport R. de Clermont à Liège, page 51.

Loi du 12 novembre 1903 du canton de Vaud, contre les affiches-réclames : Cros-Mayrevieille, loc. cit., p. 254.

Proposition de loi de M. le professeur Wieland, relative à l'imposition des réclames. *Bulletin de la S. P. P. F.* 1907, page 193 ; Cros-Mayrevieille, loc. cit., p. 268.

sages, est la conservation de nos bois et forêts. C'est dans cet esprit que M. Beauquier a déposé sur le bureau de la Chambre (1), le texte de loi suivant :

ARTICLE PREMIER. — Les parties intéressantes au point de vue de la beauté du paysage et de l'hygiène publique des bois et des forêts dépendant du domaine de l'État situés autour de Paris dans un rayon de 80 kilomètres, seront classées par la Commission départementale des Sites, instituée par la loi du 21 avril 1906, en réserves nationales, et soumises à un aménagement forestier spécial qui sera déterminé par un règlement d'administration publique. Elles seront administrées par le service des eaux et forêts.

ART. 2. — Les bois et forêts possédés à titre particulier, classés en vertu de la loi du 21 avril 1906, deviendront des réserves nationales soumises à un aménagement forestier spécial déterminé par un règlement d'administration publique et à la surveillance de l'administration des eaux et forêts.

ART. 3. — Ces réserves nationales seront dispensées des servitudes résultant de la loi du 29 décembre 1892, sur les occupations temporaires.

C'est la Commission départementale des sites qui, dans un rayon de 80 kilomètres de Paris, aura à déterminer les parties des bois et forêts intéressantes, au point de vue de la beauté des paysages.

On sait aussi combien meurtrière pour le paysage est la pioche du carrier et, d'une façon générale, le droit d'occupation temporaire. Dans la réglementation de ce droit, M. Beauquier a trouvé une nouvelle attribution pour la Commission départementale.

Voici le texte de sa proposition de loi (2) :

ARTICLE PREMIER. — En aucun cas, une occupation temporaire ne pourra être autorisée sur les monuments naturels, sites et paysages classés. Il en sera de même autour des dits monuments naturels, sites et paysages, dans un périmètre qui sera fixé dans chaque département par la Commission départementale des Sites créée conformément aux dispositions de la loi du 21 avril 1906.

ART. 2. — Tout exploitant qui modifiera l'aspect visible du sol sera tenu, aussitôt ses travaux achevés, et si possible, à mesure de leur achèvement partiel successif, de réparer le dommage causé à la beauté du paysage, notamment en faisant les plantations nécessaires à couvrir d'un manteau de verdure les excavations, déblais ou remblais qu'il laissera subsister d'une manière permanente.

ART. 3. — A défaut de se conformer au précédent article, il pourra y être contraint par autorité de justice.

ART. 4. — Un règlement d'administration publique règlera la procédure et les détails de la présente loi.

Enfin, en vertu de la définition très large adoptée par la Société (3) et même par

(1) *PROPOSITION DE LOI tendant à créer des* « Réserves nationales boisées » *en vue de l'hygiène et de la conservation de la beauté des sites* (renvoyée à la Commission de l'Agriculture), présentée par M. Charles BEAUQUIER, *député*. — *Annexe au Procès-Verbal de la séance du 6 juillet* 1908. — N° 1899, Chambre des députés, neuvième législature, session de 1908.

NOTA. — Cf. pour l'exposé des motifs, *Bulletin de la Société pour la Protection des Paysages*, n° 27, juillet 1908, p. 41.

(2) *PROPOSITION DE LOI ayant pour objet de réglementer les occupations temporaires sur des terrains classés parmi les sites ou monuments naturels à protéger* (renvoyée à la Commission de l'Agriculture), présentée par M. Charles BEAUQUIER, *député*. — *Annexe au Procès-Verbal de la Séance du 10 juillet* 1908. — N° 1988, Chambre des députés, neuvième législature, session de 1908.

Cf. pour l'exposé des motifs, *Bulletin de la Société pour la Protection des Paysages*, n° 28, octobre 1908.

(3) *Un paysage* est une partie de territoire dont les divers éléments forment un ensemble pittoresque ou esthétique, par la disposition des lignes, des formes et des couleurs.

Un site est une portion de paysage d'un aspect particulièrement intéressant.

Un monument naturel est un groupe d'éléments dus à la nature, comme rochers, arbres,

l'exposé des motifs du législateur, il convenait de protéger aussi bien le Site urbain que le paysage proprement dit :

C'est dans cet esprit que M. Beauquier saisissait la Chambre de la proposition de loi (1) suivante où, comme on pourra le voir, le rôle de la Commission départementale des sites est fort important :

PROPOSITION DE LOI

ARTICLE PREMIER. — Dans un délai de cinq ans, à dater de la promulgation de la présente loi, toute commune de plus de 10.000 habitants sera tenue d'établir un plan d'extension et d'embellissement.

ART. 2. — Ce plan déterminera l'étendue et les emplacements des jardins publics, squares, parcs et espaces libres, fixera la largeur des voies principales, leur dimension, établira les servitudes de construction nécessaires à la beauté, à la salubrité et à l'assainissement de la ville.

bouleversement du sol, accidents de terrain et autres, qui séparément ou ensemble, forment un aspect digne d'être conservé.

Un paysage peut comprendre des éléments purement naturels ou bien englober dans son ensemble des œuvres de l'homme, tels que constructions, ruines, clochers, silhouettes, sites urbains, etc.

Au 2e Congrès de l'Art public qui a eu lieu à Liège, les 18 et 24 septembre 1905, où il avait l'honneur d'être le délégué de la S. P. P. F., en présentant son rapport à la 5e Section, le 17 septembre, M. Raoul de Clermont a fait voter les vœux suivants :

« 1° Le Congrès émet le vœu que les pouvoirs publics prennent les mesures nécessaires pour assurer en même temps que la conservation des monuments du passé, celle des sites et des paysages intéressants au point de vue *artistique, scientifique, historique ou légendaire ;*

» 2° Que les objets trouvés ou découverts sur le territoire d'une commune soient placés de préférence dans le musée le plus proche de la localité, à moins que l'état de ce musée ou son entretien ne soit impossible ;

» 3° Que les mesures nécessaires soient prises pour la création de parcs nationaux destinés à sauver de la destruction les animaux, les plantes et les minéraux particuliers au pays ;

» 4° Que des commissions de classement des arbres et des sites forestiers intéressants, au point de vue artistique, scientifique, historique ou légendaire, soient nommés par les pouvoirs publics ;

» 5° Que les pouvoirs publics, pour restreindre l'abus de l'affichage, délimitent expressément les endroits où il sera permis d'afficher, et que l'affichage soit formellement interdit sur et autour des monuments et sites à défendre, qu'une pénalité vienne sanctionner ces décisions ;

» 6° Que dans les musées de chaque ville soit réservée une vitrine pour l'histoire du costume et les objets consacrant l'art populaire, les usages et les fêtes de la localité. »

M. R. de Clermont a exposé une seconde fois ce même rapport le 19 septembre 1905, à la réunion commune qui joignit le Congrès de l'Art public à celui de l'Association Littéraire et Artistique Internationale auquel il était délégué par M. le Sous-Secrétaire d'Etat des Beaux-Arts. Cette séance solennelle eut lieu à la salle des fêtes de l'Exposition de Liège, sous la présidence de S. E. M. Beernaert, Ministre d'Etat ; les deux congrès, après une discussion générale, émirent le vœu que :

« Dans chaque pays, des commissions soient constituées, par les délégués de toutes les associations intéressées, pour l'étude d'une législation sur la conservation des monuments du passé, des paysages et des sites, en prenant pour point de départ le rapport de M. Raoul de Clermont. »

Voir : *De la Protection des Monuments du passé, des Paysages et des Sites.* Rapport de M. Raoul de Clermont, avocat à la Cour d'appel de Paris, Congrès de Liège, 18-24 septembre 1905. Association Littéraire et Artistique Internationale, 117, boulevard Saint-Germain, Paris. (Annexe au *Bulletin* n° 19, 1905.).

(1) *PROPOSITION DE LOI ayant pour objet d'imposer aux villes l'obligation de dresser des plans d'extension et d'embellissement.* (Renvoyée à la Commission de l'administration générale, départementale et communale, des cultes et de la décentralisation), *présentée* par M. Charles BEAUQUIER, *député. Annexe au procès-verbal de la séance du 22 janvier* 1909. — N° 2265, Chambre des députés, neuvième législature, session de 1909.

Rapport de M. Charles BEAUQUIER, n° 2942, Chambre des députés, neuvième législature, session extraordinaire de 1909.

NOTA. — Cf. pour l'exposé des motifs, *Bulletin de la S. P. P. F.* N° 29, janvier 1909, page 89 et n° 33, janvier 1910, page 85.

ART. 3. — Les services municipaux dresseront ce plan qui devra être approuvé par le bureau départemental d'hygiène et par la Commission des Sites et Monuments naturels instituée dans chaque département, en vertu de la loi du 21 avril 1906. Après quoi ledit plan sera soumis à une enquête de quatre mois dans chaque commune.

Une fois définitivement arrêté, il sera déclaré d'utilité publique, par décret arrêté en Conseil d'État.

ART. 4. — Si par une cause quelconque, dans le délai imposé par l'article premier de la présente loi, une municipalité n'avait point dressé ce plan d'extension et d'embellissement, il en serait dressé un, sur l'initiative du préfet du département, les municipalités intéressées et les commissions sanitaires et de protection des sites, entendues.

ART. 5. — Dans le cas où ce plan devrait s'étendre sur le territoire de deux ou de plusieurs départements, il serait établi, par une commission spéciale, sous la présidence du Ministre de l'intérieur et soumis ensuite, dans chaque département, aux formalités prescrites par les articles 3 et 4.

ART. 6. — Le plan, une fois établi, est exécutoire pendant une durée de trente années et renouvelable. Toute modification pourra y être apportée suivant les formes prescrites à l'article 3.

Le rôle que doit jouer la Commission départementale des sites peut donc avoir une extension et une portée considérables. Organes souples et intelligemment dirigés, ces commissions peuvent avoir la meilleure influence sur la conservation des richesses pittoresques de notre France. La Société pour la Protection des Paysages de France a compris que son rôle était de coordonner ces efforts qui, sans elle, demeureraient isolés, et d'aider modestement ces Commissions officielles dans l'accomplissement de leur tâche délicate. C'est à cette idée que nous devons un tout petit commentaire de la loi, édité par la Société, en 1909, et précisément dédié aux Commissions départementales des sites, dont il devient, en quelque sorte, le memento. Ainsi, notre Société profite de toutes occasions pour manifester son activité.

Et pour nous, en terminant, Messieurs, s'il nous était permis de formuler un désir devant vous, ce serait tout simplement de renouveler ici le vœu que j'ai eu l'honneur de présenter au Congrès d'Agen, Congrès d'Hygiène Sociale. La décentralisation ne peut être efficace qu'à condition qu'elle ne devienne point, en quelque sorte, un émiettement et que, loin de diminuer les forces actives, elle les augmente par l'affranchissement des initiatives locales. Or, vous savez qu'en vertu de la loi du 15 février 1902, il a été créé, dans chaque département, un Conseil d'hygiène départemental. Il conviendrait, pour mieux affirmer la vitalité et l'autonomie de chaque région, en matière d'hygiène et de beauté publique, qu'à époques régulières, les deux commissions récemment instituées, la Commission départementale des sites et le Conseil départemental d'hygiène, fussent réunies en un Comité consultatif local, qui pourrait être appelé : « Comité consultatif départemental d'hygiène et de beauté publique ». Il aurait à examiner toutes les questions intéressant à la fois les deux commissions et qu'il est impossible de prévoir par le détail ; il aurait notamment à s'occuper de l'établissement des plans d'embellissement et d'extension des villes. En outre, ces réunions donneraient lieu à d'intéressants échanges de vues ; on concentrerait, au surplus, les activités dispersées, en leur faisant connaître tout l'avantage qu'elles peuvent retirer d'une mutuelle confiance. Ainsi, on aurait à la fois rendu service à la cause de la décentralisation et à celle de la beauté et de l'hygiène du pays, et l'œuvre de notre Société se trouverait, en quelque sorte, amplifiée (1).

NOTA. — Ajoutons que, dernièrement, le 22 mars 1910 (2), M. Maurice Faure fit adopter, au Sénat, la loi contre l'abus des affiches-réclame, et il est intéressant de

(1) Voir rapport R. de Clermont au Congrès de l'Alliance d'hygiène sociale, à Agen, en 1909, dans l'*Aide Sociale*, revue bi-mensuelle, IIe année, n° 12, 30 juin 1909.

(2) *Journal Officiel*, 23 mars 1910.

mentionner la liste des monuments naturels classés à la fin de novembre 1909, qu'il signale au cours de son rapport (1).

(Les initiales P. C. signifient : propriété communale; P. D., propriété départementale; P. E., propriété nationale; P. P., propriété privée) :

AIN

La grotte d'Hautecœur	P.C.	8 juin 1909.
La grotte de Cerveissiat	P.C. et P.P.	8 juin 1909.
La grotte des Abrands, à Giron	P.C. et P.P.	14 juin 1909.
A Matafelon :		
La cascade de Charmine sur l'Oignin	P.C.	14 juin 1909.
La descente de Matafelon	P.C.	14 juin 1909.
La source de la Doye, à Neyrolles	P.C.	14 juin 1909.
La cascade de Chabarotte, à Chaley	P.C.	14 juin 1909.
La pierre des Marais, à Divonne-les-Bains	P.C.	14 juin 1909.
La cascade de Glandieu, à Saint-Benoît	P.P.	14 juin 1909.
Le lac de Silan et la cascade du Moulin de Charix, au Poizat	P.C.	14 juin 1909.
Le bloc erratique en Riant-Mont, à Vésancy		14 juin 1909.

CORSE

L'escalier du Roi d'Aragon, à Bonifacio	P.E.	22 janvier 1909.

COTES-DU-NORD

L'île de Bréhat		13 juillet 1907.

FINISTÈRE

Le rocher du Kernic, à Plounévez-Lochrist	P.P.	9 octobre 1908.
La roche de Kergomar en Saint-Thois	P.P.	9 juillet 1909
Le hêtre situé à Tuchen Ar Vieil-Arvel en Plénevez du Fadic	P.P.	9 juillet 1909
Les rochers de Roch-an-Autrou, de Roch-ar-Plein de Roch-Moniven en Saint-Goazec	P.P.	25 août 1909.
Le bosquet d'arbres entourant la chapelle de Sainte-Anne en Fouessant	P.C.	9 septembre 1909.
L'arche naturelle de Porzen en Plogoff	P.P.	
La falaise de Castel-Coz en Beuzec, Cap-Sizun	P.P. et P.E.	novembre 1909.

HAUTE-LOIRE

Le rocher Corneille, au Puy		novembre 1909.

LOIR-ET-CHER

Le parc de l'ancien évêché de Blois	P.D.	10 février 1909.

LOT-ET-GARONNE

Le parc du château des rois de Navarre, dit « La Garenne », à Nérac	P.C.	9 octobre 1909.

(1) Rapport (*Officiel*, Sénat, 1910, n° 84), pp. 19 et suiv.

MEURTHE-ET-MOSELLE

Le camp romain de César ou d'Afrique, situé sur les communes de Chavigny et Messein.............	P.C. et P.P.	23 juillet 1909.

MORBIHAN

Le vieux rocher du port, à La Roche-Bernard........		10 mai 1909.
La promenade du Ruicard, à La Roche-Bernard.....		20 juillet 1908.
La promenade de Lagrée, à La Roche-Bernard......		20 juillet 1908.
Les ruines du château de Granhac, à Peillec........	P.P.	20 juillet 1908.
Les rochers de Saint-Gildas......................		20 juillet 1908.
Les rochers de quartz à Saint-Allouestre...........	P.P.	20 juillet 1908.
Le chêne de Kergain ou du Pouldu, à Saint-Jean-Brévelay	P.P.	14 octobre 1909.

ORNE

Le parc du château de Flers......................		novembre 1909.
Le Roc au chien, à Tessé-la-Madeleine...............		2 mai 1908.
Le camp celtique de Bierre, à Merri...............	P.P.	17 juillet 1908

SAONE-ET-LOIRE

La roche de Solutré............................	P.C.	7 septembre 1908
La pierre dite Guénachère, à Saint-Emiland.........	P.C.	15 mars 1909.
Le cèdre de La Chaux, à Cuisery..................	P.P.	8 juin 1909.
Le tilleul de Sagy............................	P.C.	14 juin 1909.
La Pierre qui croule, à La Taquière................	P.P.	14 juin 1909.
Le platane situé devant l'église de Préty...........	P.C.	30 juillet 1909
La tour du Moulin, à Marcigny..................	P.C.	25 août 1909.

HAUTE-SAVOIE

Les gorges du Pont-du-Diable (communes de Forclaz et de la Vernaz)............................		novembre 1909.
Les six hêtres bordant la route à l'entrée du village d'Abondance	P.P.	18 mai 1908.
Les tours Saint-Jacques (aiguilles de calcaire sculptées par l'érosion), à Allèves....................	P.C.	14 juin 1909. 14 juin 1909.
Le site de la Béca, aux Contamines...............	P.C.	14 juin 1909.
Le sapin de Frontenex, à Faverges.................	P.C.	14 juin 1909.
Le tilleul dit « Le Cully », au hameau de Fresny, commune du Gaud.........................	P.C.	14 juin 1909.
La grotte de la Balme, à Mieussy..................	P.C.	14 juin 1909.
Le lac béni, à Mont-Savonnex...................	P.C.	14 juin 1909.
Le châtaignier de Neuvecelle.....................	P.C.	14 juin 1909.
Le lac Vert, les lacs de Moëde et d'Anterne, à Passy....	P.C.	14 juin 1909.
Le tilleul de Notre-Dame de l'Aumône, à Rumilly....	P.C.	14 juin 1909.
La cheminée des Fées, à Saint-Gervais............	P.C.	14 juin 1909.
La cascade de Doran, à Sallanches................	P.P.	14 juin 1909.
Le lac de Gers, à Samoëns......................	P.C.	14 juin 1909.
Le tilleul situé sur la place de la commune de Samoëns	P.C.	14 juin 1909.
La fontaine de la Goutte, à Sévrier................	P.C.	14 juin 1909

SEINE

Le jardin attenant à l'immeuble situé à Nogent-sur-Marne, 16, rue Charles-VII....................	P.P.	19 février 1909.

DEUX-SÈVRES

Les rochers de Pyrôme à La Chapelle-Largeac......	P.P.	8 juin 1909.
La pierre branlante, dite « Merveille de Hérisson », à Pougues-Hérisson		8 juin 1909.
La pierre au diable, à Souvigné....................	P.P.	8 juin 1909.
La Botte de Saint-Jouin de Marnes................	P.C.	8 juin 1909.
La butte de Moncoué, à Taizé......................	P.C.	8 juin 1909.
Le gourc d'Or, à Cérizay............................	P.P.	8 juin 1909.
Les rochers du Thouet, à Parthenay...............	P.C.	8 juin 1909. (1)

***

Le rapport de M. de Clermont, ayant présenté tout un côté fort intéressant de l'œuvre de la S. P. P. F., donne lieu à un échange d'observations qu'il convient de signaler.

M. Belloc désirerait que l'on demande une consultation de la Commission départementale avant de faire le tracé d'un chemin, d'une route ou d'un chemin de fer, et ce, afin de ne pas risquer de détruire des monuments intéressants, comme le cas se produit.

M. Raoul de Clermont. — C'est une nouvelle extension des pouvoirs de la Commission que vous demandez ? Il faudrait pour cela un nouveau texte de loi. Ce serait intéressant à ajouter. Si vous voulez, nous pourrions rapporter un projet de loi que nous remettrions à M. Beauquier, en lui demandant de bien vouloir le déposer sur le bureau de la Chambre.

(1) Voir *Bulletin de la S. P. P. F.* La loi du 21 avril 1906 et son application. *1906*, pp. 73 à 81; *1907*, pp. 109 à 115, 157 à 162, 185 à 191, 229 à 233; *1908*, pp. 11 à 17, 59, 73, 103 à 109 ; *1909*, pp. 15 à 18, 40 à 49, 76 à 79 ; et *1910*, pp. 92 à 98.

III

Protection des Paysages dans les divers Pays

[NOTA. — LÉGISLATION COMPARÉE. — Il convient de rappeler que la Société pour la Protection des Paysages de France, au cours de ses huit années d'existence, a publié un grand nombre de textes concernant la protection des Paysages à l'Etranger. Voici les références à titre documentaire :

Allemagne. — V. *Bulletin* 1902, p. 111 : Inventaire des monuments naturels ; *Bulletin* 1903, p. 20 : La Protection du Pays ; pp. 45, 66 ; 1904, p. 46 : Le Futur Parc national Rhénan ; p. 87 : Heimatschütz ; 1905, p. 89 ; 1906, p. 130 ; 1907, p. 217 : Les Forêts Suburbaines ; 267 : La Protection des Paysages ; p. 293 : Organisation de la Protection des Sites en Allemagne. Protection des toits de chaume ; p. 305 : La Suppression des Herbiers ; 1908, p. 72 : La Protection des Forêts; p. 94 : Stuttgart-Berlin : Les Monuments naturels; p. 116 : Forêts Urbaines ; 1909, p. 35 : Second grand meeting ; p. 50 : La Protection des Paysages en Allemagne ; p. 73 : Le Congrès de Trêves ; p. 84 : Munich-Dresde.
V. en outre : Cros-Mayrevieille : De la Protection des Monuments historiques, Sites et Paysages, Paris 1907, p. 263 et suiv., 273 et suiv. ; Gassot de Champigny : Protection des Sites, p. 3 ; Rapport Raoul de Clermont à Liège, page 8.

Alsace-Lorraine. — V. *Bulletin* 1908, p. 39.

Angleterre. — V. *Bulletin* 1902, p. 9 : Sociétés contre l'abus de l'affiche-réclame ; p. 108 et suiv. : Le Paysage de Richemond-Hille ; 1903, p. 20 : Tara-Hill ; 1904, p. 47 : Le Vandalisme des Cheddar-Cliffs ; 1905, p. 88 : Les Espaces libres ; 1906, p. 66 : Société anglaise contre l'abus de l'affiche-réclame ; p. 79 : Sauvegarde des Paysages ; 1907, p. 218 : Poteaux téléphoniques, Reboisement ; 204 : Ligue pour la Conservation de la Suisse Pittoresque, Londres ; 1908, p. 86 : Pour la Suisse Pittoresque ; 1909, p. 84. — Voir aussi Rapport Raoul de Clermont à Liège, page 10.

Autriche. — V. *Bulletin* 1902, p. 112 : La Protection de l'Edelweiss ; 1903, p. 21 : La Beauté dans la rue, etc. ; 1907, p. 267 : Vienne : Les Embellissements urbains ; Salzbourg : Une Loi protectrice des Alpes ; 1908, p. 72 : La Protection des Forêts ; p. 86 : Les Mukhols ; pour le Mont-Saint-Michel. — Rapport Raoul de Clermont à Liège, page 12.

Bavière. — V. *Bulletin* 1908, p. 39 : Une Loi pour les Paysages.

Belgique. — V. *Bulletin* 1903, p. 21 : La Société pour la Protection des Sites et Monuments ; p. 45 : Catalogues d'arbres remarquables ; 1905, p. 87 : Liège, Congrès de l'Art public ; p. 39 ; 1906, p. 97 ; 1907, p. 219 ; p. 268 : Loi contre l'affichage ; p. 307, : La Société pour la protection des Sites ; 1908, p. 86 : Au Parlement ; 1909, pp. 56, 84, 89.
V. en outre : Cros-Mayrevieille : De la Protection des Monuments historiques, Sites et Paysages, Paris, 1907, p. 166. — Rapport Raoul de Clermont à Liège, page 13.

Bohême. — V. *Bulletin* 1903, p. 23.

Brésil. — V. *Bulletin* 1906, p. 99 : Cataracte d'Iguazu.

Canada. — V. *Bulletin* 1903, p. 46 : Le Déboisement ; 1908, p. 74 : La Protection des Forêts ; 1909, p. 105.

Colombie Anglaise. — V. Bulletin 1908, p. 74 : Protection des Forêts.

Corée. — V. *Bulletin* 1908, p. 75 : La Protection des Forêts.

Danemark. — V. *Bulletin* 1903, p. 45 : Annuaire de la Société des Touristes Danois pour 1900. — Rapport Raoul de Clermont à Liège, p. 16.

Egypte. — V. *Bulletin* 1903, p. 47 : Le Barrage d'Assouan et l'île de Philæ. — Rapport R. de Clermont à Liège, p. 16.

Espagne. — La XIIe Fête de l'Arbre. *Bulletin* 1909, p. 35, 105. — Rapport Raoul de Clermont, à Liège, p. 17.

Etats-Unis. — V. *Bulletin* 1903, p. 46 ; 1904, p. 46 : La Lutte contre les affiches ; 1906, p. 56, Législation ; p. 71, Niagara ; p. 99, Embellissement des villages ; 1907, p. 220 : Nos Forêts ; 1908, p. 73 : La Protection des Forêts ; p. 87 : Les Monuments naturels, Congrès de Washington pour la Protection des Richesses naturelles ; 1909, p. 84.

Italie. — V. *Bulletin* 1903, p. 47 : Mouvement pour la Protection des Paysages ; 1907, p. 219 : Cités-Jardins, Affiches-Réclames ; p. 268 : Bologne : Société pour les Paysages ; 1908, p. 117 : Le 2e Congrès national pour la défense des Paysages (Turin) ; 1909, p. 104. — V. en outre Cros-Mayrevieille : De la Protection des Monuments, Sites et Paysages, Paris, 1907, p. 245 et suiv. ; Rapport Raoul de Clermont, à Liège, p. 40.

Japon. — V. *Bulletin* 1904, p. 90 : L'Amour du Paysage. — Rapport Raoul de Clermont, à Liège, p. 48.

Mexique. — V. *Bulletin* 1908, p. 75 : La Protection des Forêts.

Norwège. — V. *Bulletin* 1906, p. 56 : Législation ; 1908, p. 87 : Les Chutes. — Rapport Raoul de Clermont, à Liège, p. 49.

Russie. — V. *Bulletin* 1909, p. 35.

Suisse. — V. *Bulletin* 1903, p. 85 ; 1904, p. 90 : La Chute du Rhin ; 1905, p. 89 ; 1906, p. 98, 130 : Les Affiches-Réclames ; 1907, p. 219 : Nouvelles Associations ; p. 268 : Lucerne, une Assemblée générale du *Heimatschutz ;* Saint-Gall : Protection de la Flore ; Schaffhouse : Les Chutes du Rhin ; p. 192 et suiv. : Le Projet de loi Wieland contre l'abus de l'affiche-réclame ; 1908, p. 78 : La Protection des Forêts ; p. 88 : pour le Cervin, etc. ; 1909, p. 35, 36. — V. en outre : Cros-Mayrevieille : De la Protection des Monuments, Sites et Paysages, Paris, 1907, p. 254 et suiv. et 268 et suiv. Rapport Raoul de Clermont, à Liège, p. 50.

Luxembourg. — La loi du 23 mars 1893 sur la police rurale et forestière protège les arbres et les sites. Rapport Raoul de Clermont, à Liège, p. 49.

ALLEMAGNE

M. le Président. — L'ordre du jour appelle maintenant le rapport de M. le Dr CONWENTZ, Conservateur des Monuments naturels de Prusse, sur LA PROTECTION DES MONUMENTS NATURELS DANS LES DIVERS ETATS.

Le savant géologue, M. Gustave-F. DOLLFUS, l'éminent collaborateur de la Carte Géologique de France, a fait de cette intéressante communication l'analyse suivante :

L'intérêt qu'il y a pour l'Humanité à préserver intacts les sites naturels, à garder sans changements les curiosités de la nature, les particularités qui se rencontrent sur le globe, en vue de l'instruction des générations futures, est une idée peu ancienne, et il n'est pas surprenant que la désignation même de tous ces objets ne s'exprime encore par aucune appellation précise. Déjà, le terme d' « Histoire naturelle », partout adopté, n'est pas à l'abri de certaines critiques ; est-ce bien une « histoire », que l'étude des minéraux qui forment la terre, que la nomenclature et la biologie des animaux et des plantes qui la peuplent ? Le terme de « Monuments naturels », appliqué aux traits les plus remarquables des produits du monde, est-il plus difficile à admettre ?

Les expressions de *Natural Monuments*, en anglais ; de *Naturdenkmal*, en allemand, s'appliquent aussi bien à un site pittoresque qu'à une plante intéressante, et ces noms sont préconisés par M. Conwentz, Membre de la Commission pour la conservation des Monuments de la nature en Prusse, qui vient de publier, dans les presses de l'Université de Cambridge, un charmant petit volume sur l'état de cette question dans les différents pays.

Si l'expression de « Monument », en français, éveille plus spécialement l'idée d'une construction humaine, ne peut-on, par continuité, l'appliquer à quelques rochers gigantesques, à quelques cascades grandioses ? Et si on hésite à l'appliquer à des faits plus modestes, comme à un vieil arbre, à un bloc erratique, ou même à des questions plus restreintes, comme une station botanique ou une carrière fossilifère, il ne faut pas oublier qu'en histoire naturelle, l'intérêt scientifique est sans relation avec la taille des objets considérés, et qu'il est dans le domaine des humbles des sujets aussi remarquables que dans celui des géants et des monstres.

L'ancienne expression française de « Merveilles de la nature » ou « Merveilles naturelles » se comprend plus facilement, et serait d'une reprise et d'une diffusion plus facile, mais elle ne correspond qu'à une partie du sujet, et elle donne à croire que seules les productions extraordinaires sont dignes d'intérêt. La sollicitude que nous avons maintenant de perpétuer les belles choses, de transmettre à un enfant la vue des paysages qui nous ont charmés, les curiosités naturelles qui nous ont instruits, peut s'étendre à des chefs-d'œuvre ruinés de l'ancienne architecture, depuis longtemps catalogués, jusqu'aux monuments préhistoriques ; des blocs glaciaires aux pierres druidiques ; des cirques romains aux cirques naturels des hautes montagnes ; Des produits de l'industrie égyptienne au matériel de l'homme préhistorique, la transition est continue, en sorte que l'expression de « Monument naturel » dans sa conception progressive arrive à s'appliquer à tous les détails de l'histoire naturelle que nous jugeons dignes d'être préservés de la destruction.

Le philosophe Carly le disait : « L'homme qui ne sait pas admirer est une paire de lunettes derrière laquelle il n'y a pas d'yeux. » Et John Bastline dit que l'art de vivre est une chose qui s'apprend, que l'admiration des jolies choses en fait partie, que la fleur sauvage sur le bord du chemin, l'oiseau qui chante dans la forêt, importent à l'homme, car l'homme ne vit pas seulement de pain. La protection de la nature doit s'étendre, en tout premier lieu, aux points de vue, aux belles perspectives, qu'il ne faut pas laisser défigurer, et, sans aller aussi loin que l'ancien Grand Electeur de Hesse, qui faisait démolir une cheminée d'usine élevée dans Cassel, qui troublait le panorama splendide de son château de Wilhelmshœhe, il y a certainement quelques ménagements à garder pour garantir nos points de vue, et en éloigner, par exemple, ces affiches gigantesques, ridicules et obsédantes, qu'on a si bien propagées partout, dans ces dernières années ; on pourrait les reléguer sur les murs des usines, dans les agglomérations purement industrielles.

M. Conwentz nous apprend que les gouvernements prussien et saxon se sont entendus pour refuser un projet de funiculaire tapageur, pour conduire des promeneurs au sommet de Hartz, afin de garder à ce célèbre point de vue tout son caractère original.

Les châteaux d'eaux sont aujourd'hui en mauvaise posture ; partout on cherche à les utiliser pour les besoins industriels, et les abus ont déjà été si grands, en Suède, que le gouvernement a dû légiférer en déclarant les fleuves comme des propriétés nationales, et en ne permettant l'établissement des usines et le détournement des cascades qu'à bon escient et dans des conditions limitées. Il serait utile que d'autres pays prennent des mesures analogues ; l'aménagement discret n'est pas une impossibilité, on peut dissimuler les bâtiments par des rideaux de bois, on peut laisser les eaux reprendre leur cours naturel à certains jours et à certaines heures, faisant la part du feu dans ce conflit soudain entre l'esthétique et l'utilitarisme.

Pour les beaux rochers, il n'est pas question de vouloir fermer toutes les carrières, mais on peut modifier les points d'attaque, interdire des emplacements, conseiller des aménagements plus rationnels. Par exemple, dans l'exploitation des grès qui forment des amoncellements si pittoresques, dans la Forêt de Fontainebleau, on peut interdire, et on a déjà défendu l'utilisation de certaines parties situées dans les régions les plus belles, et rien n'était plus facile que de se reporter, pour cette utile industrie, dans des cantons écartés, où le sol déboisé et ingrat n'avait rien à perdre, d'autant mieux que les bandes gréneuses se suivent au loin et sortent bien loin au-delà de la région forestière.

La défense des vieux arbres est un sujet d'intérêt général, et elle entraîne une foule de conséquences de première valeur ; c'est le maintien du tapis herbacé des sous-bois, c'est la préservation de tout un petit monde animal vivant en association avec les végétaux ; la plupart des insectes ont un habitat des plus circonscrits, et ne peuvent vivre éloignés des plantes qui les nourrissent ou qui les abritent.

Ne vous effrayez pas, cependant, Mesdames ; nous ne voulons pas vous empêcher de cueillir des fleurs, vous priver d'une des parties les plus charmantes de vos promenades, mais nous vous demandons de ne pas en abuser, de ne pas les prendre toutes, de ne pas vous laisser aller à les arracher inutilement. Certainement, vous serez assez bonnes pour vouloir laisser jouir les autres promeneurs du même plaisir, vous penserez qu'il est nécessaire qu'il reste des sujets pour perpétuer l'espèce pour l'année suivante. Vous vous souviendrez de ces vers singuliers de la complainte d'un de nos plus célèbres mélodrames :

> Laissez, laissez, les enfants à leur mère.
> Laissez les roses au rosier.

Il a fallu sévir, en Prusse, contre des bandes d'enfants qui dévalisaient des quartiers entiers de forêts, pour venir vendre à la ville des pieds du Lys de la Vallée (*Convallaria Majalis*) ; en Thuringe, on a arrêté un homme qui était porteur de plus de 700 pieds, inutilement arrachés, de la belle Orchidée, connue sous le nom de Mule de la Dame (*Cypripedium calceolus*). Le Gouvernement du Valais a très sagement édicté des lois pour empêcher la déprédation des plantes alpines arrachées sans raison ; quoi de plus charmant, en effet, que toute cette flore montagneuse ?

De toutes les méthodes de préservation, celle de la réserve des terrains conservés intacts, à l'état de nature, est parmi les efforts les plus intéressants. M. Conwentz nous donne une carte de l'Angleterre, où sont indiqués les points où il existe des parcelles protégées ; on connaît les grands parcs nationaux des Etats-Unis, qui renferment tant de merveilles ; les efforts faits par les Gouvernements africains pour conserver, ou du moins pour ralentir la destruction du gros gibier, pour garder quelques surfaces où il soit encore possible d'admirer la nature chez elle, au complet, avec tous les divers éléments de vie, se balançant dans un équilibre admirable, bien fait pour imposer au philosophe quelque modestie. L'Australie, la Nouvelle-Zélande ont également délimité des zones de préservation et de retraite pour les animaux, contre la poursuite des chasseurs.

La France paraît être restée un peu en dehors, jusqu'ici, de ce mouvement ; cependant, des projets de loi sur la conservation des forêts sont en instance devant les Chambres. Dans tous les départements, il s'organise, sous la présidence du Préfet, des commissions pour la protection des paysages et des beautés naturelles ; il est question de déclarer Parc national, une grande partie du massif de la Grande-Chartreuse. Il ne faut pas oublier que, depuis plus de quarante ans, des mesures ont été prises pour conserver intactes certaines parties très vieilles et très pittoresques de la Forêt de Fontainebleau, pour donner satisfaction aux artistes et à tous les admirateurs de cette belle forêt. Par ailleurs, le Muséum d'histoire naturelle de Paris possède, à Sansan, dans le Gers, et à Berru, près de Reims, des terrains reconnus propriétés nationales, dans lesquels ont été découverts des faunes fossiles remarquables de grands vertébrés, qui ont bien leurs titres pour se réclamer du nom de Monuments naturels, et dans lesquels on ne peut fouiller sans l'autorisation spéciale du Ministre.

Evidemment, il y a bien des points, aussi bien dans le Nord que dans le Midi, où il n'y a rien à faire, rien à conserver, des étendues où la monopolisation humaine, le développement des cultures ont annulé tous les caractères naturels. Il y a, dans le Midi, des étendues d'échalas sans limites, où la vigne se cultive jusque sur le perron des châteaux ; sur la grande Beauce, pas un arbre, pas une haie, pas un buisson ne subsistent ; toute la flore, toute la faune ont disparu devant une culture intensive, qui déforme, chaque année, le sol, à une grande profondeur, sans épargner un pouce de terrain ; c'est miracle qu'il reste encore, dans les blés, quelques coquelicots et quelques bleuets, et nous pouvons même soupçonner que les graines qui les maintiennent sont répandues avec les semences, et qu'elles n'auraient pas pu résister naturellement aux grands labours qui se succèdent d'une année sur l'autre. Aussi, c'est avec un bien amer regret que nous avons vu défricher, ces années passées, la grande forêt de Marchenoir, qui formait, sur l'immense plateau de Beauce, comme une île de dernier refuge pour la flore et la faune locales. Nous en sommes venus à regretter les lois qui existaient, autrefois, dans certaines provinces de la France, et qui défendaient d'*essarter*, c'est-à-dire de détruire une forêt régulière sans l'autorisation supérieure expresse du roi.

Que de mécomptes, du reste, ont produit bien souvent ces déboisements ! On a voulu remettre en culture, en terre de labour, des terrains qui en étaient complètement impropres, on n'a obtenu que des insuccès, et de vastes étendues sont redevenues des *Gâtines*, c'est-à-dire des lieux incultes, impropres à toute production régulière ; il a fallu de très longues années avant que la terre soit revenue dans son état d'équilibre normal et ait pu reprendre sa parure végétale naturelle. Mais, combien peut-être d'espèces d'animaux inférieurs complètement détruites, — d'insectes, de mollusques, d'oiseaux — irrémédiablement éteintes, disparues pour toujours, et que de longues générations de naturalistes et d'observateurs regrettèrent de n'avoir pas connues, dans leurs mœurs gracieuses ou barbares, comme ont pu les décrire si curieusement les patriarches de l'entomologie et l'ornithologie.

Je ne parlerai pas des animaux marins et des poissons de nos eaux douces ; la pêche, dans la France continentale, a été sérieusement réglementée, et des accords internationaux ont délimité les lieux de pêche pour chaque pays, et la grandeur de la maille des filets ; des laboratoires de zoologie maritime s'occupent de la reproduction des mollusques, des crustacés et des poissons, de leurs migrations, de leurs ennemis, en sorte que la besogne de conservation est en plein travail. Je laisserai également de côté les mammifères et les oiseaux désignés comme « gibier », car, depuis longtemps, une législation sévère s'est efforcée de maintenir un noyau de reproducteurs, destinés à assurer la permanence de nos exploits cynégétiques ; elle poursuit avec une rigueur, que beaucoup estiment encore comme trop douce, les braconniers, ces destructeurs sournois, qu'il faut arrêter dans tous les domaines, et les mutilateurs d'arbres sont, pour nous, aussi coupables que les tendeurs de collets.

C'est à l'enfance à laquelle il faut, de bonne heure, inculquer des idées de conservation et de respect pour nos monuments naturels, c'est aux dénicheurs de nids, aux taquins, aux jeunes incendiaires, qu'il faut montrer les effets pernicieux et souvent mortels de leurs sottes déprédations ; il y a beaucoup à faire, dans cette direction, pour propager, dans nos campagnes, le goût de l'histoire naturelle, le goût du beau à côté de celui de l'utile.

Il y aurait un véritable intérêt à grouper tous ces renseignements et à pouvoir dire tout ce qui s'est fait dans les divers pays, pour la conservation du patrimoine national, et améliorer, par la législation, comme par les mœurs, une situation qui devenait désastreuse. Il est à souhaiter que M. Conwentz public prochainement, en français, tous les documents que sa position spéciale de Conservateur lui a permis de rassembler, et nous ne doutons pas de l'excellent accueil qui serait fait à son travail.

M. le Président. — Je crois être votre interprète à tous en remerciant M. le Dr Conwentz de sa très intéressante communication. (Applaudissements.)

La parole est ensuite donnée à M. le Professeur Docteur FUCHS, de l'Université de Tübingen, sur L'ŒUVRE DU *HEIMATSCHUTZ* ET DES SOCIÉTÉS PRIVÉES POUR LA PROTECTION DES PAYSAGES EN ALLEMAGNE :

C'est avec empressement que l'Union allemande *Heimatschutz* a répondu à l'appel de la Société pour la Protection des Paysages de France, si hautement appréciée parmi nous. C'est avec joie que nous applaudissons à son initiative de réunir, à Paris, le premier Congrès international pour la protection de la Patrie.

Comme représentant du *Heimatschutz*, j'ai l'honneur de saluer l'honorable assemblée en lui exprimant notre vive gratitude pour cette manifestation significative, qui marquera une date dans l'histoire de nos associations. Nous espérons que ce Congrès nous sera très profitable, d'abord par ses intéressants débats, puis, nous comptons que, grâce à la répercussion qu'il aura en Allemagne, il facilitera, de plus en plus, notre tâche, par une appréciation plus juste de nos efforts.

Avant de vous transmettre les communications que j'aurai l'honneur de vous faire, je crois devoir définir d'abord cette appellation du mot *Heimatschutz*, intraduisible en français, et ainsi adopté par nos amis de la Suisse française. C'est un mot de création récente, employé, pour la première fois, par M. le Professeur Rudorf, en 1897, dans le « Grenzboten » (Messager des Frontières). Dans un article intitulé « *Heimatschutz* », il exposa la nécessité de mettre un terme aux transformations inconsidérées de nos villes et de nos paysages, sous peine de les voir promptement dépouillés des caractères qui les distinguent. Il réclama la protection et la pieuse conservation de ces qualités d'origine, appropriées à chaque régime, afin que ce respect de l'image du pays développe et entretienne cet amour du clocher, base du sentiment patriotique, qu'on peut résumer tout entier dans ce mot : « *Heimatschutz* ».

Il demanda alors à tous ceux qui partageaient ses mêmes sentiments de s'unir et de fonder une association qui aurait pour but la protection de la Patrie. Cet article parut sous forme de brochure (Callwey, à Munich), et fut le point de départ de notre Ligue, fondée à Dresde, en 1904. Nous devons ajouter, toutefois, que, depuis quelques années, il existait une fête annuelle, dédiée au culte des monuments. Ce « Jour » eut le grand avantage de préparer notre avènement, et il continua à servir notre cause en propageant au loin l'écho de nos efforts.

Notre Union du *Heimatschutz* fut donc le complément logique de ce premier élan, qui n'était encore qu'un tribut d'admiration, rendu par leurs amis, aux monuments de la Patrie. Le *Heimatschutz* fixa ce sentiment, élargit le programme, et il réclama non seulement la protection des monuments du passé, mais il encouragea le développement des Arts modernes, favorisa une renaissance de l'architecture nationale, ainsi qu'un art populaire appliqué à tous les objets mobiliers. Rattachant ses assises à celles des « Amis des Monuments », le *Heimatschutz* transforma leurs manifestations théoriques en un programme de travaux pratiques, concernant la protection de la Patrie entière, d'où la Nature, évidemment, ne saurait être exclue.

En outre, il existait encore, en Allemagne, une foule de groupements qui, sous des appellations diverses, telles que « Protection des Oiseaux », « Société d'Embellissements », etc., etc., ne pouvaient, en raison de leur action limitée, et malgré leurs succès, donner à l'idée de protection de la Patrie toute l'ampleur qu'elle comporte.

Ce fut là l'œuvre de notre Association, de réaliser, en les complétant, les efforts dus aux initiatives privées, et d'évoquer cette idée neuve de protection de toute la Patrie, laquelle restera intimement liée à l'histoire de notre Société.

***

Notre ligue du *Heimatschutz* a donc pour but de grouper l'ensemble de tous les mouvements de protection de la Patrie allemande. Elle se divise, à cet effet, en sections régionales, qui, à leur tour, se subdivisent en sous-sections, entièrement indépendantes les unes des autres. Selon leur importance, elles envoient un nombre déterminé de représentants, à l'assemblée des délégués, à laquelle est attribué un pouvoir très étendu pour la réglementation des affaires.

Les sections régionales reçoivent le bulletin de la Société pour chacun de leurs membres, ce qui assure ainsi la communauté de principes ; mais elles possèdent, en plus, des publications spéciales concernant leur domaine particulier.

La contribution qu'elles paient à la Caisse centrale est insignifiante, vu qu'elles doivent pourvoir à leurs nécessités par leurs moyens propres. Un Comité, élu pour cinq ans, est à la tête de l'Assemblée générale. Il se compose d'un Président, d'un Secrétaire, d'un Trésorier et de quatre Assesseurs.

Ce bureau, qui ne se réunit que selon les circonstances, ne traite que les questions importantes d'ordre général.

Le Président et le Secrétaire, chargés des affaires courantes, forment ensemble le pouvoir exécutif, qu'ils représentent aussi devant l'opinion publique. Ce sont : M. le Professeur Schultze-Naumburg, Président depuis la fondation, et M. Fritz Koch, Secrétaire depuis trois ans ; ses fonctions ne sont point rétribuées, mais, grâce à un don de MM. Krupp et Halbreck, et du baron de Wilmoski, il va pouvoir se consacrer exclusivement à l'administration de la Société.

Notre Union possède, aujourd'hui, quinze filiales provinciales, ayant une existence autonome, auxquelles viennent de s'adjoindre celles d'Autriche, nouvellement constituées.

C'est une Association de personnes privées, qui a pour principe absolu de conserver sa complète indépendance, en dehors de tous les pouvoirs constitués, afin de diriger, à son gré, les mouvements de son activité. Elle peut, dans certaines circonstances, résister au Gouvernement, comme représentant l'opinion publique. Mais, loin de rechercher cette attitude, elle s'efforce de seconder, autant que possible, les autorités, comprenant que les succès pratiques de l'œuvre de protection ne prendront tout leur développement qu'appuyés sur une action concomitante avec les pouvoirs publics.

Un des principaux moyens d'action de la Société réside dans les négociations. Nos ressources étant encore très limitées, c'est grâce à nos efforts et au moyen d'habiles persuasions que nous avons souvent la joie d'atteindre notre but.

Telle construction menacée, tel vieux bel arbre condamné, n'ont dû la faveur d'être épargnés qu'à notre intervention officieuse, à laquelle on répond souvent avec le plus grand désintéressement.

Nous en concluons que l'action la plus importante de notre Union consiste dans l'éducation des masses ; en les initiant à l'idée de protection de la nature, elles réclameront d'elles-mêmes notre intervention et comprendront la nécessité de suivre nos conseils.

Le Bulletin de la Société, ceux de ses filiales, les brochures diverses, celle de notre distingué Président, entre autre sur « La Déformation de notre Pays », toutes ces publications développent et propagent nos théories, que popularisent encore les nombreuses conférences avec projections. La Société centrale en possède de riches collections, qu'elle prête obligeamment, en désignant même des conférenciers compétents.

N'oublions pas la Presse, enfin, qui, avec les nombreux articles qu'elle répand quotidiennement sur les actualités d'intérêt général, concourt largement à consolider nos efforts, couronnés déjà de très importants succès.

Cette question est si multiple qu'il ne m'est possible d'énumérer ici que brièvement ce qui a été fait au point de vue législatif.

Je signale avant tout la loi du 15 juillet 1907, contre l'enlaidissement des paysages, en Prusse, ainsi que des régions qui se distinguent par leur beauté.

Cette loi, faite en collaboration de notre Société, a surtout contribué à étendre son action jusqu'à la protection des paysages, et, dans son application, le *Heimatschutz* tient une part prépondérante.

Cet exemple fut immédiatement suivi, en Saxe-Cobourg, où les mesures de protection sont encore plus rigoureuses qu'en Prusse. En Saxe-Weimar, un projet de loi semblable est en préparation. La Bavière a pris un grand nombre de dispositions excellentes, visant toutes la protection du pays, mais elles manquent, toutefois, de cohésion. Le Grand-Duché de Bade s'efforce d'améliorer les constructions, en préparant une réglementation sur l'emploi des tuiles en ciment, à l'usage des toitures ; plusieurs autres États allemands travaillent dans le même sens.

Sur les instances de notre Société, la province de Hesse-Nassau a pris des dispositions pour protéger les promenades publiques, ainsi que les beaux arbres concourant au décor d'un paysage.

Souhaitons que de telles mesures s'étendent un jour à toute la Prusse ! Le Mecklembourg possède une excellente réglementation des promenades publiques, qui vient d'être, en tous points, imitée et publiée par la Bavière. Je dois borner à ces quelques citations les cas trop nombreux où la Société a manifesté son utile activité.

Si nous devons équitablement reconnaître comme un insuccès notre première intervention au sujet des merveilleuses chutes du Rhin, il nous est permis de constater que notre Société naquit de ces bruyants débats, lesquels rendirent manifeste la nécessité de nos efforts. Notre Ligue a combattu les chemins de fer de montagnes non justifiés, les barrages superflus, les belvédères inutiles, et, quelle lutte n'a-t-elle pas soutenue contre l'odieuse réclame ! En ce qui concerne la question forestière, notre action, en Allemagne, doit s'exercer tout contrairement à ce qui se passe en France, où c'est la lutte contre le déboisement qui paraît être le terrain de combat. Chez nous, c'est le système de l'exploitation rationnelle forestière, poussé jusqu'à l'abus, qu'il nous faut combattre. L'administration voudrait transformer en forêts de sapins tous nos bois ombreux, couvrir de plantations tous les sommets arides, envahir les prairies de bosquets touffus, et tracer, bien rectilignes, les contours ondulés de nos bois.

C'est à la suite d'aussi déplorables abus que nous devons la défiguration d'un des rares paysages de l'Allemagne du centre, la montagne de Khoü, dont le grand charme, dû à sa végétation spontanée, ne sera plus bientôt qu'un souvenir.

Une Société de protection de la Patrie a le devoir de s'opposer à ces dévastations.

En ce qui concerne la propagande, la ligue du *Heimatschutz* peut enregistrer de très appréciables succès. Par la diffusion de ses nombreux écrits, par son influence toujours croissante sur la Presse, notre Société vient d'atteindre à un résultat enviable entre tous : celui de voir l'opinion publique reconnaître enfin le bien-fondé de ses efforts.

Reconnaissance doublement appréciable quand elle nous vient de la part des Gouvernements jadis si opposés à notre intervention.

Nos regards, maintenant, doivent se porter sur les Ecoles, vers ces cercles d'étudiants, qu'il faut gagner à notre cause, parce que la jeunesse, c'est l'avenir, et c'est lui qu'il nous faut assurer.

Mais n'oublions pas le présent, efforçons-nous de grouper, dans un même sentiment, pour cette noble tâche, toutes les Sociétés qui travaillent à l'embellissement de la Patrie.

Plusieurs d'entre elles nous ont déjà préparé la voie ; d'autres, je le dis à regret, nous l'obstruent parfois, lorsqu'en visant avant tout l'intérêt de leur groupe, elles agissent contrairement à notre but et en compromettent les résultats.

Mais un grand dédommagement nous était réservé : l'une des plus puissantes sociétés de tourisme vient, dans son journal et dans son annuaire, de consacrer une rubrique permanente à notre Union de Protection de la Patrie.

Parmi les institutions poursuivant le même but que le nôtre, soit totalement, soit en partie, je me plais à citer les suivantes, extraites des sphères gouvernementales :

Les Conservateurs des Provinces de Prusse ;
Les Protecteurs des Monuments Hessois ;
L'Architecture Religieuse en Hesse ;
Le Conservateur du Würtemberg ;
Les Autorités Bavaroises.

Tous ces groupes divers sont invités à suivre le mouvement dans le sens imprimé par notre union du *Heimatschutz*.

Comme institutions privées, il convient de citer :

La Société pour le développement rationnel des Paysages ;
La Société Dürer ;
Le Jour de fête des Monuments ;
L'Union Allemande du Travail ;
La Société Allemande des Cités-Jardins.

En communion d'idées avec ces divers groupements, nous travaillons en commun pour la Protection de la Patrie.

***

Dès sa fondation, notre Société s'est appliquée à nouer des rapports avec les Associations similaires des autres contrées. Puisant dans les statuts des plus anciennes ce qui pouvait nous convenir, la Société pour la Protection des Paysages de

France a largement contribué à notre édification. Plus tard, fut créée la Société Suisse du *Heimatschutz*, avec laquelle nous entretenons des rapports d'une étroite amitié, de même qu'avec l'Autriche, où le mouvement de protection ne s'est dessiné qu'à l'instigation du nôtre. En Belgique, en Hollande, en Suède, nous avons aussi tenté de nouer des liens, afin de faire pénétrer jusque là nos sentiments sur la préservation de la Patrie.

Il se manifeste actuellement, en Allemagne, une tendance séparatiste, qui réclame la décentralisation complète des moyens de protection de la Patrie. « Pour être efficace », dit-on, cette préservation ne peut s'exercer que dans un cercle restreint, vu la diversité des moyens à employer dans chaque région. Toute application de principes uniformes n'aboutirait qu'à annihiler les provinces, etc., etc...

Oublie-t-on qu'un des grands principes du *Heimatschutz* est, avant tout, de pousser au développement des initiatives régionales, d'appuyer leurs efforts, d'applaudir à leurs succès ? Ces moyens seuls nous permettent d'espérer que nos Sociétés auront une influence civilisatrice, et qu'à ce titre, elles doivent être hautement appréciées.

Saluons donc avec joie et reconnaissance l'invitation partie de Paris, qui nous permet de hausser encore nos aspirations, en créant l'Union Internationale pour la Protection de la Patrie.

Ce qu'il importe de sauvegarder avant tout, c'est l'image de la Patrie, riante ou sévère ; ses contours aimés doivent être respectés de tous. Une civilisation, digne de ce nom, ne saurait oublier que la loi d'harmonie l'oblige à s'adapter aux éléments constitutifs de chaque région, de même qu'à son climat et à ses mœurs.

Ce Congrès, en nous initiant réciproquement aux expériences acquises, en nous permettant d'étudier en commun nos moyens d'action pour l'avenir, aura une portée presque mondiale, puisqu'il sera profitable à toutes les nations représentées ici. Sans omettre de dire qu'une pareille union civilisatrice marquera un pas en avant dans la voie de l'entente et de la cordialité.

Ajoutons encore que cette Union Internationale est en même temps une défense contre le danger du cosmopolitisme, puisque une de ses théories fondamentales est, avant tout, la conservation des caractéristiques nationales.

M. le Dr Fuchs. — Vous avez vu par le rapport que j'ai eu l'honneur de vous lire, comment, en Allemagne, dans notre Association, le Bund Heimatschutz, nous entendons la protection de la « petite patrie », comme disait, ce matin, M. le Président.

En outre des arbres, des fleuves, et des monuments naturels, la protection s'étend aux monuments d'architecture, aux rues, aux places anciennes, à la conservation du style national, local, et même aux bâtiments ruraux. Elle s'étend aussi aux bâtiments nouveaux, aux édifices publics, à la conservation des costumes, des fêtes et des mœurs du peuple. En un mot, elle protège la tradition contre le développement de la civilisation moderne internationale. Le but du Bund Heimatschutz n'est pas seulement esthétique. Il y a là une question d'hygiène, d'économie et, au fond, de morale. Il faut se demander si on doit permettre au développement industriel moderne de détruire sans mesure toutes les beautés de la nature et de l'histoire dans les pays d'une civilisation ancienne et magnifique. C'est le danger que présentent les extravagances du capitalisme et de l'américanisme. Il menace toute la civilisation européenne ; mais dans tous les pays ainsi menacés se répandent les idées de lutte, les idées de John Ruskin, pour sauvegarder les beautés et les richesses nationales, comme on dit dans votre Société. L'industrie, par ses exagérations, risque de tuer la poule aux œufs d'or (Applaudissements) et de causer un dommage irréparable non seulement dans le domaine de l'esthétique et de la morale, mais aussi dans ceux de l'économie et des relations sociales. Evidemment, nous ne pouvons pas nous passer de l'industrie, ni de la civilisation moderne, mais ce qu'il faut, c'est accorder une protection absolue contre elle, à tout ce qu'il y a de plus beau, c'est mettre la civilisation moderne en harmonie avec l'ancienne, établir entre elles un compromis au moins quand les intérêts ne se contrarient pas tout à fait.

Bien qu'il s'agisse d'une question nationale, le danger de l'industrialisme est international. Il est le même pour tous les pays industriels. Nous saluons donc avec empressement la première réunion internationale organisée dans ce domaine si important pour l'humanité et pour la civilisation. (Applaudissements.)

M. le Président remercie M. le Dr Fuchs au nom de l'assemblée.

M. *P.-A. Changeur* donne lecture du résumé d'un article de M. le Dr LEANDER, Avocat à la Cour de Berlin, sur L'ALLEMAGNE ET LE MOUVEMENT DES LÉGISLATIONS ET DES SOCIÉTÉS POUR LA PROTECTION DES PAYSAGES, qui a paru dans le *Bulletin de la Société pour la Protection des Paysages* (1909, p. 50).

Voici ce résumé :

En Allemagne, la protection des monuments et des paysages est réservée, en général, à la législation particulière des Etats fédératifs. Cette législation n'ayant pas progressé également, il est impossible de faire une description complète et, en même temps, sommaire, de l'état de la législation allemande. Conformément à cette inégalité des législations particulières, les Sociétés fondées dans toutes les parties de l'empire allemand, pour servir à la protection des monuments et des paysages, quoiqu'elles suivent toutes, pour ainsi dire, un but commun, sont obligées à choisir des chemins assez différents pour parvenir à ce but.

I. LÉGISLATION. — 1. *Protection des Forêts et des Champs*

A) Prescriptions du Code pénal allemand :

Selon l'article 308 du Code pénal, ceux qui auront mis le feu à des forêts seront punis de la peine des travaux forcés. Selon l'article 368, quiconque, sans avoir l'intention criminelle, aura allumé une lumière dans une forêt ou dans une bruyère, à des lieux dangereux, ou quiconque, sans autorisation, traversera, à pied ou à cheval, ou en voiture, un bois de réserve ou un pâturage clos, sera puni d'une amende.

B) Lois particulières des Etats fédératifs :

Par les règlements de police forestiers, les délits forestiers de toute sorte sont menacés de peine.

En outre, beaucoup de lois spéciales ont été publiées pour régler la culture forestière.

2. *Paysages ruraux*

Jusqu'à ce siècle, le paysage manquait absolument d'une protection légale. Ce n'est que par la publication des Lois Prussiennes, du 2 juin 1902, et du 15 juillet 1907, publiées pour empêcher l'enlaidissement des villes et des paysages, et de la loi Hessoise du 16 juillet 1902, relative à la Protection des Monuments, qu'un changement y a été apporté. Le Gouvernement royal de Saxe et le Gouvernement ducal de Saxe-Cobourg, il y a peu de semaines, ont suivi ces exemples, en publiant des lois contre l'enlaidissement des villes et des paysages, datées du 10 mars 1909 et du 8 avril 1909.

Du reste, les lois particulières relatives aux constructions, autorisent les préfectures cantonales à réglementer la structure des villages de leurs districts par des ordonnances locales. Beaucoup de préfectures ont fait usage de cette autorisation.

3. *Paysages urbains*

Une loi organique, ayant pour but la protection des monuments historiques et la conservation des paysages urbains, n'existe qu'en Hesse. Le seul Gouvernement de Hesse a publié une loi générale relative à la Protection des Monuments ; c'est la loi déjà mentionnée du 16 juillet 1902. En Prusse, le commencement d'une telle législation organique a été fait par la promulgation de la loi mentionnée du 15 juillet 1907. Au surplus, des prescriptions publiées au cadre d'autres lois sont employées à la Protection des Monuments. Par exemple, le Code Prussien — dont les prescriptions de droit privé, maintenant, sont remplacées par le Code civil Allemand — contient plusieurs articles publiés pour soutenir l'ordre public et propres à servir, en même temps, à la Protection des Monuments. En Saxe, la loi du 10 mars 1909, et, en Saxe-Cobourg, la loi du 8 avril 1909, contiennent les prescriptions nécessaires pour la Protection des Paysages. — Par toutes ces lois, les communes urbaines sont autorisées à protéger les paysages par des statuts locaux ; plusieurs communes en ont fait usage.

Du reste, dans toutes les villes, des ordonnances locales concernant les constructions ont été publiées pour réglementer la structure urbaine, à l'égard de l'hygiène publique et de l'esthétique.

II. — Sociétés

Dans toutes les parties de l'Empire Allemand, des Sociétés participent, avec un grand empressement, aux diverses branches de la Protection des Monuments et des Paysages.

M. Raoul de Clermont signale à l'attention du Congrès la Société d'embellissement d'Elberfeld, fondée en 1870. Cette ville, qui bien qu'*industrielle*, se préoccupe beaucoup de sa beauté et de celle de ses environs.

La Société a pour but la création de promenades, d'espaces libres et d'aménagements forestiers dans les environs. C'est ainsi qu'elle possède toutes les collines boisées environnant la ville.

Il y a lieu de remarquer sa collaboration avec la municipalité. Quand elle fait une acquisition, cette dernière verse le tiers du prix d'achat et, réciproquement, lorsque la ville entreprend un travail d'embellissement, la Société paie un tiers.

Le budget annuel de cette Société d'embellissement s'élève à 82.889 marks, sans compter une réserve de 70.000 marks. En 1907, 5.350 marks ont été employés à l'aménagement des parcs et 32.000 marks à l'achat de forêts. A cette époque, le nombre de membres s'élevait à 971, avec 73-72 marks de cotisations.

Des dons et legs nombreux et importants viennent, chaque année, accroître les ressources de la Société, qui possède aujourd'hui 258 arpents, au lieu de 241 l'année précédente.

« Il y a là, ajoute l'orateur, un exemple intéressant à signaler à toutes les villes industrielles, et je souhaite ici que toutes les villes industrielles de tous les pays suivent ce bel exemple de la ville d'Elberfeld.

» Je vous signalerai aussi, toujours en Allemagne, la Société locale d'embellissement du Siebengebirge, qui est arrivée à posséder 669 hectares de bois. Elle a ainsi sauvé ses environs de la ruine et de la dégradation.

» Dans le même ordre d'idées, je vous signalerai les travaux de MM. Carton de Wiart et Destrée, membres de la Chambre des Représentants de Belgique, et le dépôt de leur projet de loi que nous espérons bien voir prochainement entrer dans l'arsenal législatif belge. » (1).

M. le Président. — Je peux signaler qu'en Autriche ce n'est pas une société, mais la ville de Vienne elle-même qui a donné 75 millions pour acheter les forêts, les prairies qui environnent la ville. Il y a là une étendue de 4.400 hectares.

ANGLETERRE

Rapport de M. Richardson-Evans, sur LA PROTECTION DES ATTRAITS PITTORESQUES DE LA VIE AU GRAND AIR (*Etat de la question en Angleterre, envisagée au double point de vue de la loi et des usages*).

Si j'avais été honoré, il y a quelques années, d'une invitation à soumettre aux Membres de la Société pour la Protection des Paysages de France un exposé de la législation anglaise alors en vigueur, j'aurais été obligé de déclarer qu'en réalité la valeur des « vues » n'était pas légalement reconnue comme bien public. Notre langue est même pauvre en termes désignant les objets que la Société se propose de sauver de mutilations déréglées ou inutiles, et j'emploie ici le mot « vue » pour désigner tout ce qui, au grand air, flatte le regard, que l'intérêt soit dû à la beauté naturelle ou architecturale, ou à des rapprochements de l'histoire ou de la tradition. Les Monuments préhistoriques ont seuls été exceptés de l'indifférence générale de la législation. Il s'est écoulé un bon nombre d'années depuis qu'une quantité restreinte de ces vestiges d'une antiquité immémoriale ont été placés sous la protection légale, c'est-à-dire qu'ils ne peuvent plus être détruits ou mutilés au gré d'un propriétaire particulier. Mais chaque année voit disparaître beaucoup de ce que la postérité nous reprochera d'avoir abandonné à la charrue ou à l'ingénieur des ponts et chaussées

(1) *Belgique.* — Texte de la proposition de loi de MM. Carton de Wiart et Destrée. (V. p. 61.)

« *Article* 1er. — Tout exploitant qui modifiera l'aspect visible du sol sera tenu, aussitôt ses travaux achevés, si possible à mesure de leur achèvement partiel successif, de réparer le dommage causé à la beauté du paysage, notamment en faisant les plantations nécessaires, à couvrir d'un manteau de verdure les excavations, déblais ou remblais qu'il laissera subsister d'une manière permanente.

» *Article 2.* — A défaut de se conformer au précédent article, il pourra y être contraint par justice d'action, sera poursuivi devant le tribunal de première instance du lieu dévasté, à la requête du procureur du roi. Elle appartiendra également à tout citoyen belge.

» Le tribunal s'entourera de tous les renseignements nécessaires et recourra, s'il y a lieu, à une expertise, aux fins de déterminer de quelle manière peuvent se concilier équitablement les droits de l'exploitant et ceux de l'esthétique des paysages.

» *Article 3.* — La présente loi s'applique à l'Etat, aux provinces et aux communes de même qu'aux entreprises privées. »

On ne saurait trop louer la Belgique pour la sollicitude qu'elle manifeste à l'égard de la conservation des monuments naturels et des sites. Voir rapport Raoul de Clermont, à Liège, page 15.

(qui trouve des matériaux utiles dans les cercles de monolithes), ou encore à l'édile ou au constructeur entreprenant. Une Commission Royale d'experts distingués a été désignée en octobre 1908, « pour dresser un inventaire des monuments anciens et historiques et des constructions concernant ou illustrant la culture, la civilisation et les conditions de vie contemporaines des peuples de l'Angleterre, depuis les temps les plus reculés jusqu'en 1700, et de spécifier ceux qui semblent les plus dignes d'être conservés ».

Au point de vue purement esthétique, le premier exemple de répression par le Parlement est fourni par la loi sur les Enseignes aériennes à Londres. Cette loi prohibait les charpentes métalliques installées sur les toits des maisons, comme réclame pour les articles mis en vente dans la maison même, et le même pouvoir de prohibition ou de réglementation est maintenant aux mains de toutes les autorités locales. Mais notre répugnance anglaise à reconnaître les droits du simple bon goût est démontrée par la manière dont la loi a été obtenue. Tout le monde savait qu'elle avait pour but d'empêcher Londres de se hérisser de ces épouvantails. Mais la raison qu'il fallut donner officiellement, fut que ces constructions, si elles tombaient, mettraient en danger la vie des passants. Les artifices légaux (*legal fictions*) de ce genre constituent un usage anglais assez particulier, et servent à satisfaire aux exigences modernes sans trop s'écarter de la tradition.

La loi de 1907, sur la Réglementation de la Réclame, est mémorable en ce qu'elle constitue le premier cas où le Parlement ait délibérément légiféré avec le dessein avoué de maintenir le pittoresque d'endroits publics. Elle donne pouvoir aux autorités locales (c'est-à-dire aux conseils municipaux élus pour les cités et villes importantes, ainsi que pour les comtés), d'édicter des règlements (*Byelaws*) permettant de contrôler la réclame en vue d'empêcher l'enlaidissement (*a*) d'un paysage naturel (*b*), de jardins publics et de promenades d'agrément. Le terme *Byelaws*, il convient de l'expliquer, s'applique à des règlements locaux édictés par des assemblées locales en vertu d'une loi. Toute *byelaw* établie par une autorité locale, en vertu de la loi, doit être sanctionnée par le *Home Office* (Ministère de l'Intérieur), c'est-à-dire un département du Gouvernement qui a à sa tête un Secrétaire d'Etat, Membre du Cabinet. Avant cette année, aucune autorité locale n'avait encore pu obtenir l'approbation, même provisoire, du Secrétaire d'Etat, pour un ensemble de *byelaws* ; encore la sanction définitive ne peut-elle être accordée qu'après que les objections aient été examinées. Aujourd'hui, quatre séries de ces règlements attendent la décision finale. Une grande difficulté a été de trouver des formules d'une interprétation judiciaire indiscutable. Car même après que le Secrétaire d'Etat a donné sa sanction définitive, les *byelaws*, sur n'importe quel sujet, peuvent être invalidées par les Tribunaux, sous prétexte qu'elles ne définissent pas avec une précision absolue ce que les personnes que les règlements affectent peuvent faire et ce qu'elles ne peuvent pas faire. On voit tout de suite combien il était difficile de triompher dans toutes ces épreuves.

La portée de la loi elle-même n'est pas aussi vaste que l'opinion du public éclairé le voudrait, et les règlements qui attendent leur sanction ne serviront à protéger que quelques régions d'une beauté naturelle exceptionnelle et le voisinage immédiat de parcs et de promenades publics, tandis qu'on fait preuve d'une grande indulgence pour les enseignes et réclames couvrant les maisons de commerce et ayant trait au négoce pratiqué à l'intérieur. Il est toutefois certain, dans l'état actuel de l'opinion, qu'une fois que l'expérience aura familiarisé le public avec les avantages d'une réglementation applicable à un territoire restreint, la méthode du contrôle municipal sera étendue de manière à sauvegarder le pittoresque et la dignité du trajet journalier de l'Anglais, à la ville comme à la campagne, soit qu'il marche ou qu'il prenne le train. Le germe sain du principe essentiel s'est enfin implanté dans notre jurisprudence.

Il est bon d'ajouter que les palissades dressées ou employées pour recevoir des réclames, principalement des affiches imprimées, sont, lorsqu'elles dépassent 12 pieds (3 m. 7) de haut, soumises, d'après la loi de 1907, à la réglementation des autorités locales.

Certaines cités ont des pouvoirs de contrôle plus étendus que ceux conférés par la loi de 1907. Ceux-là ont été obtenus dans des cas spéciaux et ont été, dans chaque cas, englobés dans ce qu'on appelle une loi « privée », c'est-à-dire, votée sur la demande d'une seule autorité locale, dans un but purement local. La loi de 1907 est nationale et s'applique au pays entier.

Dans certaines lois de chemins de fer, c'est-à-dire qui donnent à certaines Compagnies de Chemins de fer des pouvoirs en vue de différents objets, il a été introduit des clauses interdisant l'usage de leurs ponts ou de leurs constructions dans un but de réclame.

Il y a lieu d'ajouter que, dans un cas au moins, où une perspective de grande beauté a été arrachée au constructeur par achat au moyen de fonds souscrits volontairement, la loi privée, pourvoyant à l'Administration de l'étendue de terrain en question, est désignée sous le nom de : « Loi pour la Protection du Paysage ».

Deux grands mouvements, d'origine récente, promettent un grand bénéfice indirect. Quelques villes ou faubourgs nouveaux existent déjà, lesquels ont été délibérément tracés et construits sur un plan soigneusement étudié, en vue du pittoresque en même temps que de l'hygiène et du confort. Les désignations de « Garden City » (ville-jardin), ou « Garden-Suburb » (faubourg-jardin), indiquent suffisamment leur idéal. Ils sont l'œuvre de sociétés formées, sans doute, dans un esprit de philanthropie et de prévoyance éclairée, mais gérées suivant des principes financiers de tout repos. Le Gouvernement s'occupe, pendant la présente session, de faire passer une loi qui donnera aux autorités locales le pouvoir d'adopter, pour leurs territoires, ce principe de « tracé municipal » (*Town Planning*). Les extensions ultérieures ne seront plus nécessairement laissées au caprice de spéculateurs ou constructeurs privés, dont le but immédiat est de tirer profit de l'entreprise elle-même.

De plus, une Commission royale a rendu un rapport nettement en faveur d'un système national de plantations de forêts. Une Union volontaire a déjà fait beaucoup, dans les « Midlands » (Angleterre centrale), pour aider à la plantation des vastes monticules laissés par les travaux miniers. Evidemment, la valeur marchande du bois constitue l'attrait commercial ; mais l'extension des forêts, en particulier près des grandes villes manufacturières, n'en est pas moins un avantage sérieux au point de vue du pittoresque.

Les sanctions pénales légales, frappant les fabricants qui laissent échapper de la fumée noire de leurs cheminées, sont justifiées par des considérations d'hygiène, mais le désir d'obtenir, autant que le permettent notre climat et nos industries, de l'air pur et de la lumière, de protéger la végétation et diminuer la suie, n'était pas étranger au mobile de cette loi. De même, les lois en vigueur contre l'extermination d'oiseaux sauvages oscillent entre le « sentiment » et l' « utilité », choses qui, en réalité, ne sont pas distinctes, mais qu'il est d'usage de traiter comme forces opposées.

Un de nos Comités, en vertu d'un règlement, a le pouvoir d'empêcher le déracinement et la destruction des plantes sauvages.

Il ne faut pas croire que l'insuffisance de la Protection légale, implique une indifférence générale à l'absence du beau dans la vie de notre peuple. L'effort et l'influence individuels, les instincts héréditaires et la coutume prédominante, sont des éléments dont tous ceux qui étudient les institutions britanniques doivent tenir compte. Bien que la plupart des citadins n'aient pas une perception délicate des nuances dans la Beauté des Paysages, ils adorent « la campagne » ; et loin des grandes routes et des voies ferrées, une grande partie de cette dernière est respectée.

Sans doute, les constructions et les chemins de fer empiètent-ils de façon regrettable sur l'antique beauté des villages et des terres fermières. Mais de grandes étendues sont irréprochables. L'existence d'une classe de grands propriétaires fonciers, qui mettent leur fierté ancestrale dans la bonne apparence de leurs domaines, forme déjà un rempart contre l'enlaidissement.

C'est parce que dans l'évolution sociale le contrôle de vastes étendues de terrains passe d'une seule à un nombre indéfini de mains, que le besoin d'une réglementation municipale se fait de plus en plus pressant.

Beaucoup de parcs splendides et de châteaux anciens peuvent être classés, en ce qui concerne l'accès et la jouissance publics, plutôt comme domaines publics que privés. L'Etat lui-même et la Couronne possèdent quelques étendues de forêts splendides, qui sont visitées par les excursionnistes de tous rangs. Les grandes cités ont été dotées de parcs et de jardins, soit par la munificence de bienfaiteurs individuels, soit aux frais de la communauté. Cette tendance est constante et croissante. Dans l'intérieur de ces domaines, la protection est aussi vigilante et efficace, que la nature du cas le permet.

Enfin, il faut parler de la découverte relativement récente, dans *la vieille loi manoriale* anglaise, d'un principe qui pouvait être employé pour empêcher d'*entourer les terres banales de clôtures*. Il y a soixante ans, on admettait, en pratique, que le seigneur du manoir possédait les *terrains vagues*. Ces *terrains vagues* étaient souvent des espaces libres où quiconque pouvait pénétrer à loisir. Les *commons* (terrains *n'ayant pas de propriétaires particuliers*), étaient, en réalité, des vestiges de l'Angleterre sauvage, et étaient aussi chers à l'ami de la nature, qu'à l'excursionniste des villes avoisinantes. L'accroissement de la population donna, naturellement, à ces terres, de la valeur pour la construction ou l'affermage, et, sans cesse, de nouvelles portions étaient entourées de clôtures. Dans le cas d'un de ces *commons*, celui de Wimbledon, près Londres, il vint à l'esprit de quelques juristes soucieux du bien public, que ce clôturage ne pouvait pas avoir lieu juridiquement, sans le consentement d'une certaine classe de tenanciers du manoir, désignés sous le nom de *copyholders*. En acquérant des droits de *copyhold* ils pouvaient faire échec au projet ; et, depuis lors, il a toujours été possible de protéger ces terrains de « récréation du peuple ». La « Société pour la Protection des *Commons* et *Sentiers*, a sauvé de la sorte 100.000 acres (40.000 hectares) d'espaces libres », qu'il est d'usage de placer sous le contrôle d'autorités spéciales.

Une autre Société, le « Trust National des endroits d'intérêt historique ou de beauté naturelle », encourage les généreux donateurs de terres par la création d'un corps administratif, qui consacrera à perpétuité aux plaisirs du public, les terres dont il est fait don. Les monuments anciens, de même que les terres de grande beauté naturelle, sont sauvegardés de cette manière.

Une autre Société encore, « La Société pour la Protection des Monuments Anciens », a fait beaucoup pour prévenir la dégradation, que celle-ci ait lieu sous couleur de « restauration » ou par destruction pure et simple.

En Angleterre, des édifices qui, dans l'heureux pays de France, seraient classés comme monuments historiques, ne sont pas la propriété de l'Etat ni confiés aux soins de celui-ci. Mais la générosité de la communauté pourvoit — d'une façon qui n'est pas toujours adéquate et pas toujours avec le plus grand empressement — à l'entretien ou à la réparation d'édifices — généralement des églises — qui ne sont pas propriété privée. Malheureusement, ceux qui ont le contrôle de ces édifices ne sont pas toujours bons juges du genre de « restauration » approprié à chaque cas.

Mentionnons encore la « Selborne Society » et la « Kyrle Society », parmi les organisations qui ont lutté avec succès pour créer cet amour de la Nature et du Paysage, qui est le seul garant d'un bien durable. Une Société plus jeune, dont feu M. Alfred Waterhouse, R. A., fut le premier Président, et dont l'auteur est encore Secrétaire Honoraire, a pour rôle principal de mettre obstacle à l'enlaidissement par la réclame. Mais elle a toujours considéré que la protection du pittoresque et le développement des goûts auxquels il répond forment un ensemble qui ne peut pas être divisé par sections. Sous l'empire de cette conviction, elle cherche modestement à coordonner l'effort sur tout le champ d'action. Elle s'efforce d'amener la création d'un réseau d'associations locales, dont chacune, dans son rayon particulier, aurait pour but de donner une nouvelle impulsion et une manifestation pratique au progrès du sentiment de la communauté en ces matières. Elle prêche à tous ceux qui sont disposés à écouter sa doctrine, que ceux qui désirent rendre et maintenir le monde plus beau seraient une des forces les plus puissantes de notre vie nationale, s'ils prenaient, à coopérer et à faire sentir leur influence, la même peine que celle prise par des personnes dont le seul lien est la défense de quelque intérêt matériel.

Au moins peut-on dire de l'Angleterre qu'en dépit de l'énergie sans cesse croissante déployée par une concurrence commerciale qui n'est assujettie à aucun règlement, pour enlaidir l'univers visible, on reconnait de plus en plus le besoin du beau dans la vie des masses. C'est devenu la mode de créer des parcs et des jardins dans les grandes villes ; c'est à qui contribuera le plus à leur extension, soit en les prélevant sur les impôts, pour les corps municipaux, soit par des dons, pour les gens fortunés. Des souscriptions publiques ont assuré à la postérité l'héritage de certaines étendues boisées ou montagneuses splendides. Avec le temps, il sera peut-être d'usage, en Angleterre, de consacrer, à la mémoire d'amis disparus, quelque emplacement gracieux, solitaire d'un jardin en ville, ou bien un point de vue dominant dans un endroit pittoresque.

L'Association des Jardins Publics de la Métropole a converti un grand nombre d'anciens cimetières et autres endroits abandonnés en jardins publics, et, par la plantation d'arbres et autres embellissements, a contribué à la beauté et à l'aspect des rues et des routes.

M. Beauquier déclare que la Société transmettra à M. Richardson Evans ses remerciements pour le très intéressant rapport qu'il a bien voulu envoyer au Congrès.

***

Le lundi après-midi, la séance est ouverte sous la présidence de M. le Dr CONWENTZ.

AUTRICHE

La parole est au délégué de l'Autriche, M. KOECHLIN, qui fait à l'Assemblée la communication suivante, sur LA PROTECTION DES PAYSAGES EN AUTRICHE :

Le mouvement en faveur de la Protection des Paysages est relativement récent en Autriche, où nous ne possédons, jusqu'à présent, que quelques lois, en vue de protéger les plantes rares.

Malgré cela, ce mouvement a déjà trouvé un accueil très sympathique dans la plupart de nos pays, ce qui permet d'en attendre d'excellents résultats. Des Sociétés ont été fondées à Innsbrück, à Salzburg, à Spalato et deux, notamment, en Bohême.

Le Ministère des Travaux Publics, qui ne date que d'un an et demi, et qui s'occupe également de tout ce qui touche au tourisme, en Autriche, a tout naturellement pris en considération les aspirations justifiées d'une grande partie de la population, en étendant ses services à la Protection des Paysages de valeur esthétique, des Monuments naturels, et à la conservation des sites et des agglomérations pittoresques.

Ce Ministère a pu, à différentes reprises, exercer son influence en faveur d'objets menacés, tels que forêts, lacs, chutes d'eau, notamment dans les régions favorisées par les touristes, et cela sur l'initiative des intéressés.

Ce mouvement de Protection se trouve fortement appuyé par le haut intérêt que lui porte Son Altesse Impériale et Royale, l'Archiduc François-Ferdinand, l'Héritier du Trône.

Le Ministère des Travaux Publics s'occupe actuellement d'élaborer des mesures législatives en faveur de cette protection, pour les pays intéressés, avec toute la diligence voulue, mais en se rendant un compte exact de leur nécessité et de leur possibilité. Nous avons donc saisi avec joie l'occasion de prendre part aux délibérations de ce Congrès si important, et nous tenons à déclarer que le Ministère des Travaux Publics d'Autriche se montrera, comme par le passé, très reconnaissant pour la communication de toutes les décisions importantes et d'intérêt général, que la Société pour la Protection des Paysages de France pourra provoquer, suivant l'exemple donné par le « Bund Heimatschutz », en Allemagne.

Nous nous plaisons à exprimer l'espoir que ce premier Congrès International aidera beaucoup notre mouvement en Autriche et l'amènera bientôt à porter des fruits.

Il ne nous reste plus qu'à remercier chaleureusement la Société pour la Protection des Paysages de France et surtout son excellent Président, M. Ch. Beauquier, de leurs soins infatigables en faveur du succès de ce Congrès.

H. Koechlin, G. Solta,

Délégués du Gouvernement Autrichien au Congrès.

BELGIQUE

La parole est donnée à M. de Munck, pour son rapport sur LA PROTECTION DES MONUMENTS NATURELS EN BELGIQUE :

Dans son rapport, M. de Munck rappelle l'existence et l'action des Sociétés, des Ligues et des Comités belges pour la protection des sites, des forêts et des monuments. Il fait remarquer, ensuite, que les sciences historiques et archéologiques retirent, dans son pays, le plus grand profit du fonctionnement fort régulier d'une Commission royale des Monuments, et il émet le vœu de voir le Gouvernement belge créer un organisme semblable, qui serait chargé de veiller à la protection des sites et des objets offrant un intérêt au point de vue artistique ou des sciences naturelles.

Le texte de son avant-projet d'institution d'une Commission royale des sites et des monuments naturels est ainsi conçu :

Article premier. — Une Commission royale des sites et des monuments naturels est instituée, à l'effet de veiller à la sauvegarde des sites et des objets offrant un intérêt au point de vue artistique ou des sciences naturelles.

Art. 2. — Les membres sont désignés par le Roi, sur la proposition du Ministre des Sciences et des Arts, et choisis parmi des spécialistes en art et en sciences naturelles.

Art. 3. — Il y a au moins deux membres par arrondissement administratif.

Art. 4. — La Commission royale des Sites et des Monuments naturels dresse, pour chaque province, une liste descriptive des immeubles par nature ou par destination dont la conservation totale ou partielle intéresse l'esthétique et les sciences naturelles.

Ses membres exercent une surveillance active sur les travaux publics et, le cas échéant, sur les travaux privés afin d'assurer la conservation provisoire des objets intéressants les arts et les sciences, mis au jour par ces travaux, et de donner immédiatement avis des découvertes simultanément au Gouverneur de la Province, au Service des fouilles établi aux Musées royaux des Arts décoratifs et industriels, ainsi qu'aux Directions du Musée royal d'Histoire naturelle, du Service géologique et du Jardin Botanique de l'Etat (1).

ART. 5. — La limite d'âge pour l'exercice, sur le terrain, des fonctions des membres de la Commission est fixée à 60 ans. Passé cette limite, les dits membres sont encore admis à prendre part aux assemblées de la Commission et y ont voix délibérative.

ART. 6. — Les membres de la Commission se réunissent, au moins tous les deux mois, dans le chef-lieu de leur province respective, sous la présidence du Gouverneur.

ART. 7. — Il y a tous les ans, à Bruxelles, une réunion générale de la Commission, sous la présidence du Ministre des Sciences et des Arts ou de son délégué.

Neuf fois sur dix, fait observer M. de Munck dans son rapport, les parties de territoire où les sciences naturelles peuvent trouver leur profit entrent dans la catégorie des sites qui méritent d'être conservés dans un but esthétique.

Il existe, entre toutes ces choses, un enchaînement, et telle est la raison pour laquelle, depuis de nombreuses années, il est si souvent revenu à la charge, afin d'obtenir que soit enfin votée, dans son pays, une loi protectrice très largement conçue, c'est-à-dire qui puisse satisfaire, à la fois, les intérêts des sciences historiques, archéologiques et naturelles, de l'esthétique, ainsi que de l'agrément et de l'hygiène publics.

Le texte suivant pourrait répondre à ce desideratum (2) :

Avant-projet de loi relative à la Conservation des Sites, des Monuments et des objets offrant un intérêt artistique, scientifique, historique et archéologique

CHAPITRE I

DES IMMEUBLES

ARTICLE PREMIER. — La Commission royale des Monuments et la Commission royale des Sites et des Monuments naturels dresseront, pour chaque province, une liste descriptive des immeubles par nature ou par destination dont la conservation totale ou partielle est de nature à intéresser l'histoire, l'archéologie, l'art, les sciences naturelles ou le pittoresque.

ART. 2. — Des arrêtés royaux statueront sur le classement de ces immeubles après avis de la Députation permanente du Conseil provincial et du Ministre ou du corps administratif qui a l'immeuble dans ses attributions.

ART. 3. — L'immeuble appartenant à un particulier ne pourra être classé qu'en vertu d'une convention passée entre le propriétaire et le Ministre des Sciences et des Arts.

ART. 4. — L'expropriation d'un immeuble classé ne pourra être poursuivie dans l'intérêt de l'exécution d'un travail d'utilité publique qu'en vertu d'un arrêté royal qui l'autorise expressément.

ART. 5. — Les servitudes d'alignement et autres qui pourraient nuire à la conservation des monuments et des sites ne sont pas applicables aux immeubles classés.

ART. 6. — La démolition ou la défiguration même partielle des monuments et des sites classés et les réparations ou modifications à y faire ne peuvent en aucun cas avoir lieu qu'en vertu de l'autorisation du Roi et sur l'avis des autorités compétentes aux termes de l'article 2.

ART. 7. — Au cas d'infraction aux dispositions de l'article précédent, ou si l'acte d'un par-

(1) Beaucoup de découvertes de nature à intéresser les sciences se font au cours de travaux exécutés pour le compte de particuliers. Ceux-ci sont assez généralement bien disposés, en principe, à donner ou à céder aux musées les objets mis au jour dans leurs propriétés. Mais, le plus souvent, ils ne savent à qui s'adresser dans ce but, et ainsi se perdent une quantité de documents qui auraient pu servir à l'étude des questions scientifiques. Un tel état de choses, si préjudiciable au développement de nos collections nationales d'enseignement supérieur, cesserait le jour où la Commission royale des sites et des monuments naturels serait représentée, dans chaque arrondissement administratif, par deux ou trois de ses membres.

(2) Ce texte, en ce qui concerne les monuments historiques, a été élaboré par une commission instituée par la Fédération archéologique et historique de Belgique (Congrès de Mons, 1904) et, par la suite, M. de Munck y a introduit des amendements en vue de la conservation des sites et des objets offrant un intérêt artistique ou scientifique.

ticulier propriétaire était de nature à compromettre le caractère d'un immeuble porté à la liste de l'article premier, le Ministre des Sciences et des Arts peut, d'urgence, en poursuivre l'expropriation.

ART. 8. — Les effets du classement suivent l'immeuble en quelques mains qu'il passe.

ART. 9. — Le déclassement a lieu dans les mêmes formes que le classement.

CHAPITRE II

DES OBJETS MOBILIERS

ART. 10. — La Commission royale des Monuments et la Commission royale des Sites et des Monuments naturels dresseront, pour chaque province, la liste descriptive des objets mobiliers appartenant à l'Etat, aux provinces, aux communes, aux fabriques d'église et aux autres établissements publics, dont la conservation peut intéresser l'histoire, l'archéologie, l'art, les sciences naturelles ou le pittoresque.

ART. 11. — Les objets indiqués à l'article précédent seront classés par arrêté royal.

Cet arrêté ne sera pris que six mois après que la province, la commune ou l'établissement public intéressé aura reçu notification de l'inscription sur la liste descriptive et aura ainsi été mis à même de réclamer. Pendant ce délai, les objets visés ne pourront être ni déplacés, ni aliénés, ni modifiés.

Le déclassement, s'il y a lieu, sera prononcé par un arrêté royal.

ART. 12. — Les objets classés appartenant à l'Etat, sont inaliénables et imprescriptibles.

ART. 13. — Les objets classés appartenant aux provinces, aux communes, aux fabriques ou autres établissements publics, ne pourront être restaurés ou réparés qu'en vertu de l'autorisation du Roi.

ART. 14. — Si la province, la commune ou l'établissement néglige d'accomplir les travaux de restauration ou de réparation nécessaires, l'Etat peut en assumer la charge et même se rendre acquéreur de l'objet.

A défaut d'accord des parties, le prix d'achat sera fixé par les tribunaux, sur le rapport de trois experts.

ART. 15. — Les travaux de restauration ou autres, exécutés sans autorisation royale, engageront éventuellement envers l'Etat la responsabilité de ceux qui les auraient ordonnés ou exécutés.

ART. 16. — Les provinces, les communes, les fabriques d'église et autres établissements publics qui croiraient devoir aliéner des objets classés, en donneront avis à la Commission royale des Monuments et à la Commission royale des Sites et des Monuments naturels, qui en informeront le Ministre des Sciences et des Arts.

Un arrêté royal donnera, s'il y a lieu, l'autorisation nécessaire.

La vente ne pourra être réalisée qu'un mois après l'autorisation.

ART. 17. — La vente faite en violation des dispositions qui précèdent est nulle.

La nullité en sera poursuivie par le propriétaire vendeur ou, à son défaut, par le Ministre des Sciences et des Arts, sans préjudice aux dommages-intérêts à réclamer des parties contractantes et de l'officier public qui aura prêté son concours à l'acte de vente.

ART. 18. — Les objets classés irrégulièrement aliénés, perdus ou volés, peuvent être revendiqués indéfiniment, conformément aux dispositions des articles 2278 et 2280 du Code civil.

La revendication sera exercée par le propriétaire ou, à son défaut, par le Ministre des Sciences et des Arts.

CHAPITRE III

DES FOUILLES

ART. 19. — Lorsque, par suite de fouilles, de travaux ou d'un fait quelconque, on aura découvert des monuments, substructions, sépultures, inscriptions ou objets pouvant intéresser l'histoire, l'archéologie, l'art, les sciences naturelles ou le pittoresque, sur un terrain ou dans un immeuble appartenant à l'Etat, à une province, à une commune, à une fabrique d'église ou à un établissement public, il en sera immédiatement donné avis par les membres correspondants de la Commission royale des Monuments et par les membres de la Commission royale des Sites et des Monuments naturels, simultanément au Gouverneur de la province et au Service des fouilles établi aux Musées royaux des Arts décoratifs et industriels, ainsi qu'aux Directions du Musée royal d'Histoire naturelle, du Service géologique et du Jardin Botanique de l'État.

Des agents de ce Service des fouilles et de ces Directions se rendront immédiatement sur place et, de concert avec les membres des susdites commissions, prendront les mesures les plus urgentes pour assurer la conservation provisoire des objets découverts.

Le Ministre des Sciences et des Arts statuera sur la destination à donner à ces objets (1) et sur les autres mesures définitives à prendre.

ART. 20. — Si la découverte a lieu sur le terrain ou dans l'immeuble d'un particulier, l'article 19 sera appliqué, quant aux mesures provisoires qu'il prévoit.

Le Ministre des Sciences et des Arts pourra poursuivre l'expropriation totale ou partielle du terrain ou de l'immeuble pour cause d'utilité publique.

CHAPITRE IV

DISPOSITIONS COMPLÉMENTAIRES

ART. 21. — Des arrêtés royaux détermineront, après l'avis de la Commission royale des Monuments et de la Commission royale des Sites et des Monuments naturels, les détails d'application de la présente loi, notamment :

1° Le mode de publicité à donner aux listes des articles 1 et 10 et aux arrêtés et conventions de classement visés par les articles 2, 3 et 11 ;

2° Le mode suivant lequel la Commission royale des Monuments et la Commission royale des Sites et des Monuments naturels exerceront les attributions que la présente loi leur confère.

Après avoir donné le résumé d'un opuscule paru en 1896, et dans lequel M. Destrée, membre de la Chambre des Représentants de Belgique, défend éloquemment la cause des sites, des monuments et des œuvres d'art (2), M. de Munck analyse les pages magistrales que M. Carton de Wiart, également membre de cette Chambre, a fait paraître sur le même sujet, en 1905 (3).

M. de Munck reproduit ensuite le texte d'une proposition de loi que MM. Destrée et Carton de Wiart ont déposé à la Chambre, le 30 juin 1905.

Le principal article de cette proposition est ainsi conçu :

ARTICLE PREMIER. — Tout exploitant qui modifiera l'aspect visible du sol sera tenu, aussitôt ses travaux achevés, et si possible, à mesure de leur achèvement partiel successif, de réparer le dommage causé à la beauté du paysage, notamment en faisant les plantations nécessaires à couvrir d'un manteau de verdure les excavations, déblais ou remblais qu'il laissera subsister d'une manière permanente.

M. de Munck rappelle ensuite les paroles éloquentes et autorisées que l'éminent Ministre d'État, M. Beernaert, prononça, à la séance de la Chambre des Représentants de Belgique, le 9 juin 1897, pour protester contre l'abus des pancartes et réclames, qui déshonorent nos paysages. Ces paroles déterminèrent MM. Carton de Wiart et Destrée à déposer à la Chambre une proposition de loi établissant une taxe au profit de l'État sur les enseignes, pancartes et tableaux destinés à la publicité industrielle et commerciale.

M. Wauwermans a bien voulu faire savoir à M. de Munck que ses rapports sur les deux propositions de loi dont il vient d'être question seront remis, sous peu, à la Chambre belge.

(1) Le cas échéant, le ministre pourra donc attribuer une partie ou la totalité des objets découverts aux musées universitaires ou même aux musées des sociétés savantes provinciales ou régionales.

(2) J. Destrée, *Art et Socialisme*, — Bruxelles, 1896.

(3) H. Carton de Wiart, *Pourquoi et comment défendre nos paysages*, *Revue Générale*, — Bruxelles, octobre 1905.

M. de Munck donne ensuite, dans son travail, le résumé d'un beau mémoire de M. Bommer, conservateur au Jardin Botanique de l'État belge (1), dont les conclusions sont en parfaite concordance avec un vœu qu'il a émis lui-même, relativement à l'institution, en Belgique, d'une commission permanente et armée de pouvoirs officiels suffisants, à l'effet de veiller, non seulement à la conservation des sites artistiques, mais aussi à la sauvegarde des sites et des objets offrant un intérêt au point de vue des sciences naturelles.

Après avoir résumé les excellents discours que, depuis 1895, MM. Colfs, du Bus de Warneffe et le comte Visart de Bocarmé ont prononcé à la Chambre des Représentants de Belgique, pour la sauvegarde des sites, des forêts et des plantations routières, le rapporteur déclare enfin que, parmi les plus grands défenseurs des Monuments naturels de son pays, il faut citer, en première ligne, M. Schollaert, Président du Conseil des Ministres ; M. Delbeke, Ministre des Travaux Publics, et M. le baron Descamps, Ministre des Arts et des Sciences, qu'il a l'honneur de représenter officiellement au Congrès (2).

Après lecture de son rapport, M. de Munck rappelle qu'à l'occasion de l'Exposition universelle et internationale de Bruxelles, en 1910, il se tiendra, dans le courant du mois d'août, sous la présidence de M. le Ministre d'État Beernaert, un Congrès d'Art public. Une section de ce Congrès sera chargée de rechercher les moyens les plus propres à assurer la conservation des sites et à empêcher l'envahissement des paysages par la réclame.

Il espère donc que beaucoup d'entre ses collègues réunis à Paris voudront bien faire l'honneur au Comité belge, qui organise le Congrès d'Art Public, de lui promettre leur concours, en vue de l'avancement de l'Œuvre protectrice des Paysages, qui s'affirme déjà si grandement, dès aujourd'hui.

Et le rapporteur ajoute :

« Comme vous le voyez, chez nous, les dispositions sont excellentes. Je vous disais ce matin que notre Gouvernement est absolument disposé à faire tout ce qui est possible. Nous avons avec nous douze ou quinze sénateurs et députés ; seulement, il nous manque un bon projet de loi. Ce matin, je ne savais pas tout cela. Il y a un Congrès qui doit être tenu sous la présidence de M. le Ministre d'État Beernaert. Ce Congrès est intitulé : Congrès International d'Art public. Il comprend une section dans laquelle j'espère que nous aurons l'occasion de nous rencontrer, comme M. le Président me le faisait espérer tout à l'heure. Ce Congrès aura lieu vers la première quinzaine d'août. »

M. Beauquier. — Je remercie le rapporteur de son intéressante communication et de son invitation.

Dans notre pays, nous recherchons les moyens de sauvegarder nos beaux paysages. La Belgique s'est signalée parmi les Nations qui ont fait le plus de

(1) Ch. Bommer, Conseil supérieur des forêts : *Conservation du caractère naturel des parcelles boisées ou incultes*, rapport de la commission spéciale, — Bruxelles, 1902.

(2) M. de Munck a en outre obtenu, en vue de la défense des sites, l'appui de MM. les sénateurs comte Goblet d'Alviella et Plouzeau de Lehaie, ainsi que de MM. les représentants Buyl, comte de Limburg-Stirum, Mysmans, Pirmez, Vandervelde et Wauwermans.

Il regrette, dit-il dans son rapport, de ne pouvoir citer tous ceux qui, en Belgique, ont défendu la cause des sites et il n'y rappelle que les noms de M. l'ingénieur Jules Carlier, ancien membre de la Chambre des représentants et fondateur de la Société nationale pour la protection des sites et des monuments, ainsi que ceux de MM. Albert Bonjean, Léon Dommartin (Jean d'Ardenne) et Léon Sougnenet, qui n'ont cessé de combattre, dans la presse, pour cette bonne cause.

progrès dans cette voie. En France, nous avons plusieurs Sociétés qui s'occupent presqu'exclusivement des paysages ruraux et urbains. Nous avons aussi les Sociétés du régionalisme et la loi sur les monuments historiques qui est une loi spéciale pour protéger les monuments. Nous avons des Sociétés pour la protection de ce qui est intéressant à conserver. Chaque Société s'est donnée un but particulier, mais en les réunissant, on arrive au même résultat. Comme nous, vous avez le souci du beau paysage, de ce qui fait la caractéristique d'une nation : ses beautés particulières, ses monuments artistiques, qu'ils soient naturels ou élevés par les hommes. Vous voyez que nous sommes tous d'accord et que les efforts faits pour conserver les traditions sont les mêmes dans tous les pays.

A la séance du mardi matin 19, M. de Munck présente quelques observations.

M. de Munck. — M. le comte d'Arschot, chargé d'affaires de Belgique à Paris, et l'un des présidents d'honneur du Congrès, vient de me faire parvenir une brochure intitulée : *Lettre ouverte au Cercle Hutois des Sciences et des Beaux-Arts.*

Dans cette brochure, M. le comte d'Arschot défend très éloquemment la cause de la conservation des monuments historiques et archéologiques.

En ce qui concerne la ville de Huy et la région environnante, l'une des plus pittoresques de la Belgique, il propose au Cercle des Amis des Sciences et des Beaux-Arts d'instituer une Commission pour la publication d'un ouvrage historique et archéologique, dans lequel seraient décrits et figurés les monuments.

Comme une telle œuvre ne manquerait pas d'attirer l'attention sur les paysages ou les sites dont feraient partie ces monuments, M. de Munck propose à l'Assemblée de féliciter M. le comte d'Arschot de son initiative et de le prier de bien vouloir persévérer en vue de la réalisation d'une œuvre dont il a parfaitement exposé lui-même l'utilité.

(*Adhésions unanimes.*)

Rapport de M. WAUWERMANS, membre de la Chambre des Représentants de Belgique, sur LE PAYSAGE EN BELGIQUE.

Le « patrimoine d'art » est encore très imparfaitement protégé en Belgique. Sans doute, il existe une *Commission Royale des Monuments*, dont la mission consiste à examiner les plans et à autoriser les restaurations des édifices historiques et des églises.

Le pouvoir administratif a trouvé, d'autre part, dans les règlements sur les bâtisses ou les établissements insalubres et incommodes, une arme pour protéger certains édifices privés contre les mutilations et les démolitions, pour empêcher la destruction de certains Sites. Mais là se borne l'aide que l'on peut trouver dans la loi : point de dispositions proclamant que la conservation des richesses d'art naturel est « d'utilité publique » et autorisant, en conséquence, à ces fins, la procédure d'expropriation ; point de loi empêchant la mutilation ou la disparition des œuvres d'art, leur aliénation, leur émigration.

La situation apparaîtrait comme particulièrement grave aux amis des Sites, aux fervents des beautés d'architecture naturelle ou de mains d'hommes, si les initiatives privées ne s'ingéniaient à substituer un régime de bonnes volontés à l'absence de protections légales.

Au cours des dernières années, se sont dessinés, se propagent et se développent dans l'esprit public des tendances aussi énergiques que raisonnées pour réagir contre tous les actes de vandalisme de nature à diminuer le patrimoine artistique de la nation.

Que ces sentiments aient eu pour origine des préoccupations matérielles, nous n'oserons le méconnaître : la Belgique est placée au carrefour des nations ; aux caravanes de marchands et aux hordes de guerriers qui, jadis, la traversaient en tous sens, a succédé l'armée pacifique des touristes. Bientôt, les habitants ont enfin aperçu quelles ressources l'on peut trouver en cet exode d'étrangers ; les vieilles villes ont compris que leurs souvenirs historiques pouvaient fournir matière de réclame à l'industrie de l'hôtellerie, et que les Sites et les Paysages constituaient de merveilleuses enseignes commerciales pour les centres de villégiatures. Et chaque localité du pays a cherché à s'assurer l'honneur lucratif et profitable de ce titre.

C'est à partir de ce moment que nous avons vu les Pouvoirs publics consacrer, par des conventions de droit civil, la conservation des vieux édifices.

L'administration des Postes a adopté pour programme d'acquérir, partout où l'utilité s'en justifiait, de préférence quelque vieille demeure historique pour pourvoir à l'installation de ses services, et pour mettre en même temps l'immeuble à l'abri de fâcheuses aventures.

Par une série de conventions passées avec les propriétaires, la ville de Bruxelles est parvenue à créer des servitudes à son profit, sur toutes les façades de notre merveilleuse Grande-Place.

Dans un autre domaine, une campagne s'est organisée pour conserver à la plaine de Waterloo son aspect historique, et un projet de loi a été élaboré à ces fins par une commission de fonctionnaires, d'officiers et de jurisconsultes.

En 1908, M. le Ministre des Sciences et des Arts a mis à l'étude un projet de réserve de quelques hectares à créer sur le haut plateau de la Baraque-Michel, où s'épanouit une flore, où évolue, dans un cadre particulièrement mélancolique, un monde d'insectes d'un intérêt tout spécial.

Il est certain que l'attention est, en ce moment, en éveil, et que tout acte de vandalisme soulèverait désormais l'opinion publique et se heurterait à de véhémentes et, sans doute, efficaces protestations.

Les tribunes publiques entendent partout la voix des orateurs qui réclament la Protection de nos Sites : hier, c'était au Parlement, le plaidoyer en faveur de la Meuse, que certains rêvaient de transformer en un canal maussade et mesquin, emprisonnée par des rives de pierre — une Meuse « normalisée »...

Au cours du présent budget des travaux publics, l'on signalait encore les fâcheuses restaurations de certains édifices. Les tares que le mauvais goût ou l'âpreté commerciale a inspirées à certains Sites de « Bruges-la-Morte ».

C'est ainsi que le chef de l'opposition socialiste, M. Vandervelde, signalait, par exemple, que, à l'angle des plus belles rues, on peint d'abominables réclames en faveur d'alcools variés, ou bien encore qu'au quai du Rosaire qui, jusqu'à présent, formait un ensemble complet, on a éventré le premier étage de certaines vieilles maisons pour y établir des étalages « modern style ».

Et comme les bourgmestres de Gand et Bruges objectaient que les Administrations locales, que les Pouvoirs publics ne sont, souvent, pas armés pour empêcher de pareilles choses, « c'est, il est bien certain, déclara l'orateur, que quand il s'agit de faire front contre des agressions qui sont dues soit au mauvais goût, soit à l'avidité de certains particuliers, les Pouvoirs publics sont insuffisamment armés.

» Aussi la conclusion à laquelle j'arrive, c'est qu'il faut mieux les armer. L'honorable Ministre m'a déclaré l'autre jour, qu'il était du même sentiment. Je crois savoir qu'il a en portefeuille un projet de loi qui arme les Pouvoirs publics, qui permettrait de prendre des mesures de conservation ou de reconstitution des ensembles architecturaux de nos anciennes villes.

» Je me permets d'insister pour qu'il dépose ce projet de loi le plus tôt possible, car dans quelques années il sera trop tard. ».

C'est surtout l'arbre dont on plaide la cause, l'arbre qui réclame un siècle pour se dresser dans sa magnificence, alors que quelques années suffisent pour bâtir un palais.

Il vient de se créer, sous le titre de : « Les Amis de la forêt de Soignes », une association réclamant le concours du public pour protéger ce qui reste de notre domaine boisé contre la destruction lente et systématique dont il a été trop souvent l'objet.

Non seulement, dit le manifeste, les gouvernements français et hollandais, depuis cent ans, en vendirent des parties énormes, mais, depuis 1843, le domaine national, parcelle par parcelle, en laissa morceler la lisière, tant et si bien que la forêt fut réduite de plus de moitié.

La fatalité s'acharna sur elle, car ceux-mêmes qui disaient s'intéresser à elle se firent les artisans de ses malheurs. Sous prétexte de l'embellir, d'y multiplier des routes, d'élargir celles qui existaient, d'y installer des hippodromes, des pistes d'entraînement, un sanatorium, des réservoirs, on y multiplia les mesures les plus fatales à sa beauté véritable, celle dont la Nature la dota, sans le concours des hommes ; on l'évida véritablement et l'on peut prévoir le moment où la forêt ne se composera plus que d'une série de rideaux d'arbres, donnant l'illusion d'une région boisée.

Il importe que tous les artistes, tous ceux qui aiment la Nature, ceux qui aiment le Beau, tous ceux qui se sentent en l'esprit la passion des lieux où l'homme s'échappe avec bonheur, par instants, des misères de la vie quotidienne, il est temps que ceux-là s'unissent pour demander aux Chambres législatives et aux ministres compétents des mesures promptes et énergiques, afin de garantir le maintien de la forêt de Soignes dans son état actuel et de déclarer la forêt intangible.

Il ne faut pas oublier non plus que cette étendue de bois, à proximité de la grande agglomération bruxelloise, est un élément indispensable de salubrité, de purification de l'atmosphère.

De nombreuses sociétés se sont constituées pour assurer la protection des sites et des monuments.

Au tout premier rang, par l'importance et l'activité de ses membres, se trouve la *Société nationale pour la Protection des Sites et des Monuments.*

Elle se développe sous la particulière bienveillance du Gouvernement. Dans une circonstance récente, le chef du Cabinet, lors de la promotion d'un des membres dans l'ordre national, a tenu à affirmer que « c'était le défenseur inlassable des beautés naturelles, des précieux vestiges du passé que le Gouvernement du Roi avait voulu honorer et a convié la presse entière à seconder son patriotique apostolat ».

Le rapport annuel de la Société constate l'action continue et efficace des sections constituées dans toutes les provinces et son heureuse intervention en maintes circonstances auprès des Pouvoirs publics.

A côté d'elle — plus considérable par ses contingents — mais ne poursuivant la défense des sites que comme un des nombreux objets de son activité, le Touring-Club de Belgique ne manque aucune occasion pour dénoncer les abus et faire pénétrer dans tous les rangs de la Société cette vérité, que la beauté d'un pays en constitue la principale richesse.

Aussi, l'opinion publique s'est-elle peu à peu formée et est elle devenue si sympathique à ces efforts combinés, que le moment paraît venu où ils pourront se traduire en réformes législatives.

Le Parlement belge est saisi, dès à présent, de deux projets de lois. L'un tend à enrayer la lèpre des affiches et des réclames murales qui — en Belgique comme ailleurs hélas ! — déshonorent les plus riants horizons. Le sérum serait appliqué sous la forme d'une taxe fiscale. Le projet de loi a reçu l'approbation des sections compétentes, et le Ministre des finances s'y est rallié. Ne consacrera-t-il pas des ressources nouvelles qu'il serait toujours pénible à une administration fiscale de repousser.

On eut peut-être dû souhaiter une médication plus radicale, mais il semble qu'elle n'aurait pas eu, dès à présent, grandes chances d'être acceptée.

Le second projet vise les occupations temporaires et a pour objet d'astreindre les exploitants de carrières et les ravageurs de beautés naturelles à jeter un manteau de verdure sur leurs victimes lorsqu'ils ont achevé leurs méfaits.

L'accueil n'a pas été moins favorable et nous pouvons espérer que ces deux projets, dus à l'initiative parlementaire de MM. Carton de Wiart et Destrée, seront bientôt transformés en textes obligatoires.

A côté de ces projets, nés au Parlement, la Fédération archéologique et historique de Belgique vient d'élaborer un avant-projet de loi relatif à « la conservation des immeubles et des objets mobiliers offrant un intérêt historique ou artistique ».

La base de ce projet consiste dans un classement des immeubles par nature ou destination, dont la conservation s'impose, ainsi que leur mise à l'abri des démolitions par les pouvoirs publics et les particuliers.

Le même projet prévoit la liste descriptive des richesses mobilières appartenant à l'Etat, aux provinces, aux communes, églises et établissements publics, et fixe des règles relatives à leur cession. Enfin, des dispositions spéciales règlent le sort des objets découverts au cours des fouilles.

Il paraît probable que ce projet sera présenté à la faveur de l'initiative parlementaire. Mais il ne faut pas se dissimuler qu'il rencontrera de vives oppositions. L'inventaire des biens des fabriques d'église qu'il prévoit constitue à cet égard un insurmontable obstacle à son adoption.

Telle est la situation en Belgique.

Il semble que l'on puisse bientôt espérer le complément nécessaire de sa législation et nous pourrions être fiers de l'œuvre accomplie jusqu'ici en Belgique si les initiatives privées et l'incontestable bon vouloir des administrations publiques méritait l'approbation du Congrès.

Pour aller au-delà, une active propagande et le stimulant des critiques et des approbations des étrangers s'impose.

Aux portes de cette forêt de Soignes, dont la conservation fait l'objet d'une croisade, la ville de Bruxelles conviera, l'an prochain, les Nations à venir juger et comparer les produits de leurs arts et de leurs industries. Précieux serait l'appui, pour les défenseurs des Sites, si le second Congrès de la Protection des Paysages tenait ses assises dans ce site brabançon.

⁂

NOTA. — *Extrait du rapport de M. Wauwermans à la Chambre des représentants.* (N° 259). Chambre des Représentants. (Séance du 26 octobre 1909). Rapport fait au nom de la Commission par M. Wauwermans. (La Commission, présidée par M. Cousot, était composée de MM. Borboux, Claes, Tibbaut, Vandervelde, Versteylen et Wauwermans), sur la proposition de loi de MM. Carton de Wiart et Destrée. (N° 180), (session de 1906-1907), établissant au profit de l'État une taxe sur les enseignes, pancartes et tableaux destinés à la publicité industrielle ou commerciale. Texte de la proposition de loi et amendements proposés par le rapporteur.

PROPOSITION DE LOI

ARTICLE PREMIER. — Il est créé, au profit de l'État, une taxe proportionnelle sur les enseignes, pancartes, tableaux, et généralement sur toutes peintures ou inscriptions quelconques, autres que les affiches, et destinées à la publicité industrielle ou commerciale.

ART. 2. — Cette taxe est de cinq francs par mètre carré et par an.

En aucun cas, elle ne sera inférieure au chiffre de cinq francs.

ART. 3. — Cette taxe n'est pas applicable aux peintures, inscriptions émanant des autorités publiques, ni à celles employées par des personnes occupant un immeuble à un titre quelconque ou qui affectent cet immeuble ou une de ses dépendances à une publicité relative à l'industrie ou au commerce qu'elles y exercent.

ART. 4. — Ceux qui auront disposé ou fait disposer ces enseignes, placards ou tableaux, sans en avoir fait la déclaration au receveur de l'enregistrement dans les trois jours de leur achèvement avec indication du mode employé et de la surface occupée, seront condamnés à une amende de 135 francs pour chaque contravention, sans préjudice du droit pour l'administration, de supprimer d'office et à leurs frais, la publicité qui aura été faite en contravention à la présente loi.

ART. 5. — Les propriétaires des immeubles où seront placés des enseignes, pancartes, ou tableaux, et les industriels ou commerçants au profit desquels ils auront été placés seront solidairement tenus de l'amende, sauf leur recours les uns contre les autres.

ART. 6. — Le recouvrement de la taxe et des amendes pour les contraventions prévues par la présente loi sera poursuivie par voie de contrainte devant le tribunal de première instance.

ART. 7. — Les mesures d'application pour la déclaration et pour le recouvrement de la taxe seront déterminées par des arrêtés royaux.

TEXTE AMENDÉ

ARTICLE PREMIER. — Il est établi, sous le nom de *taxe* d'affichage, un droit annuel sur toutes affiches, inscriptions ou reproductions faisant office d'affiches.

Toutefois, ne sont pas régies par la présente loi, *les affiches* imprimées ou écrites sur papier, parchemin, toile ou autre tissu susceptible de prendre l'empreinte du timbre, lesquelles restent assujetties au droit de timbre établi par la loi du 25 mars 1891.

ART. 2. — La taxe est fixée à cinq francs par mètre carré.

Toute fraction de mètre carré est comptée pour un mètre carré.

ART. 3 (nouveau). — La taxe est due par celui qui a le droit d'autoriser l'affichage, sauf son recours contre l'auteur de l'affiche ou de l'inscription.

Celui qui a le droit d'autoriser l'affichage est, sauf preuve contraire, le propriétaire du lieu où l'affichage s'effectue.

Lorsque le propriétaire ou l'occupant ont concédé à un tiers le droit d'autoriser l'affichage, le concédant est solidairement tenu avec le concessionnaire au paiement de la taxe.

ART. 4 (nouveau). — La taxe est due pour l'année entière, sans fraction.

Elle est payable à l'origine, préalablement à tout affichage, sur la présentation d'une déclaration au bureau de l'enregistrement dans la circonscription duquel se trouve situé le lieu de l'affichage.

La forme et le contenu de cette déclaration sont déterminés par arrêté royal.

ART. 5 (nouveau). — La taxe est exigible, pour la deuxième année, dans les premiers jours du mois de janvier qui suit le dépôt de la déclaration, et ainsi de suite, d'année en année, jusqu'à la suppression de l'affiche ou de l'inscription.

ART. 6 (nouveau). — La taxe peut être acquittée en une fois pour deux ou plusieurs années.

Les droits payés ne sont jamais restituables pour quelque cause que ce soit.

ART. 7 (texte amendé). — Toute affiche ou inscription porte, en caractères apparents, le numéro d'ordre de la déclaration et l'année du paiement de la première taxe.

ART. 8. — Toute infraction aux dispositions de la présente loi sera punie d'une amende de 100 francs, sans préjudice du paiement des droits qui seraient exigibles, et du droit pour l'administration de supprimer d'office et aux frais des contrevenants la publicité qui aurait été faite en contravention à la présente loi.

ART. 9. — Les contraventions sont constatées et les poursuites exercées conformément à l'article 59 du Code du timbre.

ART. 10. — Sont exempts de la taxe d'affichage :

1° Les affiches ou inscriptions se rattachant à des opérations qui se traitent dans le lieu même où elles sont placées ;

2° Les affiches ou inscriptions dont l'objet est de ceux prévus par l'article 63 du Code du timbre.

ART. 11 (nouveau). — La présente loi sera obligatoire trois mois après sa promulgation.

ART. 12 (nouveau). — *Disposition transitoire.* — Toute personne ayant, antérieurement à la mise en vigueur de la présente loi, pris en affermage des emplacements destinés à recevoir des affiches sujettes à perception du droit prévu à l'article 2, pourra dénoncer la convention dans le délai de deux mois, à charge d'enlever dans le même délai les dites affiches. Il ne sera tenu en ce cas au paiement d'aucune taxe en faveur du trésor, ni d'aucune indemnité à l'égard du titulaire du droit d'affichage.

⁂

La conservation des Paysages en Belgique a fait l'objet d'une proposition de loi soumise à la Chambre des Représentants par M. Destrée (1), à la séance du 30 juin 1905 (n° 234).

Il s'introduit, dit le rapporteur, de plus en plus dans la conscience du monde moderne, la notion d'une sorte de droit public sur les œuvres génératrices de Beauté.

La conception de la Propriété particulière s'atténue et se complique d'une conception nouvelle, d'une propriété commune, qu'on demande aux Gouvernements de consacrer et de faire respecter.

Un matin, en Ardennes, quand les brouillards légers sont comme des écharpes éparses dans les vallées, un soleil couchant en Campine, avec des éclats d'or et de sang réflétés dans les mares, un hiver dans la forêt de Soignes ou un flambant été sur la dune, sont autant de spectacles magnifiques, pour lesquels on ne saurait avoir trop de filiale tendresse.

Or, les nécessités modernes tendent à bouleverser chaque jour ces aspects de notre sol, à tarir ces fontaines de Beauté. Là, c'est une carrière qui creuse, au flanc de la colline, des trous béants comme une blessure et disperse, autour d'elle, des débris de rochers aux tons criards ; là, c'est un charbonnage ou un haut-fourneau qui érige, au-dessus des campagnes, un géométrique cône de déblais ; là, encore, c'est un chemin de fer qui, par des tranchées ou des remblais, déchire brutalement les apparences les plus charmantes.

Les nécessités, avons-nous dit, et cela indique qu'à notre sens, il ne peut être question d'entraver le développement économique et industriel du pays, même pour faire respecter les plus touchantes vénérations esthétiques.

Ce sont des nécessités, acceptons-les comme telles, mais ne serait-il pas possible de donner une conciliation, d'atténuer un peu la sauvagerie malfaisante des ingénieurs, de consoler un peu la tristesse de l'artiste, de l'artiste qu'il y a dans tout promeneur, dans tout excursionniste ?

Nous pensons que oui. Il suffirait pour cela de hâter un peu l'œuvre du temps, d'aider les forces inépuisables de la nature. Elles, pour qui la durée ne compte pas, sauront bien, tôt ou tard, réparer le mal fait par les hommes et rétablir l'harmonie des formes et des couleurs.

Laissons faire l'industrie, mais demandons-lui de nous restituer, au fur et à mesure de ses dévastations et dans les limites du possible, la beauté qu'elle fait enfuir. Obligeons-la à guérir les blessures de la terre, en semant des plants de culture et de croissance aisée, en reboisant les coteaux, en favorisant les végétations de toute manière.

Cette obligation, imposons-la, autant aux entreprises publiques et surtout à l'Etat Chemin de fer, ce vandal sans pitié, ainsi qu'aux entreprises particulières.

Que le Parquet soit chargé de la faire respecter, et, à défaut du Parquet, tout citoyen de bon vouloir.

⁂

Tout récemment, devant la Chambre des Représentants (Séance du 28 avril 1906. Voir Annales parlementaires, pages 1441 et suivantes), à propos de l'interpellation de M. Furnémont, à M. Hubert, Ministre de l'Industrie et du Travail : « Sur l'arrêté royal refusant l'autorisation d'établir une usine à Namèche », — de très intéressantes déclarations d'une portée générale ont été faites par S. E. M. le Ministre d'Etat Beernaert, MM. Wauwermans, Carton de Wiart et d'autres membres de la Chambre des Représentants.

(1) Voir le texte, p. 46, note 1.

M. Furnemont lui-même reconnaissait que : « La région de Namur peut être considérée comme le microcosme de notre pays, par l'ensemble des aspects qu'il présente, comme aussi par les diverses industries qui s'y exercent, les différents commerces et procédés d'exploitations agricoles qu'on y rencontre. »

Il reconnaissait au surplus que « ce qui fait la richesse de cette partie du pays qui s'étend des limites de la province de Liège à la frontière française, c'est l'esprit de villégiature, la recherche des sites enchanteurs qui y poussent des amateurs toujours plus nombreux et peuplent les deux rives du fleuve d'élégantes villas. »

Mais qu'il n'est pas un endroit où une usine ne soit moins préjudiciable au site. A cela, S. E. M. Beernaert répondait :

« Messieurs, je suis d'un avis absolument opposé à celui de M. Furnémont, et avec tous les amis des beautés de la nature je tiens à féliciter le gouvernement d'avoir conservé à la Belgique l'un de ses sites les plus ravissants. M. Furnémont lui a tout à l'heure lui-même rendu justice, et il y a là un ensemble vraiment exquis de hauts rochers, de bois et de prés qui encadrent à souhait la courbe de la Meuse vers Namèche. Il n'y a rien de plus beau dans la province.

» Les fumées lourdes qui vont se répandre dans toute la vallée entraîneront la détérioration complète de ce site merveilleux. Or, cette nuisance serait-elle contrebalancée par les avantages que l'industrie pourrait procurer et qui pourraient être obtenus ailleurs sans abîmer le site ? Tout le pays s'en est ému, vous voyez, Monsieur Furnémont, combien peu M. Graffé est d'accord avec vous ! — non seulement les habitants de la localité, mais les riches propriétaires et ceux qui aiment ce site, qui s'y rendent et qui le considèrent comme gravement menacé ; un cri d'alarme a été poussé dans toute la région.

» Je crois, que la députation... très soucieuse de protéger nos sites, examinera avec beaucoup de bienveillance la réclamation. Il y a là un intérêt considérable à sauvegarder.

» Qu'en dites-vous ? Tout le pays ému ! Un cri d'alarme dans toute la région !

» Et rien de plus vrai et de plus justifié. Les intérêts de Marche-les-Dames ne sont pas les seuls engagés.

» On voudrait faire de Namur un séjour d'été pour les étrangers. Ne faut-il pas dès lors songer un peu à ceux-ci et sauvegarder les paysages qui font l'attrait de la région ? N'est-ce pas là pour la population namuroise un intérêt de premier ordre ?

» J'ai moi-même, je le disais tantôt, habité les bords mêmes du fleuve et j'ai encore dans les yeux le charmant paysage d'alors, bien compromis hélas ! L'honorable M. Furnémont est beaucoup plus jeune et il n'a connu ni le vieil hospice des Grands-Malades, ni les beaux rochers qui se dressaient jusqu'à Beez et au milieu desquels s'incrustait de façon si pittoresque un vieil ermitage. Tout cela a disparu et on en a fait des moellons ; il n'y a plus à montrer aux étrangers que la place où fut un beau paysage ! »

M. Graffé continue et dit : « Aujourd'hui même, un journal qui s'occupe spécialement de ces questions (*La Chronique*) et dont le rédacteur en chef, Jean d'Ardenne, s'est fait un nom par le souci qu'il a de la préservation des sites et de nos beautés nationales, s'adresse à la députation permanente et espère qu'elle n'hésitera pas à se ranger du côté de ceux qui veulent éloigner ces fumées dangereuses pour tous les riverains.

« Les industriels porront trouver un emplacement tout aussi favorable pour leur installation, sans compromettre inutilement et d'une façon irrémédiable la beauté et le charme de la vallée de la Meuse. »

Cette discussion provoqua de la part de M. Carton de Wiart la déclaration suivante :

« Il s'agit donc de savoir si l'acceptation du mot « incommode » ne doit pas être élargie, et s'il n'est pas permis de considérer comme singulièrement incommode une usine au surplus insalubre et qui, en compromettant l'aspect d'une région, tarisse aussi, pour les générations présentes et futures, une source de profits peut-être très importante.

Je demandais, tout à l'heure à l'honorable M. Furnémont s'il était d'avis qu'on peut établir des usines, et notamment des usines à zinc, dans n'importe quel site, si beau qu'il soit...

M. Furnémont. — Voulez-vous me permettre un mot ?

M. Carton de Wiart. — Permettez-moi de continuer, car je ne dispose que de quelques instants.

Ce débat n'est en somme qu'une phase du vieux conflit, souvent aigu, entre l'utilitarisme et la beauté du paysage.

Certes, l'industrialisme est une des lois de la civilisation contemporaine. Chaque jour, il étend son empire, nous rendant la vie plus commode, plus agréable ou, du moins, plus confortable. Mais ses progrès sont souvent marqués par de cruels sacrifices. Lorsque toute licence est laissée à l'industrialisme, nous constatons qu'il est tenté d'en abuser au détriment des créatures les plus faibles. Dans sa poursuite du bon marché, il tend à substituer l'ouvrière à l'ouvrier, l'enfant à l'homme, à allonger les journées pour augmenter la production. C'est pourquoi le législateur est intervenu. C'est pourquoi nos lois sociales se sont faites, suivant le mot de Cheysson, la conscience de ceux qui n'en n'ont pas...

L'effort de la concurrence humaine, qui n'épargne pas les gens, n'a pas non plus épargné les bêtes. Et les lois et règlements sont intervenus aussi pour protéger contre tout abus ces êtres que M. Destrée appelait un jour ici nos « frères inférieurs ».

Mais il y a autre chose encore que les gens et les bêtes. Il y a les paysages. Il y a ce que M. Ruskin appelait si joliment « le visage aimé de la patrie ». N'est-il pas légitime de chercher à protéger aussi, contre les excès de l'utilitarisme, les décors les plus précieux de notre pays !

Dans la lutte qui se poursuit entre l'utilitarisme, qui progresse, et la conservation de nos beaux sites, qui se font de plus en plus rares, pour ma part, je crois qu'il est bon qu'ici, où l'intérêt général doit tout dominer, des voix s'élèvent pour rappeler aux pouvoirs publics qu'il y a d'autres droits que ceux de l'utilité pratique.

L'honorable M. Beernaert, appelé un jour à interpréter la loi sur l'expropriation pour cause d'utilité publique, n'a pas hésité à faire usage de cette loi en expropriant, paur cause de beauté et d'intérêt historique. C'est à ce titre qu'il a exproprié les ruines de l'abbaye de Villers, et il a été approuvé par tout le monde..................

....

L'expropriation comporte nécessairement une juste et préalable indemnité, et je ne conteste pas qu'il serait souhaitable que nous ayons une loi, telle que la loi Beauquier en France, pour permettre de soustraire à tout attentat certains sites classés, et cela au prix d'une sorte d'expropriation partielle. Mais la législation sur les établissements incommodes, insalubres et dangereux ne comporte pas d'indemnité de la part de l'Etat. Le droit du propriétaire à une exploitation de ce genre ne naît pas de son droit de propriété. Il naît d'une autorisation des pouvoirs publics que ceux-ci, après examen sérieux, sont en droit d'accorder ou de refuser. Et dans cet examen, il ne faut pas négliger des considérations d'ordre esthétique. Pour quiconque connaît Marche-les-Dames, la beauté de ce massif de rochers et l'intérêt puissant des souvenirs historiques qui s'y rattachent ne peuvent être contestés.

Et M. Hubert, Ministre de l'Industrie et du Travail, avait, dans le débat, très nettement pris position pour les défenseurs des Sites.

Mais vous savez combien nous sommes désireux de sauvegarder les Sites de la province, et je puis vous donner l'assurance que nous examinerons cette question avec la plus grande attention.

Eh bien ! messieurs, le conseil provincial a exprimé le désir de voir refuser l'autorisation qui était sollicitée. Et c'est à l'unanimité de ses membres que la députation permanente s'est prononcée pour le rejet de l'autorisation. Ce qui s'est passé au conseil provincial, les opinions qui ont été émises, valent bien l'appréciation d'un député qui va de temps en temps dans la province de Namur. »

***

A Namur, il s'est fondé une Société pour la Protection des Paysages. Cette société a, en 1898, ouvert un concours de plans pour villas et maisons rurales à édifier dans la vallée de la Meuse, recommandant aux concurrents d'adapter leurs projets au sol, au ciel et aux matériaux de la région. Ceci répond au vœu formulé par M. Holbach au premier Congrès de l'Art Public en 1898 : « Que le Gouvernement possède le droit d'autoriser ou d'interdire les constructions, de contrôler et au besoin d'imposer l'architecture des bâtisses dans les campagnes, constituant un paysage ou un Site digne d'être conservé. »

La même société organise des concours de photographie d'anciennes maisons, construites avec des pierres spéciales aux Ardennes ; elle dresse l'inventaire par photographie des paysages les plus caractéristiques de la province et c'est ainsi qu'en 1901 elle a réuni, en un album, 150 spécimens des arbres de la province les plus intéressants à conserver.

A Spa, une commission gouvernementale des Sites, comprenant MM. Albin Bady, le comte du Chastel, Martique, s'est réunie, sous la présidence de M. Parisel, inspecteur. Cette commission a pour but de protéger les séries artistiques, c'est-à-dire les bois de la Heid-Fanard, de Spa, Laumont, ainsi que ceux avoisinant les sources ou longeant la route des Fontaines... Cette commission a approuvé et maintenu le système qui consiste à ériger, dans les bois, des tours, du haut desquelles on peut très aisément se rendre compte des foyers d'incendies. (*Indépendance Belge*, 10 avril 1903.)

A Bruxelles, en 1901, a été fondé, sous la présidence de M. Landrieu, ancien bâtonnier de l'ordre des avocats, la Ligue contre le vandalisme, et, détail intéressant, les membres de cette Ligue sont munis d'une carte d'identité visée par le Burgmestre, qui leur permet d'intervenir à la manière des membres de la Société française pour la protection des animaux.

Il convient de faire une place toute spéciale à l'association qui correspond, en Belgique, à la vôtre : la Société nationale pour la Protection des Sites et Monuments.

Cette Société se propose :

1° De faire connaître les beautés pittoresques du pays, d'en faciliter l'accès et d'en empêcher la destruction ;

2° De signaler les édifices anciens, tant publics que privés, qui possèdent un mérite artistique, de veiller à leur conservation et d'en provoquer la restauration intelligente; de poursuivre la conservation et le dépôt dans les musées des spécimens de l'art national provenant des édifices privés ou publics et présentant un intérêt spécial au point de vue de l'histoire artistique ou de l'enseignement professionnel.

La Société se propose de faire, tant auprès des diverses administrations publiques que des propriétaires, toute démarche et protestation tendant à permettre la visite et empêcher la destruction des Sites, Monuments et objets menacés. Eventuellement, elle doit intervenir par voie de conseils, plans, subsides et souscriptions.

On sait qu'en Belgique il existe une commission royale des Monuments : A cette commission, le gouvernement a délégué le soin de prendre toutes les mesures nécessaires en vue de la conservation des Monuments. (Arrêté royal du 7 janvier 1835). Cette commission examine les plans et devis des édifices, fabriques... ; elle approuve ou indique les changements à apporter.

Eventuellement, elle a à se préoccuper de la protection des Sites et Paysages dans les cas fréquents où l'œuvre de l'homme et celle de la nature se trouvent réunies.

Comme mesure intéressante, signalons une circulaire de M. de Bruyns, ministre des travaux publics, en date du 2 septembre 1897. (Voir *Mémorial administratif du Brabant*, 1897, n° 197, page 1260.) Afin de sauvegarder les Monuments et Sites intéressants, ce ministre demande à avoir communication, à titre officieux, de tout projet.

Enfin, parmi les groupements susceptibles, en Belgique, d'apporter leur concours à l'œuvre que nous poursuivons : signalons, pour le Luxembourg, la Société archéologique provinciale ; pour la province de Liège, l'Institut archéologique liégeois ; pour le Limbourg, la Société scientifique et littéraire du Limbourg ; pour la province de Namur, la Société archéologique de Namur ; pour le Hainaut, le Cercle archéologique de Mons ; pour la province d'Anvers, l'Académie archéologique de Belgique ; à cette liste, il faut ajouter la Société de numismatique belge, fondée à Bruxelles en 1842.

CHINE (1)

La Chine a toujours eu le respect des choses et monuments du passé. Au Congrès international de Protection des Monuments, Paris 1889, le général Tcheng-Ti-Tong, dans une spirituelle causerie, a fait connaître à quel point était poussé ce respect, notamment pour les tombeaux.

Quand une dynastie en remplace une autre, elle enlève tout à la famille tombée, mais elle ne touche point à son tombeau et, exemple à méditer, les collectionneurs prennent des empreintes sans jamais rien briser. (Voir l'*Ami des Monuments*, n°s 14, 15, 16 et 17.)

DANEMARK

La conservation des antiquités a été organisée, en 1807, par la création d'une commission royale et en 1847 par la création de postes d'inspecteurs.

Au terme d'une instruction du 20 mars 1848, l'action de la commission s'exerçait par des recherches, des voyages, des achats.

Cette commission a été dissoute en 1849.

Une circulaire du 28 novembre 1866 invite les conservateurs à former des commissions diocésaines et à nommer un inspecteur diocésain qui soit en rapport avec la direction centrale à Copenhague au sujet de la conservation des Monuments. A cet effet, il est voté, depuis 1873, un crédit de 3.500 R. A notre connaissance, il n'est parvenu aucun document nous autorisant à déclarer que la protection des sites a été rattachée à ses attributions.

ÉGYPTE

Ce pays a dû prendre des mesures contre l'enlèvement de ce qui constituait une partie de sa richesse artistique et historique et n'avait plus de raison d'être en dehors de son cadre naturel, par exemple ce qui datait du temps des Pharaons. (Note du 7 mars 1871 du Ministre aux agents diplomatiques et au Conseil général.)

(1) De même que le NOTA précédent enregistre les travaux législatifs faits en Belgique depuis le Congrès, de même devons-nous indiquer, par des notes sommaires, ceux des autres pays, qui sont parvenus à notre connaissance, en nous étendant aux divers sujets connexes à la Protection des Paysages. N. D. L. R.

Un ordre du Khédive, du 16 mai 1883 (*Bulletin des lois et décrets*, page 157), a déclaré ces choses inaliénables, insaisisables et imprescriptibles.

Le 18 décembre 1881 a été créé un Comité de conservation des Monuments de l'Art arabe. Règlement du 1er février 1882. Ce Comité a pour but de faire l'inventaire des richesses de l'art arabe, de veiller sur les monuments et leur restauration et au surplus étudie les règles générales pour la tenue des monuments et empêcher les fouilles irrégulièrement faites et clandestines.

Il est bien évident que dans la conservation de tous ces souvenirs du passé, l'Egypte a à tenir compte de leur cadre naturel.

ESPAGNE

Il existe dans chaque province des correspondants de l'Académie d'histoire et de l'Académie des Nobles Arts (réglementés par un décret royal du 24 novembre 1865).

Il existe à Madrid un journal rédigé en français et intitulé *Paris-Madrid*, et qui ne manque jamais une occasion de signaler et stigmatiser les atteintes à la Beauté des Sites et Paysages.

GRÈCE

Une loi de 1834 réglemente la protection des Monuments.

HONGRIE

Une loi du 28 mai 1881 (collection des lois, années 1881, pages 400 et 410), réglemente la protection des Monuments artistiques

En *Autriche*, il est intéressant de signaler tout spécialement les efforts de M. von Helfert. (Voir protocole sténographique de Herrenhaus, 17e session, séance du 19 février 1902. S. 368 et supplément n° 86, contenant le projet du Freiherr von Helfert).

ITALIE

La parole est à M. le Commandeur Boni, pour la lecture de son rapport sur LA PROTECTION DES PAYSAGES EN ITALIE AU POINT DE VUE LÉGISLATIF.

En 1890, le Commandeur Boni étudiait les traces des plantations dans Pompeï, afin d'en reconstituer quelques-unes. Sa proposition était mise en pratique et plusieurs *viridium* montrèrent déjà de beaux résultats sur les plantations de l'époque romaine.

En 1896, il adressait au Ministre de l'instruction publique des propositions qui regardent la flore des monuments et qui ont été immédiatement mises en pratique.

On lutte contre l'invasion des plantes exotiques dans les localités italiennes, afin de corriger l'altération qu'avait subie le paysage de Rome.

En 1905, le Ministre de l'agriculture obtenait une loi pour la Protection de la « Pinetta » historique de Ravenne et la Chambre des députés invitait le Gouvernement à présenter un projet de loi pour la conservation des beautés naturelles présentant un intérêt au point de vue de la littérature, de l'art et de l'histoire de l'Italie. Le Sénat contribue à sauver la cascade des Marmora en se faisant l'écho des protestations unanimes des artistes.

La loi sur les antiquités, approuvée par la Chambre des députés le 12 février 1908, comprenait les jardins, les forêts, les eaux, etc.

Dans la séance du 28 mai 1909, le Sénat, en adoptant cet article, invitait le Gouvernement à présenter un projet spécial pour la Conservation et la Protection des Jardins et des autres propriétés foncières ayant rapport à l'histoire et à la littérature ou qui présentent un intérêt public à raison de leur particulière beauté naturelle.

Le directeur général des antiquités a dernièrement adressé une demande de subvention et le Gouvernement italien a donné six millions de francs pour sauver de la spéculation certaine, la zone qui s'étend du Colisée aux Thermes de Carracalla.

M. le Commandeur Boni remet à la Société, pour la Protection des Paysages de France, une collection de photographies.

M. le Président remercie vivement, au nom du Congrès, le délégué du Gouvernement italien, pour cette belle collection.

***

Comme complément aux intéressants détails donnés par M. le commandeur Boni, voici quelques références concernant la législation italienne qui considère les choses d'art comme n'empruntant leur valeur qu'en restant dans leur cadre naturel, et qui prohibe, en conséquence, leur exportation : (*Archives Parlementaires*, Sénat du Royaume, XXIe législature, 1re session 1900-1901, 2e session 1902. A. Audnotti, *La Leggi par la tuteta dele arte e della culture nazionale.* (*Enciclopedia del diritio penale italiano raccolta di monografia a cura di Enrico Pessina*, n° XII, p. 424. Milano 1903). Lucchini : *Conservajione di monumenti et oggetti d'antichita.* (*Rivista penale*, vol. LVII, 1903, p. 355). Filippo Mariotti : *La Législatione delle Belle Arti* (Rome 1892).

Notons qu'au point de vue de la hauteur des maisons, on ne peut, dans le voisinage des monuments, construire qu'à une certaine distance et la hauteur des bâtisses est soumise à certaines règles. (L. italienne de 1902, art. 23, § 3.)

NORWÈGE

Pour les monuments, il existe, depuis 1844, un Reichs antiquarius.

Quant à la protection des forêts et des bois, elle est régie par une loi du 26 juillet 1893. En Norwège, comme ailleurs, presque tous les bois appartiennent à des particuliers, trop souvent tentés de réaliser un bénéfice immédiat et de sacrifier l'avenir au présent en vendant leurs forêts sur pied aux marchands de bois. La loi autorise la confection de règlements locaux pour les forêts de défense (neige, avalanches, inondations...) Les communes peuvent, avec approbation du roi, faire des règlements contre la destruction des forêts (*Annuaire de Législation étrangère.* Société de Législation comparée, 23° année, 1893.)

ROUMANIE

Le pittoresque de ce pays a souvent souffert de restaurations maladroites, ayant compromis les plus beaux Sites et Paysages, par exemple à Saint-Nicolas-de-Jassé, à Saint-Demetre, à Craïova et à l'église métropolitaine de Tirgoriste. M. Stérian, qui signale ces faits, s'appuie sur *l'Art Russe*, de Viollet-le-Duc et les *Eglises d'Arménie*, de Grimm. On sait combien les silhouettes d'églises ajoutent au pittoresque d'un tableau.

SERBIE

Il existe, depuis 1883, une Ligue archéologique qui poursuit la conservation du caractère local par l'achat et l'entretien de tout ce qui présente un intérêt au point de vue de la culture, de l'histoire ou de l'art, que ce soient des meubles ou des immeubles.

SUÈDE

A la séance du mercredi 20 octobre, sous la présidence de M. le commandeur Boni, délégué officiel de l'Italie, la parole est donnée à M. le Comte de Barck, pour lire son rapport sur LA PROTECTION DES PAYSAGES EN SUÈDE.

La Suède, qui est un pays presque aussi grand que la France comme superficie — 442.000 kilomètres — est très peu peuplée, mais possède, en revanche, des beautés naturelles et des paysages d'un charme spécial où la nature, sur des espaces infinis, n'a subi aucune transformation du fait de l'homme. Notre aimable président, rentrant d'un voyage dans le Nord, nous a fait remarquer que surtout les Anglais, experts en fait de tourisme, ont depuis fort longtemps tourné leurs pas vers les pays scandinaves, qui, par leurs lacs bleus, leur fjords majestueusement découpés dans les montagnes, leurs immenses forêts vierges de pins et par l'absence de nuit constituent, pendant l'été, le pays idéal pour le voyageur, ami de la nature encore inviolée.

Nous n'avons pas, en Suède, à proprement dire, de Société de Protection des Paysages, mais notre active et puissante Association de touristes, « Turistforeningen », s'est donné comme mission de guider nos touristes et l'étranger, de mettre en valeur et faire respecter la beauté et la magnificence de nos paysages et montagnes, surtout laponnes où, jusqu'ici, vu l'absence d'habitations fixes, toute excursion prenait l'extension et la forme d'une expédition. Elle y a créé des refuges et hospices modèles et suscité jusqu'à l'extrême Nord, au-dessus du cercle polaire — où mène maintenant avec tout le confort moderne « l'Express de Laponie » — un mouvement sans cesse progressant de tourisme et cela dans un pays très peu connu et jusqu'ici, par le manque de ressources, impraticable pour tout touriste ordinaire. Cette même Société a, par ailleurs, groupé et dirigé les initiatives privées et a, en cela, protégé les paysages en excitant l'intérêt et la notoriété de telle région ignorée ou de telle province pittoresque et peu connue, et en encourageant les habitants à garder leurs vieilles demeures et leurs vieilles coutumes et vêtements. Ainsi, en Dalécarlie, cette vieille province suédoise, illustrée par Gustave Wasa, le héros national et libérateur du territoire, des paroisses entières ont conservé les us et vêtements du XVe siècle. Le Turistforeningen a été fort secondé dans ses efforts par la création de « Skanskin », dont Hagelius était le propagateur, sorte de jardin ethnologique et zoologique, où les diverses régions et provinces de Suède sont représentées par un échantillon de leurs demeures et par leurs habitants authentiques, revêtus de leurs habits et costumes originels, vaquant à leurs occupations habituelles dans un cadre rigoureusement exact.

Depuis 1874 déjà, les Chambres suédoises ont voté une loi qui oblige toute municipalité à adopter un plan d'extension et d'agrandissement avec des espaces réservés aux jardins publics et emplacements pour les sports qui sont en très grand honneur en Suède depuis notre Ling, le créateur de la gymnastique rationnelle et universellement réputée.

L'industrie et les fabriques qui n'ont pas, en Suède, l'importance et l'extension qu'elles ont prises dans les pays occidentaux, n'ont guère empiété sur la beauté du paysage et nos belles chutes d'eau sont presque intactes.

L'Etat, en possédant les plus pittoresques et importantes, en particulier le Trolheittem, appelé le Niagara du Nord, va s'efforcer, lorsque plus tard, il en captera la plus grande part — comme force motrice nécessaire à la transformation du mode de traction de son réseau de voies ferrées — de respecter, autant qu'il peut se faire, puisqu'il y a, malheureusement, besoin de captation, sa grandeur sauvage et pittoresque au plus haut degré.

On peut, néanmoins, craindre qu'un jour la Suède vienne à être menacée des mêmes dangers que la France, nous nous souviendrons alors de la propagande généreuse et active de la Société de la Protection des Paysages et nous nous inspirerons alors de son exemple pour conserver à la Suède les beautés qui font sa gloire et qu'elle a pu jusqu'ici conserver à peu près intactes.

M. Georges Harmand. — J'ai demandé la parole pour remercier M. de Barck de sa communication et aussi pour signaler à ceux des congressistes qui n'ont pas encore été dans son beau pays, une institution extrêmement intéressante, l'œuvre de *Skansen*. Il existe, à Stockholm, une Association qui emploie un certain nombre d'hommes et de femmes. Elle leur impose simplement de porter le costume traditionnel de leur province : ils doivent porter un costume qui leur appartienne et qui soit leur costume habituel ; on leur demande l'engagement de continuer à le porter dans l'avenir. En échange de cet engagement et des avantages qu'il procure à la conservation du costume national, on leur donne une satisfaction dont ils se montrent très fiers : on les nomme gardiens du Musée du Nord, musée ethnographique, de meubles, de curiosités ; on les emploie aussi comme gardiens des Monuments du parc de Skansen, où sont conservés, comme en un Musée de plein air, infiniment instructif, les plus jolis clochers, chapelles, fermes et maisons, datant des siècles passés, ou conformes au type des habitations d'une des provinces de Suède. Ces gens sont très fiers de se trouver chargés de ces fonctions ; le plus souvent, d'ailleurs, ils sont employés pendant le chômage des travaux de l'industrie qu'ils exercent ou de l'agriculture. Ces gens sont très heureux de leur mission, et se montrent véritablement dignes de l'assistance qu'on leur donne, car ils reçoivent un traitement. D'autre part, pour le voyageur, il y a un intérêt considérable à être sûr que les costumes qu'il observe ne sont pas truqués, et qu'ils sont portés par des gens qui ont bien l'habitude d'en être vêtus. D'un autre côté, il y a, dans cette sorte de parc national qu'est le parc de Skansen, des restaurants et des concerts ; et ce sont des gens engagés dans les mêmes conditions que les gardiens du Musée, dont je viens de parler, qui font en même temps le service de ces restaurants ; de plus, à des heures déterminées, ils exécutent des danses nationales et chantent des chansons de leur province, si bien que les chansons, les danses et les costumes sont fidèlement conservés par ces braves gens. Je crois qu'il y a là quelque chose de très intéressant pour la conservation du costume et des traditions locales. Cette même Société est encore affiliée à des Sociétés de dames, qui vendent les ouvrages que ces gens fabriquent pendant leurs loisirs, alors qu'ils gardent le Musée. Ils ont ainsi un moyen d'augmenter encore leur pécule.

Je crois que rien ne serait plus précieux que cette idée ingénieuse, pour faciliter l'œuvre de conservation des traditions nationales. Il serait bon de rapprocher cette tentative de celle que firent Moriss, le grand esthéticien anglais, et Ruskin, son associé, pour conserver les traditions anglaises. Il y a là quelque chose dans cette idée suédoise, me semble-t-il, qu'il importe de vulgariser et d'imiter toutes les fois qu'on le pourra. (Applaudissements.)

M. Beauquier. — J'ajouterai à l'intéressante communication qui vient d'être faite, mon expérience personnelle. Il y a trois mois, j'étais à Stockholm avec la délégation parlementaire, et nous avons justement assisté, dans ce Musée, à des danses nationales, en costume national, mais on ne nous a pas fourni les explications.

M. de Barck. — Il y a une partie de la Suède, où tout le monde porte le costume national, par exemple la Dalécarlie.

M. Beauquier. — Nous n'avons pas vu la Dalécarlie, mais même dans des fjords très éloignés, nous n'avons pas rencontré un seul costume national. C'est désolant.

M. le Président. — Permettez-moi d'ajouter un renseignement rétrospectif. Les Romains, eux-mêmes, enveloppaient leurs morts dans la toge, quand ils avaient abandonné la toge, durant leur vie, pour adopter la tunique grecque, parce qu'ils pensaient qu'il était odieux de paraître devant les ancêtres sans le costume national. (*Applaudissements*).

M. Benoit-Lévy. — Je reviens de Suède et j'ai été enthousiasmé, non seulement de l'accueil que nous y recevons, nous autres Français, mais aussi de ce que j'ai vu. Je me demande pourquoi les Sociétés régionalistes ne feraient pas un peu plus de propagande, n'organiseraient pas un grand mouvement, pour reconstituer les costumes nationaux.

M. Beauquier. — C'est ce que nous faisons. Nous avons même tenu une grande fête aux Tuileries.

M. Georges Benoit-Lévy. — Il faudrait que le mouvement continue d'une façon permanente et l'organiser en province.

Il y a aussi un endroit en Suède, où on retrouvera toutes les anciennes traditions, où on entendra les anciens chants, où on verra les anciennes danses, C'est à Nees, où les jeunes filles de la meilleure société et les jeunes gens viennent passer plusieurs semaines dans le costume national. C'est un endroit absolument charmant.

***

Ajoutons, aux savantes explications de M. le comte de Barck, que la Suède protège ses richesses nationales depuis le XVIIe siècle. Sous le règne de Gustave-Adolphe (1611-1632), existait déjà un fonctionnaire spécial, l' « Antiquarius regni ». En 1814, il se produit un grand mouvement en faveur de la protection du patrimoine national, sous l'impulsion du professeur Spoborg, auteur de nombreux projets de restauration, aux frais de la Couronne. De nombreuses instructions sont adressées aux employés civils et ecclésiastiques. Signalons les ordonnances royales des 27 avril 1828, 29 novembre 1867, 30 mai 1873.

Et, en ce qui concerne les plans d'extension et d'embellissement des villes, la loi autorise les villes à acheter en masse des terrains pour les redistribuer.

SUISSE

C'est en Suisse peut-être que la question de la Protection des Paysages et des Sites offre le plus grand intérêt. La Suisse vit de ses étrangers. Quoi d'étonnant, dès lors, que nous trouvions dans la *Feuille centrale de la Société de Zofingue* (juin 1906), un exposé fort net de la question, par M. Dumas, pasteur à Nyon :

« Une cause d'enlaidissement est spéciale à la Suisse, l'industrie des étrangers : nous sacrifions tout à ces hôtes d'un jour, quitte à mettre en fuite les sincères admirateurs de notre nature. Ce n'est plus la nature qui attire les étrangers dans notre pays, c'est la mode. » et M. Wagnières, publiciste à Genève, ajoute : « C'est ainsi que nous voyons la Suisse s'enlaidir : 1° par tout ce qu'elle détruit, nos villes, en abattant, sans miséricorde et souvent sans aucune nécessité, leurs monuments anciens, leurs vieux murs, leurs vieux arbres, dépouillant peu à peu tout caractère, toute expression, toute figure ; 2° par beaucoup de choses nouvelles qu'elle édifie, constructions baroques, pompeuses, banales, de style étranger et surtout de faux luxe qui ne s'harmonisent ni avec notre horizon, ni avec notre ciel, ni surtout avec les maisons anciennes, près desquelles elles s'élèvent ; 3° par le développement inévitable des chemins de fer et de la grande industrie ; par le développement parfaitement évitable des hôtels-casernes, des affiches abominables, de mille choses laides et bêtes qui déparent les Sites les plus admirables de notre pays. » Et ces messieurs résument ainsi leur programme : « Nous voulons faire de la beauté un objet d'utilité publique. »

Il existe en Suisse de nombreux groupements pour la Protection des Paysages : l'*Union grisonne pour la Protection des beautés de la nature*, *La Société pour la Protection des Sites de Montreux*, sans oublier le *Heimatschutz*, ou Ligue pour la beauté, fondée à Berne le 1er juillet 1905, et dont nous avons parlé au début de cet ouvrage.

Le programme de protection des Sites et Paysages, tel qu'il est exposé par M. Felder, professeur à Saint-Gall, comprend l'inventaire des monuments intéressants, des belles constructions, des blocs erratiques, des ruines. Education populaire du goût : les choses et leur récit historique, excursions instructives en commun. Achat par les communes, l'Etat ou les Sociétés, pour collections de spécimens de la flore ou de la faune. Mesures internationales pour la Protection des oiseaux chanteurs. Représentation, par l'image, des lieux menacés, etc...

Parallèlement, la Protection des Monuments est assurée. Il existe, depuis le 25 février 1889, une commission confédérale pour la Protection des Monuments suisses. Le 2 juin 1892, il s'est fondé une association qui se propose d'intéresser de plus en plus le public à la Protection des souvenirs de la patrie. En 1893, elle comptait 29 membres : ce sont des représentants des différents musées qui se réunissent chaque année pour débattre les intérêts communs. Dans le canton de Vaud, il existe un règlement du 22 avril 1899, qui crée une Commission des Monuments historiques. Les Monuments historiques du canton de Vaud ont été classés par arrêtés du Conseil d'Etat du 25 mai 1900, 30 juillet 1901, 25 novembre 1902, 25 décembre 1903. A Berne, nous trouvons une loi du 27 mai 1901 et un règlement du 13 août 1902. A Neuchâtel, il existe une loi du 4 novembre 1902 sur la conservation des Monuments historiques. Dans les cantons du Valais et du Tessin, signalons deux projets de 1905 et 1906.

***

La parole est donnée à M. Raoul de CLERMONT, pour l'exposé de son rapport sur LA CONFÉRENCE MONDIALE DE LA HAYE POUR LA PROTECTION DES RICHESSES NATURELLES.

M. le président Roosevelt, dans son message au Congrès, s'exprime ainsi : « La Nation doit comprendre, dit-il, que tout en disposant de ressources naturelles immenses, le danger de leur épuisement existe, en raison du développement croissant de tous les Etats de l'Union.

» Il faut en finir avec ces abus redoutables ; *les richesses naturelles ne doivent pas être livrées à l'exploitation privée sans le contrôle de l'Etat.* »

M. le président Roosevelt mit en action ses paroles et invita, le 6 janvier 1909, pour le mois de septembre de la même année, à une Conférence mondiale à La Haye, les quarante-cinq nations représentées à la Conférence de la Paix.

Cette Conférence avait pour but de trouver les meilleurs moyens de protéger les sources mondiales d'énergie naturelle, les forêts, les mines, les lacs et les fleuves, et de faire un inventaire de toutes les ressources naturelles indispensables à la vie économique de chaque pays.

Elle devait rechercher une solution théorique et pratique au difficile problème de l'économie nationale et internationale pour préciser dans chaque pays ce qui devait être fait et pratiquement exigé pour la conservation des richesses naturelles.

Les travaux de cette Conférence devaient aboutir à un plan de préservation méthodique des richesses économiques de chaque pays.

Le 20 février 1909, des pourparlers ont été entamés entre le Gouvernement américain et le Gouvernement hollandais. Celui-ci ayant accepté la réunion à La Haye, des négociations ont été faites en vue de l'adhésion des 45 Etats invités.

La plupart approuvèrent l'idée et décidèrent que chaque Nation se ferait représenter à La Haye par un nombre de trois à cinq délégués (1).

La Société pour la Protection des Paysages de France chargea sa sous-commission législative d'étudier la question. Celle-ci, amplifiant le programme que proposait M. Roosevelt, adopta pour ses travaux celui du *Heimatschutz*.

Je vous proposerai donc, comme conclusion, de voter la résolution suivante :

« Que la Conférence internationale de 45 Etats à La Haye, projetée par M. le président Roosevelt, ne se borne pas seulement à la préservation des chutes d'eau, mais qu'il soit tenu compte de toutes les questions pouvant intéresser le programme du *Heimatschutz*. »

Le vœu est adopté.

Parlant ensuite du projet de la Fédération internationale de toutes les Sociétés, s'occupant de la Protection des Richesses naturelles et régionales, M. Raoul de Clermont signale que la S. P. P. F. a nommé une sous-commission spéciale pour étudier la question. Que cette sous-commission, dont il est le Rapporteur, n'a pas terminé ses travaux et qu'il y aurait intérêt à ajourner cette question au prochain Congrès. Le Congrès, adoptant ses conclusions, vote le vœu suivant :

« Le Congrès, adoptant le principe de la Fédération internationale de toutes les Sociétés pour la Préservation des Richesses naturelles et régionales, charge M. Raoul de Clermont de présenter son rapport sur cette question au prochain Congrès. »

---

(1) Voir *Bulletin S. P. P. F.* 1909, page 12.

IV

Questions de législation nouvelle

Dans cet ordre d'idées, deux questions ont été soumises au Congrès : la question du Classement obligatoire, moyennant indemnité, et la question de la Protection de l'Esthétique des Villes et des Plans d'extension.

M. de Villemereuil donne lecture du rapport de M. F. Cros-Mayrevieille, sur LE CLASSEMENT OBLIGATOIRE MOYENNANT INDEMNITÉ.

M. R. de Clermont, en son rapport fort documenté, nous a présenté tout un côté de l'œuvre de la Société pour la Protection des Paysages de France, le côté législatif, et il nous a montré comment, avec son inlassable et surprenante activité, M. Beauquier, président de la Société, poursuit la création d'un Code des Paysages (1). Notre distingué collègue nous a dit que toute la loi fondamentale de 1906 gravitait autour des attributions d'un nouvel organe, la Commission départementale des Sites, organe souple, adapté à la région, en connaissant les besoins et les richesses naturelles. Excellente idée de décentralisation, susceptible d'éveiller les initiatives locales. Vous savez aussi que M. Beauquier, dans ses propositions de lois, n'a jamais manqué une occasion d'accroître encore l'importance de ces rouages régionaux, au point d'en faire d'ici peu, ce que M. de Clermont a fort justement nommé : « Un conseil départemental d'hygiène et de beauté ».

Nous avons à nous demander si ces assemblées locales, organisées en France dans l'été de 1906, ont répondu aux légitimes espérances que l'on fondait sur elles ; et si ces espérances ont été trompées, nous en devons rechercher les causes afin d'y porter remède.

Je ne m'arrêterai point à des critiques adressées à ces nouveaux organes, critiques qui, à mon avis, ne sauraient supporter l'examen. Critiques quelquefois légères, comme celle adressée par M. Th. Richard (2) à la méthode de classement et à cette commission « présidée par le Préfet et comprenant un si brillant état-major de chefs de services administratifs », car il nous suffit de faire remarquer que la présence au sein de la commission de cinq membres, choisis parmi les notabilités des arts, des sciences et de la littérature, peut fort avantageusement contrebalancer l'influence d'un « état-major » qui n'est, en somme, composé que des chefs des services intéressés.

Critiques quelquefois plus acerbes, comme celles de M. Edouard Trogan, dans le *Correspondant* (3).

Pour M. Trogan, qui écrivait en 1908, il n'est point de maux, de tracasseries administratives, dont la loi de 1906 ne nous menace :

(1) V. Rapport R. de Clermont, p. 20.

(2) V. Th. Richard : La loi du 21 avril 1906 et la Protection des Sites, article dans l'*Action Régionaliste*, p. 405 et suiv.

(3) V. Edouard Trogan : Les Œuvres et les Hommes ; L'Acheminement lent vers l'idée socialiste; Les Résultats acquis dans la Protection des Sites publics. Les Bons et les Mauvais côtés de la loi. Le Site et le Propriétaire. Une définition. Accordéon. — La première alternative : Classement et intangibilité. — Les Illusions d'une âme parlementaire. — Les Complications sans issue. — L'absence d'un organe ou d'une procédure. — La Seconde alternative : Expropriation par le département ou la commune. Un Dangereux instrument de chantage politique. — L'arbre de l' « Intérêt général. »

Revue *Le Correspondant*. 25 août 1908, p. 806 et suiv.

« Voici, je suppose, un vieux manoir, dit-il. Quand vous l'avez acquis ou reçu en héritage, il s'offrait aux yeux, banal, pelé, galeux, d'un délabrement sans la moindre poésie. Vous l'avez aimé, vous lui avez créé un cadre de verdure à votre goût. Comme vous êtes artiste, vous l'avez fait valoir en le conservant. Vous avez revêtu ses flancs, sans style précis et d'une apparence lépreuse, de manteaux de glycines et de roses grimpantes. Vous l'avez entouré d'essences rares. Sur la ligne d'horizon, au lieu de surgir brusque et agressif, il commande toute une masse d'arbres qui lui font un cortège harmonieux. Vous aviez un bloc de maçonnerie, vous avez créé un Site, le fameux Site ! Et vous vous croyez le maître de votre « création ». Et tout le monde l'admire. Voilà bien le danger ! Vous rêvez de le compléter, d'en améliorer encore l'aménagement. Halte ! Surgit une commission, armée d'une loi. Et l'une portant l'autre, vous déclare : « Ce Site que vous avez créé, dont le public vous est redevable, ne vous appartient plus. Vous prétendez le parfaire ? Pas du tout, nous le trouvons très bien ainsi, n'y touchez plus. »... Ces gens-là, vous dis-je, « classeraient » le Paradou et tailleraient à la toise ses frondaisons rebelles ! »

Et M. Trogan de craindre que la loi, mal appliquée, ne devienne un instrument de torture politique. « S'il s'agit, dit-il, de taquiner, de molester un adversaire politique, croyez-vous vraiment qu'on n'en trouve pas le facile moyen ? »

Suivons l'exemple choisi par M. Trogan, et pénétrons avec lui dans la vieille maison :

« Vous avez, dit-il, la faiblesse de l'aimer assez pour y habiter ; et comme vous avez besoin de chaleur, tandis que la nature se repose sous son vêtement de neige et de glaçons, vous avez installé un calorifère. En plein hiver, un accident vous révèle, tout à coup, qu'il faut refaire un tuyautage extérieur, peut-être l'exhausser. Ne vous y fiez pas. Vous n'en avez pas le droit. Vous devez geler, souffrir rhumes et bronchites, absorber toute la pharmacopée du Codex, mais ne pas toucher à votre calorifère. Crevez de froid, si le cœur vous en dit, mais ne modifiez pas l'aspect extérieur. Parce que vous comprenez, le *Site !*..... « Adressez-vous à la commission », me dit-on, *Bone Deus !* Une commission d'art, qui se compose de dix membres et qui devrait se réunir d'urgence, en plein hiver, pour autoriser un fumiste à exercer son métier ! »

M. Trogan est bien obligé cependant de reconnaître que le propriétaire peut refuser le classement. Mais alors, selon lui, le danger est autrement redoutable, car c'est « la menace d'une expropriation à brève ou à longue échéance, qui peut rendre la vie insupportable. »

Pour étayer une thèse, qu'il soutient d'ailleurs avec beaucoup d'humour, M. Trogan a mis les choses au pire et il est bien des petits côtés de la question qu'il n'a pas envisagés, parce qu'ils l'auraient peut-être un petit peu embarrassé. C'est ainsi qu'il omet de dire que le classement ayant un caractère essentiellement contractuel (1), il appartient au propriétaire consentant de stipuler telle condition qu'il jugera convenable de mettre à son consentement et notamment de définir ses droits en matière de réparation. Il existe en cette matière, comme pour les monuments historiques classés, une certaine tolérance et il n'est point d'exemple que ce mode de protection de notre patrimoine d'art, ait pu dévier en un instrument de tyrannie.

Et d'ailleurs, supposons un instant avec M. Trogan que le « classement » puisse servir de terrain aux querelles de clocher, celui qui voudra nuire à son adversaire politique, n'hésitera-t-il point en songeant aux avantages qui seront accordés au propriétaire de la chose classée : exemption de certaines servitudes, possibilité de faire

(1) V. Cros. Mayrevieille : De la Protection des Monuments historiques, des Sites et des Paysages, Paris 1907, p. 97 et suiv.

contribuer l'État aux dépenses d'entretien (1) ? Est-ce jouer « un mauvais tour » à quelqu'un que d'en faire un privilégié ?

Mais comme M. Trogan, supposons un propriétaire qui, possédé d'un grand amour pour son lopin de terre, en fait un Paradou. Ce propriétaire — et je fais ici allusion, non plus à des hypothèses, mais à un exemple tiré de la réalité des faits — vient à mourir et croyant que l'œuvre qu'il a entreprise ne saurait être mieux placée qu'entre les mains de la collectivité, il lègue son domaine à sa ville natale, par amour du terroir. Celle-ci, aurait pu saisir là une exceptionnelle occasion de créer, sans bourse délier, un magnifique parc. Point ! Elle l'aliène. Et les acheteurs, plus pressés de réaliser que de conserver l'œuvre de l'ancien propriétaire, abattent les arbres, ménagent des clairières pour de maigres cultures. Le défunt avait semé son domaine de petits monuments de toutes époques : des statues garnissaient les allées, alternant avec des vases. Dans un fourré, un dieu Terme, là un petit temple formé de fûts et de colonnettes d'une extrême élégance. Maintenant abandonné, le domaine, qui était un parc boisé ravissant, unique dans la région, n'est plus qu'un rendez-vous de chasse, les statues croulent dans les fourrés, et les colonnettes du petit temple servent à étayer une garenne et au cours des chasses, un invité, en manière de distraction, fait rouler du pied au fond des ravins les fûts élégants dont s'énorgueillissait le défunt. Je le demande à M. Trogan, les volontés du défunt n'eussent-elles point été respectées si son parc avait été classé, de manière à empêcher tant d'irréparables déprédations !

Mais l'éminent critique du *Correspondant*, écrivait, en 1908, sans trop s'inquiéter des résultats acquis de l'application de la loi, et les événements ont donné tort à ses prophéties. Cette arme redoutable qu'on va brandir sur la tête de ses adversaires politiques, a fait aujourd'hui ses preuves et M. Changeur, secrétaire général de notre Société, nous a fait le dénombrement des Sites classés. Le nombre en est minime, quand on songe que la loi s'applique à l'ensemble du territoire français. C'est vraiment peu ! Et dans cette liste, que de départements qui ne sont pas représentés. Si nous devions nous plaindre, ce ne serait certes point qu'on ait abusé de la loi, qu'on l'ait détournée de son véritable but, mais bien qu'on ne l'ait pas assez souvent appliquée. Peut-être à cela y a-t-il une cause et c'est ce qu'il nous faut maintenant rechercher.

Réunies péniblement une ou deux fois dans chaque département, les Commissions des Sites, semblent apporter à l'accomplissement de leur tâche une certaine mollesse et bientôt les travaux des Commissions et les listes des membres qui les composent ont regagné les cartons inlassablement verts de la préfecture. Il faudra, pour les en faire sortir, les efforts les plus réitérés. Et cependant, pour stimuler le zèle des Commissions, disons même, pour leur révéler parfois leur propre existence, la Société pour la Protection des Paysages de France a édité un tout petit commentaire de la loi de 1906, brochure commode, d'un format de poche, qui peut rendre quelques services au cas d'embarras. Peine perdue, et il est tel département où la Commission laisse échapper les plus belles occasions d'intervenir utilement.

Faut-il, avec M Gassot de Champigny (2), se demander si on n'a point trop compté sur les maires et sur les préfets en leur donnant, et à eux seuls, le droit d'exproprier pour protéger les paysages ?

Mais là ne nous semble pas être la cause principale d'une telle apathie. On ne saurait, sans quelque injustice, faire retomber sur les Commissions départementales des Sites la responsabilité des omissions commises et il y a lieu de se demander si cette arme que M. Trogan nous montrait terrible n'est point bien souvent un sabre de

(1) V. Cros-Mayrevieille, loc.. cit., p. 134 et suiv.
(2) Gassot de Champigny : La Protection des Sites et Paysages, Paris 1909, p. 63.

bois. Loin de critiquer la loi de 1906, qui a été un pas décisif dans une voie où nous voudrions voir se réaliser encore quelques progrès, nous savons qu'elle n'est que le résultat d'une transaction. Devant le Parlement, les apôtres des Paysages ont accepté le moins, sachant fort bien qu'ils n'auraient pas le plus. Mais ils sont toujours prêts à réclamer ce « plus » ! Quel est donc ce « plus ».

A l'heure actuelle, un Site intéressant, digne d'être conservé, ne peut-être classé qu'avec le consentement exprès du propriétaire ; en un mot, le classement, comme nous l'avons dit, est un contrat synalagmatique. Et c'est bien là sa faiblesse, car pour former un contrat, il faut être deux à vouloir.

Sans doute, l'expropriation pour cause d'utilité publique, ou plutôt de Beauté publique, peut être poursuivie. Ce n'est là qu'une hypothèse théorique, car on ne saurait citer un exemple d'expropriation intervenue dans ces conditions. La raison en est bien simple quand on songe aux sommes à payer à titre de justes et préalables indemnités ! Et cela est si vrai qu'on n'a pu recourir à l'expropriation pour sauvegarder l'un des plus merveilleux sites de France, le Mont Saint-Michel (1) !

Donc, l'expropriation est d'une part trop onéreuse, le classement souvent inefficace, comme se heurtant au mauvais vouloir des propriétaires.

Pour tourner la difficulté, on a eu quelquefois recours à des stratagèmes. C'est ainsi que ne pouvant obtenir de propriétaires le consentement au classement de leurs immeubles, on a eu la pensée de recourir à la loi du 15 février 1902, « sur la protection de la santé publique » permettant de limiter la hauteur des immeubles dans un but d'hygiène (2). L'Etat ou le département pourraient encore exproprier pour revendre ensuite l'immeuble grevé de servitude de classement. Mais ce ne sont là qu'expédients qui peuvent au surplus donner lieu, pour certains à des recours pour abus de droit, car on ne saurait à ce point fausser le sens d'une loi, qu'on puisse l'employer dans un but autre que celui auquel elle était destinée.

Un intérêt général s'attache à la protection de notre patrimoine national. On ne saurait permettre que par mauvais vouloir ou parti pris, un particulier se dresse contre cet intérêt général. On doit pouvoir imposer le classement. C'est le système du classement obligatoire moyennant indemnité.

A vrai dire, l'idée n'est point neuve. En ce sens, une tentative fut faite en ce qui concerne la Protection des Sites et Paysages. Nous l'avons déjà dit, le système transactionnel de la loi du 21 avril 1906 n'a été, par ses auteurs, accepté que comme un pis-aller. Le projet de loi déposé sur le bureau de la Chambre, le 23 juin 1903, dans le paragraphe 2 de son article 4, contenait une disposition ainsi conçue : « *Le département ou la commune pourront, s'ils le jugent plus avantageux, poursuivre l'établissement, moyennant indemnité préalable, d'une simple servitude de ne point modifier les lieux.* »

C'était là, pour les auteurs de la loi, un point essentiel. Mais M. Chaumié, alors Ministre de l'Instruction publique, fit savoir que jamais il n'accepterait la loi avec une clause pareille, que ce serait bien souvent déprécier une propriété et qu'on ne saurait alléguer, comme dédommagement, une indemnité à fournir. M. de Ségogne, avocat à la Cour de cassation et au Conseil d'Etat, insista d'une façon assez vive, faisant remarquer qu'une telle servitude ne frapperait point les terres de grandes cultures, partant de grand rapport, mais des biens souvent sans valeur, des propriétés peu productives, qui détiennent un peu le record du pittoresque. Mais le Ministre ne voulut point céder. Et c'est ainsi que la loi du 21 avril 1906, ne prévoit que le classement contractuel et volontaire.

Contre le classement obligatoire, moyennant indemnité, deux auteurs se sont éle-

(1) Voir Cros-Mayrevieille, loc. cit., p. 192.
(2) Voir André Hallays : *Journal des Débats*, 8 mars 1907. Feuilleton : *En Flânant.*

vées : M. Ducrocq (1) et M. Pariset (2). Pour le premier, le classement obligatoire déroge au droit de propriété et au droit commun, en apportant une restriction assez grave. Pour le second, nous ne sommes pas en présence d'une servitude du droit civil, il n'y a point à proprement parler démembrement du droit de propriété et il ne saurait, dès lors, y avoir lieu à indemnité.

On pourrait répondre à M. Pariset, que la déduction logique est souvent le *summum jus, summa injuria.* Qu'importe qu'il n'y ait point exactement servitude du droit civil, il y a certainement atteinte au droit de propriété. Or, ce droit de propriété se décompose en exercice et jouissance du droit. Que l'un de ces deux facteurs soit diminué, et il est certain que le droit de propriété lui-même est atteint. Ainsi se légitime la nécessité d'une indemnité juste et préalable.

A M. Ducrocq nous répondrons que s'il y a dérogation au droit commun, ce n'est point le premier exemple que nous rencontrons. La vie en Société impose aux individus des sacrifices et la longue liste de nos règlements municipaux n'est qu'un ensemble de limitations aux droits de chacun. Ainsi sont réglementées les professions, par exemple les étals de bouchers, etc., etc... En cette matière, il convient avant tout de déterminer bien exactement l'intérêt supérieur devant lequel devra plier l'intérêt individuel, cet intérêt pouvant être celui de l'art, celui de l'hygiène ou celui de la beauté !

On reconnaîtra facilement que la somme à débourser sera moindre que celle qu'il faudrait employer pour atteindre l'expropriation totale et le propriétaire, largement et préalablement indemnisé, gardera d'ailleurs la propriété et, n'en ayant perdu que certains attributs, ne saurait se plaindre d'une dépossession.

Ainsi, le système qui consiste à imposer le classement est seul efficace, comme permettant une réelle sauvegarde du patrimoine artistique qui se trouve entre les mains des particuliers, seul il est éminemment juste puisqu'il dédommage le propriétaire des préjudices subis.

C'est d'ailleurs là un système vivement préconisé par l'éminent critique d'art, membre de notre Comité directeur, M. André Hallays. M. Gassot de Champigny en a aussi indiqué les heureux effets dans son récent ouvrage sur la Protection des Sites et Paysages. (Paris 1909.)

⁂

Accessoirement, il est une autre mesure dont je voudrais vous dire rapidement deux mots : Je veux parler du classement testamentaire. Voyons ce qu'il faut entendre par là. Reprenons l'exemple de tout à l'heure : Un propriétaire qui a apporté tous ses soins à la transformation de sa propriété en un parc. Il ne peut point recourir au classement. Mais il craint que ses héritiers, moins respectueux que lui du bien de leurs pères ne soient tentés d'y porter la main. Pourquoi même, en l'état actuel des choses ne pourrait-il conserver l'usage entier de sa propriété de son vivant et imposer la servitude de classement à ses héritiers et cela par une simple clause de testament que l'Administration compétente demeurerait libre, bien évidemment, d'accepter ou de refuser. C'est une idée qui séduit fort M. André Hallays et j'avoue que je partage son sentiment sur ce point.

La conclusion de mon rapport sera fort simple : si les Commissions départementales des Sites accusent tant de négligence à se réunir, c'est que l'outil qui a été mis entre leurs mains n'a point peut-être toutes les qualités qu'on en pourrait attendre. Il ne s'agit point de changer l'outil, qui peut être excellent, mais simplement de l'aiguiser.

(1) Ducrocq : Loi sur la Conservation des Monuments, Paris 1889.
(2) Pariset : Les Monuments historiques. Paris 1891.

M. le Président félicite M. Cros-Mayrevieille de son rapport. Nous ne serons jamais trop armés, ajoute M. le Président, pour défendre les Paysages. Je crois que nous serons tous d'accord ici pour voter ce vœu.

M. de Villemereuil répond que ce vœu donne satisfaction à un mouvement qui se dessine partout, dans tous les pays, en demandant le remplacement de l'expropriation totale, fort onéreuse, par l'expropriation partielle.

M. Beauquier. — En l'état actuel on ne peut pas imposer l'expropriation partielle.

M. le Président. — C'est précisément pour cela que M. de Montenach a proposé l'établissement d'une servitude de beauté. Avec une servitude de beauté, on peut vous empêcher de faire telle ou telle chose sans vous indemniser en rien.

Il s'agit d'un nouvel état législatif à créer. Le Congrès est-il d'avis d'entamer cette discussion ?

M. Georges Harmand estime que la question, à raison de son importance, devrait être renvoyée à un prochain Congrès, mais il indique à titre d'exemple, le fait suivant qui s'est passé à Bruxelles.

Le bourgmestre, M. Buls, avait à restaurer la Maison du Roi et la Maison du Peuple de la Grand'Place. Pour que les deux édifices fussent dans un cadre digne d'eux, il fallait restaurer la totalité des façades. Il fallait racheter tous les immeubles, ou décider les propriétaires à reconstituer leurs façades. M. Buls a inventé le procédé suivant. Grâce à l'initiative communale, il a dit aux propriétaires (au lieu de les exproprier) : Si vous avez besoin de faire faire des travaux à vos façades, un certain nombre d'entre vous vont être obligés d'emprunter de l'argent. Je vous en prête, moi, à 2 1/2 au lieu de 3 et 4 % et pour trente ans, c'est-à-dire à des conditions plus avantageuses que celles que les banquiers pourront vous offrir. Seulement, j'aurai un privilège sur vos façades.

La Municipalité de Bruxelles était obligée d'emprunter cet argent à un taux plus élevé que celui auquel elle prêtait, mais elle ne donnait pas une subvention, elle ne plaçait pas de l'argent à fonds perdu. Les propriétaires ont tous accepté. Il y avait quatre immeubles appartenant à des mineurs qui ne pouvaient s'engager pour trente ans, mais les tuteurs ont emprunté pour dix ans, jusqu'à la majorité de leurs pupilles. De cette façon, la ville de Bruxelles a réussi à conserver un de ses plus beaux sites, sans rien donner, puisqu'elle rentrera dans son argent.

M. Beauquier déclare que jamais on ne fera adopter au Parlement un texte décrétant l'expropriation sans indemnité.

Après une courte intervention de M. de Clermont, qui pense qu'il suffirait de demander aux pays qui n'ont encore pris aucune initiative législative, de prendre comme modèle la loi Beauquier, l'Assemblée décide de renvoyer la question au prochain Congrès.

***

NOTA. — Comme complément du rapport de M. F. Cros-Mayrevieille, voici, à titre documentaire, un rapport officiel relatif à l'application de la loi Beauquier :

RAPPORT à M. le Sous-Secrétaire des Beaux-Arts sur l'Application de la Loi du 21 avril 1906 pour la Protection des Sites et Monuments naturels de caractère artistique. (Annexe au rapport de M. Maurice Faure, Sénateur, sur la proposition de loi contre l'abus de l'Affiche-Réclame (Sénat 1910, n° 84).

Bien que la conservation des Sites et Monuments naturels soit encore dans une période d'organisation et d'études, on peut déjà apprécier les heureux effets de la loi du 21 avril 1906. A l'heure actuelle, les Commissions régionales instituées par cette loi se sont réunies dans les différents départements, et ont arrêté l'ordre de leurs travaux. Plusieurs ont saisi l'Administration d'un certain nombre de propositions qui ont déjà abouti à cinquante-deux arrêtés prononçant le classement de divers Sites ou Monuments (1). Et s'il n'est pas encore intervenu un plus grand nombre de classements, c'est que beaucoup de propositions n'avaient pas été soumises à toutes les formalités prévues pour l'instruction des demandes.

Sans doute les propositions présentées au Ministre par les Commissions départementales ne s'appliquaient pas toujours aux Paysages les plus pittoresques de la région ; elles concernaient surtout des Sites ou des Monuments dont la disparition ou l'altération paraissait à craindre.

Cette constatation s'impose ; mais elle met simplement en lumière la complexité de la tâche et les difficultés multiples en présence desquelles l'Administration se trouvera nécessairement dans l'Œuvre de Préservation qui lui incombe.

La loi du 21 avril 1906 se réduit à quelques articles des plus sommaires et des plus concis ; le législateur a seulement déterminé les pouvoirs dont l'Administration dispose, en s'efforçant de concilier, avec les intérêts particuliers, les devoirs qui s'imposent à l'Etat pour la Protection des Richesses naturelles du pays. Sur ce point, d'ailleurs, elle est restée conforme aux règles générales de notre régime administratif, en exigeant l'adhésion des propriétaires intéressés au classement des terrains qui leur appartiennent. A défaut du consentement des intéressés, l'Etat pourra avoir recours à la procédure d'expropriation. Cette exigence ne soulève aucune difficulté de principe ; elle peut seulement avoir pour résultat d'occasionner à l'Etat des sacrifices financiers plus ou moins onéreux.

A un autre point de vue, la loi n'est pas plus explicite. Elle ne précise pas d'une manière rigoureuse les obligations que le classement entraîne, ni les devoirs qui s'imposent, à cet égard, à l'Administration. C'est là un problème des plus délicats, car l'intérêt qui s'attache à l'intégrité d'un paysage peut se trouver en conflit, non plus avec des droits privés, mais avec des nécessités sociales, avec des exigences économiques.

Dans bien des cas, les préoccupations artistiques les plus légitimes auront à se concilier avec les intérêts du Commerce, de l'Industrie, avec l'utilisation des forces naturelles lorsqu'il s'agira, par exemple, de construire une usine, d'exploiter une carrière, de défricher un terrain, ou de détourner, dans un Site intéressant, pour en capter la force motrice, un torrent ou une rivière. L'Administration des Beaux-Arts ne pouvait songer à condamner, au nom de la loi de 1906, toutes les initiatives particulières qui auraient pu, dans une mesure plus ou moins grande, porter atteinte, dans un intérêt peut-être primordial, à l'aspect d'un Paysage.

Il convient d'observer, d'autre part, que des années s'écouleront avant que, dans les différentes régions de la France, on ait pu prononcer le classement des Paysages les plus remarquables ; et, quels que soient d'ailleurs le nombre et l'étendue des propositions de classement qui seront accueillies, il serait vain de penser que tous les aspects pittoresques du pays se trouveront un jour englobés dans cette Protection administrative.

Pourtant, il est éminemment désirable qu'en dehors des délimitations plus ou moins arbitraires auxquelles procèderont les Commissions départementales, on ne puisse transformer fâcheusement ou abîmer irrémédiablement l'aspect d'un bois, les rives d'un fleuve, la beauté d'un point de vue, sans que l'Administration des Beaux-Arts, à qui incombe leur conservation, soit au moins à même de donner un avis ou de formuler une protestation. Son intervention en pareille matière serait-elle dépourvue de toute sanction effective, elle n'en serait pas moins de nature à provoquer des modifications plus ou moins sensibles, dans l'étude d'un projet contraire à la Beauté naturelle d'un Paysage.

(1) Voir cette liste p. 31.

Dans l'imprécision forcée des textes, l'Administration des Beaux-Arts devait se trouver amenée à entrer en rapports directs avec les services publics qui pouvaient, le cas échéant, léser les intérêts dont elle a charge. C'est dans cet esprit qu'elle a fait appel au concours du Ministère de l'Agriculture, lorsque des réclamations ont été formulées à l'encontre des barrages projetés sur l'Oise, à l'île Saint-Martin, et sur la Creuse, entre Crozant et le Pin.

A la suite d'un vœu émis par la Société de protection des Paysages de France, elle a également demandé aux Ministères de l'Agriculture et des Travaux publics de soumettre désormais, avant toute exécution, à l'examen des Commissions départementales, les projets de travaux ou d'installations qui pouvaient avoir pour effet d'altérer le caractère de Paysages intéressants.

A la suite de diverses protestations qui s'étaient fait jour en faveur de la conservation de quelques-unes de nos plus belles forêts, le département de l'Agriculture a pris fort à propos l'initiative d'un projet de loi qui règlemente l'exploitation des richesses forestières, de façon à prévenir les coupes abusives et les défrichements inopportuns.

Il est permis d'attendre les résultats les plus heureux de cette entente, de plus en plus étroite, entre les diverses Administrations appelées à collaborer à cette Œuvre de Préservation, ainsi que du concours qui sera certainement apporté aux services des Beaux-Arts par les particuliers, lorsque ceux-ci connaîtront mieux l'existence et le fonctionnement de la loi du 21 avril 1906.

La loi de 1906, en dépit de son apparente insuffisance, est donc le point de départ d'un mouvement de plus en plus accentué et fécond en faveur de la Protection de nos Richesses naturelles.

Tout récemment, M. Beauquier, président de la Société de Protection des Paysages, a saisi le Parlement d'une proposition de loi qui a pour but de remédier aux abus de l'affiche-réclame, en interdisant l'affichage dans les Sites ou sur les Edifices d'un caractère artistique. L'Administration des Beaux-Arts ne peut que s'associer à cette proposition.

La conservation des Sites et des Monuments naturels impose donc aux services des Beaux-Arts des devoirs nouveaux, qui nécessiteront, dans l'avenir, une intervention de plus en plus active et efficace. On ne peut, dès maintenant, tracer exactement les limites de cette action qui se manifestera certainement sous les formes les plus diverses. Des problèmes nouveaux ne manqueront pas de se poser, à l'occasion de l'application de la loi du 21 avril 1906. Il est permis de penser que l'Administration, tout en respectant scrupuleusement les intérêts de la propriété privée, saura poursuivre utilement l'Œuvre de Préservation qui lui incombe, grâce à l'initiative des Commissions départementales, grâce aussi à la collaboration officieuse de tous ceux qu'intéresse la conservation de notre patrimoine artistique et pittoresque.

***

La deuxième question, envisagée au point de vue d'une législation nouvelle, est relative « au Paysage et la Ville », vaste question comprenant celle des Espaces libres, des plans d'extension et d'embellissement et un projet de constitution de servitudes de Beauté.

La parole est tout d'abord à M. Georges DE MONTENACH, député au Grand Conseil du canton de Fribourg, sur LE PAYSAGE ET LA VILLE.

Pendant le courant du XIXe siècle, toutes les villes, et je parle aussi bien des grandes métropoles que des petites cités de seconde et troisième catégorie, ont subi de profondes modifications, elles ont perdu en partie, ce qui faisait leur parure ancienne, ce qui dans chaque région, les distinguait les unes des autres et donnait à chacune une physionomie bien caractérisée.

Presque toutes ont vu leur population s'accroître, plusieurs d'une manière démesurée, par l'afflux d'une population immigrée, qui n'avait ni les mœurs, ni les traditions, ni les habitudes municipales, ni le sens historique des anciennes populations. Pour faire place à ces nouveaux venus, des quartiers anciens, qui symbolisaient dans leurs pierres des siècles entiers de gloire locale, toute l'histoire du passé, ont été brutalement démolies, et on les a remplacées par des bâtisses neuves sorties de terre comme des champignons et toutes semblables à peu près sous la misérable livrée utilitariste qui leur était imposée.

Le développement de l'industrie, l'établissement des chemins de fer ont amené la construction des faubourgs chaotiques, composés de cités ouvrières, d'usines et d'entrepôts, et les agglomérations urbaines ont ainsi perdu les lignes et les contours précis qu'elles avaient autrefois, pour devenir un immense espace qui envahit, dans le désordre, les campagnes environnantes, engloutissant sous l'avalanche des moellons, tout le paysage naturel.

Je n'ai pas besoin d'insister pour montrer combien fut préjudiciable non seulement à l'esthétique, mais encore au bon ordre social, ce changement radical et subit infligé aux cités sans aucune règle, ni aucune prévoyance.

Tous ceux qui s'intéressent à la question soulevée par moi, et je ne m'adresse pas à d'autres ici, reconnaissent que des fautes énormes ont été commises et qu'il a manqué à la plupart des villes, à ce moment décisif de leur histoire, des hommes sachant comprendre que leur croissance doit être régulière et prévue, que certaines lois d'aménagement ne sauraient être impunément violées, et qu'il ne suffit pas, pour rendre une ville belle, de conserver dans son sein quelques monuments anciens, soigneusement restaurés ou de construire quelques palais, d'élever des statues, mais qu'il faut harmoniser dans leur ensemble toutes les parties qui la constituent, maintenir entre elles un lien et éviter une banalisation générale.

On a pu dire avec raison : « que nous avions beaucoup de constructeurs de maisons, mais pas de constructeurs de villes » et à une époque de progrès général, nous n'avons pas su, dans ce domaine, respecter les règles indispensables, ni oser des innovations qu'un état social nouveau demandait.

Cependant, aujourd'hui, grâce aux travaux des Stubben, des Sitte, des Hallays, grâce à l'exemple des Bulles, des Broerman, grâce aux Congrès internationaux d'Art public, tout un mouvement d'opinion s'est produit en faveur d'un aménagement plus rationnel des habitations, des rues, des places urbaines, et nous pouvons espérer, qu'en cette matière, le règne du laisser faire et de la routine touche à sa fin.

Déjà, dans plusieurs pays, des projets de loi ont été soumis aux autorités compétentes, qui ont pour but de mettre fin à certains abus et d'introduire dans l'arsenal des lois des dispositions à la fois conservatrices de la Beauté ancienne et productrices d'une Beauté nouvelle, faite d'ordre et d'harmonie.

Cette législation qui n'est encore qu'à l'état embryonnaire se développera et des Congrès comme celui qui nous réunit, hâteront l'avènement de l'ère rédemptrice, en permettant la discussion publique de certains problèmes, la comparaison des méthodes et en excitant l'émulation générale.

M. le député Beauquier, président et initiateur de ce Congrès, vient de déposer à la Chambre française un projet de loi dans lequel, il insiste sur la nécessité d'imposer à toutes les municipalités l'établissement d'un plan d'extension qui les mettra, pour l'avenir, à l'abri de certaines surprises, de certaines aliénations inconsidérées du domaine public et de certains vandalismes inutiles et barbares ; qu'il me soit permis de le remercier de cette initiative pleine de promesses.

Je n'ai pas l'intention, ni la possibilité d'aborder dans ce rapport, la question de l'esthétique des villes dans son ensemble, je l'ai traitée, cette question, dans d'autres travaux, avec tout l'intérêt convaincu, sinon compétent, de quelqu'un qui voit son importance sociale et les liens intimes qui la rattachent, d'une part à la marche en avant de notre civilisation moderne, de l'autre au maintien et à la culture des sentiments patriotiques et des traditions nationales.

Dans ce Congrès, qui a pour objet la défense des Paysages et des Sites, on m'a demandé d'insister sur les relations étroites qui existent entre la ville et le milieu naturel où elle est placée, et de faire rentrer le paysage urbain dans la catégorie des choses qui méritent la protection et la sollicitude du Pouvoir.

Un humoriste l'a dit en plaisantant, sans se douter de la profondeur de ses paroles : « *Toutes les villes sont situées à la campagne* » et cela est parfaitement exact, car elles sont toutes placées dans un cadre naturel qui réagit sur elles ; auquel elles empruntent souvent, une grande partie de leur attrait et dont parfois elles détruisent malencontreusement le charme.

La ville ancienne savait employer son cadre naturel, elle s'en ornait pour sa défense, elle s'en paraît pour sa beauté, la ville moderne, au contraire, le méprise et le détruit impitoyablement, dès qu'il la gêne, et c'est ainsi qu'une coupure se fait toujours plus profonde entre les campagnes et les cités ; et ces dernières tendent de plus en plus à devenir étrangères à la région où elles sont placées, elles perdent contact avec les grandes et belles lignes du pays, elles deviennent un centre et un foyer d'exotisme.

Les villes sont des faits historiques et économiques, mais aussi et surtout des *faits géographiques*, et ce n'est point impunément qu'elles ne tiennent plus compte du sol où elles sont assises, des cieux qui s'étendent sur elles, du climat qu'elles ont à supporter, en un mot de toute une ambiance, dont on devrait au contraire se préoccuper sans cesse dans la construction des monuments et des maisons, dans l'emploi des matériaux, dans l'architecture, dans l'orientation des rues, dans l'exposition de nouveaux quartiers.

On ne devrait jamais oublier que la première parure d'une ville, c'est son sol parfois tourmenté, c'est le ruban d'argent du fleuve qui la traverse, c'est la colline verdoyante où elle s'étage, c'est la forêt qui la préserve, c'est l'horizon dont elle est entourée, tout cela forme pour elle les premiers, les meilleurs éléments de sa beauté, et de ces éléments, l'agglomération urbaine, dans son accroissement progressif, devrait savoir profiter davantage, au lieu de les méconnaître et de les saccager.

On a raison de défendre les Sites et les Paysages naturels, qui sont la parure de toute une contrée, contre les abus de l'affichage déshonorant, contre des exploitations industrielles dévastatrices, contre le mauvais vouloir de certains propriétaires, qui, par un étrange abus de leurs droits, prétendent pouvoir transformer sans contrôle, certains coins de pays, en quelque sorte classiques où l'artiste et le poète vont chercher leur inspiration, et qui sont pour l'humanité la source des plus nobles joies, l'aliment de l'idéal.

On aurait tort de ne pas comprendre parmi les Paysages qui doivent être respectés, préservés et sauvegardés, ceux que la ville forme et où le travail de la Nature et celui de l'homme se sont, à travers les siècles, étroitement mêlés, pour engendrer des merveilles. Jusqu'à présent, les spécialistes qui se sont voués à l'étude de l'esthétique des villes, se sont, à mon humble avis, trop peu souciés de ce côté de leur sujet sur lequel je me permets d'attirer ici l'attention toute spéciale du Congrès.

L'emplacement et le dégagement des édifices, le mouvement des rues, la hauteur, le style et la physionomie des habitations, la création des parcs et des jardins, a trop exclusivement absorbé nos édiles. Le nez dans le détail, ils n'ont pas vu l'ensemble et c'est peut-être pour cela que la fièvre d'embellissement qui a secoué tant de cités et englouti tant de millions, n'a produit que des résultats décevants.

Pas plus que les fards, les postiches et les artifices de toilette ne peuvent cacher la véritable laideur d'un corps contrefait, pas plus les statues de bronze et de marbre contourné, les fontaines monumentales, les squares fleuris, les palais surchargés de cariatides ou de coupoles ne peuvent diminuer la mauvaise impression qui se dégage d'une ville construite en violation des mouvements que sa situation lui imposait.

Et c'est spécialement dans les agglomérations urbaines, élevées dans un Site privilégié et qui doivent leur renommée à ce site lui-même, qu'on peut le mieux juger de la profondeur des erreurs commises depuis cinquante ans, depuis que le développement du tourisme a fait naître dans leur enceinte les grands caravansérails, les maisons locatives, les quartiers de villas, les boulevards bordés de boutiques somptueuses.

Donnez-vous la peine d'étudier la situation géographique de ces rendez-vous des visiteurs de toutes les nations qui s'appellent Nice, Cannes, Genève, Montreux ou Lucerne, pour ne parler que de ceux que je connais bien ; recherchez les éléments naturels qu'ils avaient à leur disposition et qui faisaient leur attraction et vous serez tous amenés à conclure que ces villes ont été développées et agrandies d'une manière plus ou moins fatale à leur beauté, contraire à leurs intérêts esthétiques, et vous verrez en même temps que leur progrès était toujours conciliable avec le ménagement de ce qu'elles ont amoindri ou dévasté.

Malheureusement, l'harmonie d'un paysage urbain est une chose très délicate et qui est encore à la merci du premier venu ; il suffit, en effet, parfois, et je pourrais donner des exemples, de la construction d'une seule maison pour la détruire et c'est une pitié que la silhouette caractéristique de toute une localité puisse être perdue au détriment non seulement de la communauté citadine, mais de l'universalité des hommes, par l'élévation d'une cheminée d'usine, par l'édification d'une maison de rapport, par l'établissement d'un barrage ou d'un remblai, par l'alignement d'une muraille morne.

La photographie nous rend sensibles les ravages de ces infiniments petits, dans l'ensemble urbain. Prenez deux vues de plusieurs aspects d'une localité pittoresquement située, nous représentant, à quelques années de distance, le même ensemble, et vous serez surpris et affligés des dispositions générales qui se sont produites, des empâtements qui noient la fine silhouette d'une église, d'une citadelle, d'un château, qui obstruent une échappée plongeante vers un lac, une rivière, un coin de montagne.

Sans doute, les observations que je formule maintenant ont plus de valeur pour les villes de dimension moyenne et de population restreinte que pour les grandes capitales, dans lesquelles le paysage naturel ne joue, pour ainsi dire, aucun rôle, mais, cependant, n'avons-nous pas vu une des plus admirables perspectives de Paris altérée profondément, depuis que la toiture en verre du grand Palais est venue l'obstruer, cachant l'échappée qu'on avait, depuis le pont du Louvre, vers les lointains brumeux du Trocadéro. Certaines constructions prévues dans la Cité seraient, de même, des attentats irréparables contre le paysage parisien classique.

De tous les éléments naturels qui peuvent contribuer à la beauté d'un paysage urbain, l'eau est certainement celui qui a le premier rôle. Car, celui-là, l'homme ne peut pas le supprimer comme il fait des autres ; qu'il s'agisse d'une rivière ou d'un fleuve, d'un lac ou de la mer, l'eau est toujours une parure, peut-être plus ou moins bien portée ; la tendance d'emprisonner les eaux dans des quais, dans des murailles grises et ternes, est malheureusement dominante, et on supprime très souvent le charme d'une ville, en semblant faire, au milieu d'elle, des eaux comme des prisonnières qu'on tient à l'écart, au lieu de les appeler au mouvement et à la vie.

Il faudrait défendre les berges verdoyantes qui existent encore, et multiplier, partout où cela est possible, autour des eaux, un décor végétal, non point exotique et peigné, mais simple et naturel ; avec de l'eau et de beaux arbres, on peut réaliser des ensembles d'une magnificence sans pareille et qui auraient le mérite d'être moins coûteux que les balustrades monumentales et les colonnes rostrales, les pyramides, les candélabres et autres bibelots architecturaux, par lesquels nous croyons faire éclater notre goût et notre somptuosité.

Cette idée que toutes les rivières qui serpentent à travers nos bourgades doivent avoir leur cours régularisé, rectifié, est des plus néfastes ; elle contribue à remplacer, par des canaux lugubres, quelque chose d'attirant, de reposant, de plaisant à l'œil, quelque chose qui mettait en valeur les maisons et les monuments voisins, quelque chose qui faisait, à travers les cités, une trouée lumineuse aux teintes changeantes.

Je comprends bien les exigences pratiques de la navigation et de l'hygiène, mais, dans ce domaine édilitaire comme dans tous les autres, la conciliation entre le *beau* et l'*utile* serait possible, si on se donnait seulement la peine de la chercher ; la preuve en est que certaines localités ont su tirer de leurs eaux des effets splendides, tandis que d'autres, mieux dotées peut-être, ont gaspillé leurs richesses et les ressources que la nature leur avait données.

Certes, le lac Léman est incomparablement plus beau que celui de Zurich, et cependant, Genève, en élevant autour de son port magnifique des maisons banales, trop hautes et trop rapprochées des berges, a diminué, et de beaucoup, le tableau enchanteur qu'il formait. Tandis qu'à Zurich, on a décuplé l'effet général par une adroite utilisation des bords du lac, sur lesquels on a échelonné, à une distance convenable, de magnifiques bâtiments, noyés dans une verdure qui rejoint les flots. En nature d'aménagement urbain, le collectivisme germanique triomphe souvent de l'individualisme latin.

Il existe des paysages urbains qui ne doivent rien à la nature et n'en ont pas moins une valeur acquise, les rendant dignes d'une protection efficace et vigilante. Ils sont formés par la rencontre de certains édifices, par la disposition d'une place, ou par la réunion de simples maisons qui s'accompagnent bien les unes les autres, et dont aucune fausse note ne dépare l'ordonnance.

Ces paysages urbains appartiennent à toutes les époques de l'histoire d'une ville ; ils ont chacun leur style, tantôt moyennâgeux et romantique, tantôt classique, dans leur belle symétrie ; les constructeurs modernes ont réussi parfois à en constituer qui ne sont point dépourvus de valeur et d'intérêt.

Ces ensembles urbains sont journellement l'objet de dévastations irréparables, parce qu'ils ne sont protégés que dans des cas exceptionnels, lorsque les bâtiments dont ils sont faits ont une valeur artistique ou historique réelle et reconnue. Cependant, les plus charmants d'entre eux ne sont point toujours ceux qui ont obtenu la consécration officielle, et dans les agglomérations urbaines les plus humbles, on en trouve qui mériteraient d'être respectés davantage.

Une enseigne malencontreusement placée, la vitrine hurlante d'un bazar, l'exhaussement d'un toit suffisent très souvent à les abîmer, et à changer leur aspect général.

On dépense souvent de fortes sommes pour restaurer un palais, un hôtel de ville, et on tolère en même temps, avec légèreté, que tout ce travail soit rendu vain, en permettant que le cadre de l'édifice national soit complètement bouleversé, vulgarisé ; on aboutit ainsi à des accouplements hideux ; il faut vraiment que l'habitude de la laideur soit devenue, chez les populations d'aujourd'hui, une seconde nature, pour qu'elles supportent, avec une telle indifférence, le spectacle pénible que cette licence édilitaire et architecturale produit.

Pour remédier à cet état de choses, il est absolument indispensable de faire pénétrer, dans l'esprit des lois, l'idée d'une servitude nouvelle, que j'appellerai la « *Servitude de la Beauté* ». Les citoyens n'auront pas le droit de la trouver plus exorbitante que beaucoup d'autres auxquelles ils se soumettent passivement.

Malheureusement, grâce aux politiciens, qui ont besoin de flatter leur clientèle électorale, les administrations, même quand elles sont armées, ferment trop souvent les yeux et tolèrent des abus excessifs, ratifient des plans saugrenus, et permettent aux particuliers toutes les fantaisies que l'amour du lucre peut leur suggérer.

Il est curieux qu'à une époque où l'on combat avec tant d'acharnement tous les privilèges, par amour de l'égalité et dans l'intérêt du plus grand nombre, on en soit encore si souvent, en matière d'aménagements urbains, au régime du bon plaisir. Sur ce terrain, l'individu qui est, partout ailleurs, forcé de compter avec les droits de la collectivité, peut, avec un sans-gêne incroyable, infliger à un quartier, à une cité tout entière, une irréparable dépréciation esthétique.

C'est sans doute à cause de cette situation que ce Congrès a mis à l'étude cette question du Paysage urbain, encore nouvelle, et a estimé qu'il y avait lieu de le défendre aussi bien qu'une cascade, un bouquet d'arbres centenaires, une gorge sauvage.

Le Paysage que nos villes forment est surtout menacé par un renversement général de toutes les idées de proportion.

La ville ancienne avait des traits fortement accusés, grâce à ses parties saillantes, constituées par les tours des remparts, les flèches des églises, les dômes des palais ; aujourd'hui, elles sont devenues un monceau informe, *parce que toutes les maisons communes ont voulu se hausser à la taille des bâtisses exceptionnelles*, et on peut dire que c'est, depuis que tout est devenu monumental, que les vrais monuments ont perdu leur valeur, leur éclat, leur rôle esthétique, leur signification sociale. Les grands pâtés composés par les casernes locatives aux étages superposés, noient tout, et je crois qu'on ne saurait lutter avec trop de vigueur contre la surélévation arbitraire des habitations.

L'intérêt social et l'intérêt esthétique se trouvent d'accord, ici, pour réprouver un système qui conduit à l'entassement des familles, dans des conditions hygiéniques de plus en plus déplorables, car les microbes connaissent le chemin des maisons riches aussi bien que celui des maisons pauvres, et les beaux tapis, loin de les éloigner, les attirent.

On parle beaucoup, de nos jours, de la cité future, et on l'étudie au point de vue politique, économique, sanitaire ; j'ose ici affirmer que les nations qui reviendront le plus vite à l'emploi généralisé *de la petite maison familiale* et qui proscriront le casernement dans les bâtisses superposées, seront celles qui marcheront à la tête de la civilisation et qui verront régner chez elles la justice et la paix.

On sait que la tuberculose est en décroissance à Londres, malgré l'énorme extension de cette métropole, et ce progrès est uniquement dû à la petite hauteur des maisons londoniennes.

La multiplication incessante des moyens peu coûteux de communication permet aux villes de s'élargir et de s'étendre, et rend inexcusable la surélévation des maisons anciennes, qui se pratique aujourd'hui sur une si grande échelle.

Je dénonce la maison trop haute comme la plus grande ennemie des Paysages urbains. Il me paraît inadmissible que, dans un but de pure spéculation, et alors qu'ils ont déjà grandement profité de la plus-value de leurs immeubles, les propriétaires puissent anéantir, comme ils le font tous les jours, par la surélévation, les traits essentiels d'une cité originale et historique, altérer l'harmonie des places, diminuer l'effet des admirables monuments nationaux, masquer des perspectives, transformer en puits sombres les rues.

On va peut-être m'objecter les gratte-ciel américains, qu'il est question d'acclimater en Europe, et auxquels Paul Adam a su trouver quelques charmes.

Beaucoup de ceux qui ont étudié le Nouveau-Monde ne croient pas que le gratte-ciel y soit la maison de l'avenir. Il répond à un besoin de l'évolution urbaine dans ces pays neufs. Et déjà, les villes se prémunissent contre leur envahissement. On groupe les monuments municipaux, de manière à former, sous le nom de *centre civique*, de magnifiques ensembles urbains ; dans un cadre de parcs et de jardins, on incorpore à la cité d'immenses espaces, maintenus libres, et qui constituent des réserves territoriales de prévoyance, en vue des besoins futurs de la cité et de ses administrations.

Non, ce n'est plus vers l'Amérique que doivent se tourner ceux qui veulent excuser l'enlaidissement progressif de nos villes européennes, car, dans le pays du dollar, un effort gigantesque, en faveur d'une meilleure esthétique des villes, se prépare ; et déjà, plusieurs corps municipaux, aidés en cela par les chambres de commerce, ont commencé la lutte contre la laideur, comprenant que, pour une ville, la *Beauté qui attire et retient, c'est de l'argent.*

La question des espaces libres ne rentre pas précisément dans le cadre de ce rapport ; mais leur action sur le Paysage urbain est trop considérable pour que je ne le souligne pas. Un bas-relief est fait de parties évidées et de parties saillantes. Plus les parties évidées sont profondes, plus les parties saillantes se détachent avec puissance et légèreté. Plus la finesse de leurs contours s'accentue. Ainsi en est-il des cités qui, pour être belles, doivent, comme je l'ai déjà dit, posséder des traits bien dessinés et ne pas se présenter comme un amas chaotique de maisons pressées.

Il faut établir une distinction entre les espaces libres *privés* et les espaces libres *publics*. Les premiers ont une aussi grande valeur esthétique que les seconds dans le Paysage urbain. Ce sont les cours, les jardins particuliers, tous les morceaux de terrain qui tiennent aux demeures et en sont une dépendance.

Aussi, faut-il déplorer que la spéculation, en faisant monter à des prix exorbitants la moindre parcelle du territoire urbain, rende pour ainsi dire impossible, même aux gens aisés, la possession de ces cours et de ces jardinets, qui occupaient, dans les cités d'autrefois, une place si importante, pour le plus grand bénéfice de la collectivité tout entière. Car, dans une ville, ne l'oublions pas, le jardin, et c'est ce qui le distingue des autres formes de la propriété privée, n'est pas utile seulement à son possesseur, mais à tout un voisinage, qui profite de son rôle purificateur et désinfectant.

Si nous étions réellement entrés, comme on se plaît à l'annoncer, dans *la Période sociale de l'Art de bâtir les villes*, au lieu de taxer les jardins comme des propriétés de luxe, on devrait, au contraire, prendre des mesures pour en multiplier le nombre et abaisser à leur profit les barrières fiscales au lieu de les élever tous les jours davantage. Vous savez, mieux que personne, ce qui se passe à Paris, qui était déjà, entre toutes les grandes villes, une des moins bien pourvues d'espaces non bâtis. A la suite d'un impôt draconien établi il y a 7 ou 8 ans, tout ce qui restait des terrains gazonnés, cultivés, plantés d'arbres, disparaît peu à peu ; aussi je souhaite un éclatant succès à la pléiade de littérateurs, d'artistes et de savants, qui s'est formée pour combattre ce qu'ils appellent : la *ville de pierre*, devenue une montagne de moellons entassés.

Par une étrange perversion du véritable sens des choses, les administrations qui poursuivent impitoyablement tous les jardinets et autres petites propriétés privées dont je viens de parler, sont les mêmes qui font des dépenses fastueuses pour établir des squares décoratifs, des parterres fleuris et des parcs. Si belles que soient ces créations de l'horticulture officielle, elles n'auront jamais la valeur sociale du petit coin de terre, où la famille est chez elle, où elle peut, par la culture et les aménagements, s'adonner à des exercices vivifiants, où les enfants, enfin, en dehors de toutes les promiscuités des lieux ouverts à la foule, se font de la santé en se roulant par terre, entre trois arbustes rabougris.

Ce n'est pas à dire, cependant, qu'il faille proscrire les espaces libres publics, transformés en parcs et en squares ; au contraire, dans les conditions actuelles où sont placées les cités grandissantes, qui voient surgir de terre des quartiers nouveaux, s'étendant dans toutes les directions, éloignant de plus en plus de leurs centre la végétation et les campagnes, il est de toute nécessité de réserver à la Nature des étendues aussi vastes et aussi nombreuses que possible. Pour l'avoir compris dès longtemps, Londres est demeurée une des villes les plus saines de l'Europe, malgré ses 5 millions d'habitants, malgré son climat humide et pluvieux, et Londres a su faire une chose, c'est de garder à ses parcs un aspect de pleine campagne, un caractère agreste, qui permet aux foules d'en jouir véritablement ; l'ouvrier peut s'y étendre à l'ombre, il peut courir à travers les gazons ; il ne trouve pas, à chaque détour, ces affiches irritantes, avec ces mots : « défense de toucher, défense de marcher ! »

Nous admettons que certains squares, d'un caractère décoratif, devant ou autour de certains monuments, doivent devenir des bibelots fleuris, peignés, ratissés, fignolés, mais, à côté d'eux, il faut des places de détente et de joie, réellement ouvertes au mouvement naturel de la vie populaire.

C'est, du reste, faute de réserves territoriales que les Pouvoirs publics sont empêchés d'élever les monuments, les palais, les écoles, etc., aux endroits où ils eussent donné leur maximum d'effets décoratifs, où ils eussent été un enrichissement esthétique de la partie voyante et fréquentée de la ville.

Je me suis occupé, jusqu'à présent, dans ce rapport, du Paysage *que la ville forme*, soit par sa rencontre avec les éléments naturels du Site où elle est placée, soit par ses propres mouvements, par la plantation des choses, maisons et édifices dont elle est composée.

Il importe de ne point oublier le Paysage que *la ville voit*.

En effet, et j'ai pu le constater bien souvent, des agglomérations urbaines situées en face d'un horizon merveilleux ont, de nos jours, en s'agrandissant, complètement masqué, à leurs habitants, le spectacle dont elles pouvaient jouir et qui faisait leur renom.

Maladroitement disposées, les nouvelles rues, les nouveaux blocs de maisons, se sont bouchés littéralement les uns aux autres, de magnifiques horizons. A ce point de vue, l'exemple néfaste de Lausanne et de Montreux, de Lausanne surtout, sont véritablement frappants.

Seuls, des plans d'extension savamment établis seront un remède à un état de choses dont les populations peuvent, pendant des siècles, avoir à souffrir.

Les moindres bibelots du passé atteignent aujourd'hui, dans les ventes, des prix fabuleux, les amateurs se battent autour d'une statuette et d'un vieux plat, on couvre d'or une tapisserie ou une édition rare. Comment se fait-il que les admirables chefs-d'œuvre dont nos villes sont pleines, hôtels seigneuriaux, maisons anciennes, façades curieuses, places mouvementées, qui reflètent, eux, le passé et les mœurs d'autrefois, avec bien plus de force que des objets épars, et restent autant de morceaux vivants de l'histoire locale, ne soient pas épargnés davantage, conservés aux générations futures avec plus de piété ?

Que valent, à côté d'un paysage urbain intéressant, conservé dans son intégrité, les plus beaux musées et leurs vitrines ?

Comme l'a si bien dit Paul Adam, dans une de ses chroniques : « Une ville est un musée dont les monuments et les maisons méritent les égards voués aux statues et aux tableaux. Un Gabriel équivaut à un Houdon ; injurier l'un ou l'autre dans les causes de leur immortalité, c'est la preuve d'un impardonnable béotisme. »

Il me reste à examiner un autre des rapports qui existent entre la ville et le Paysage ; je veux parler de l'infiltration lente mais continue des habitations citadines dans les milieux ruraux.

Jadis, par plusieurs côtés, les cités gardaient un caractère agreste ; aujourd'hui, la situation est complètement retournée, et ce sont les campagnes qui prennent un accent citadin par l'architecture des maisons, par la disposition des rues villageoises, par l'introduction d'une foule de choses qui finiront par donner à tout le pays une physionomie de banlieue.

Chaque région perd ainsi sa note dominante et cette uniformité pitoyable ne se légitime pour ainsi dire jamais, car elle ne constitue un progrès pour personne, elle introduit seulement de fausses apparences de luxe, au milieu desquelles revivent toutes les routines et tous les abus.

Le pouvoir est grandement responsable de cette situation, parce qu'il ne tient presque jamais compte dans la construction des bâtiments administratifs, des indications impérieuses de l'ambiance régionale ; trop souvent les maisons d'école, les mairies, etc., sont un véritable défi au milieu où elles s'élèvent, tant elles lui sont agressivement étrangères.

Je suis heureux de pouvoir dire ici qu'on s'est préoccupé en Suisse de ces ruptures violentes, que l'introduction arbitraire des maisons trop urbaines et de leurs accessoires produit dans le paysage naturel et dans les centres campagnards.

On est revenu avec succès à une meilleure appréciation des choses et nombreuses sont déjà les auberges communales, les maisons d'école, les stations des chemins de fer qui font revivre les détails les plus exquis de l'architecture locale sans rien sacrifier de leur utilité pratique.

Envisagé dans toutes ses parties, la lutte pour la défense des paysages urbains est gigantesque, car pour être féconde, elle exige de nous autre chose que le classement de tel coin de terre dont l'intérêt est évident, elle demande que l'opinion soit éveillée et instruite, et une collaboration étroite de toutes les forces organisées d'un pays : Etat, commune, associations, organes de l'enseignement supérieur et professionnel.

Je salue dans les Congrès comme celui qui nous réunit, un moyen efficace de pénétration pour nos idées.

Ces idées doivent triompher, car elles sont conformes à l'idéal de justice et de Beauté dont notre époque est altérée.

En écartant de nos villes et de nos campagnes, la laideur déprimante, fruit des exploitations antisociales, nous préparerons au progrès bien entendu, une voie plus large et plus lumineuse.

Il ne faut pas nous le dissimuler, les citoyens dans leur ensemble sont encore mal disposés pour le nouveau cours des choses que nous préconisons.

C'est que, pour la plupart, même ceux qui se piquent d'aimer les Lettres et les Arts, n'ont pas été formés à voir et à sentir la Beauté de leur horizon familier naturel ou urbain.

L'éducation esthétique des foules a subi une fausse direction ; trop exclusivement livresque, elle n'emprunte pas à ce qui l'entoure les éléments d'une formation rationnelle.

Dans les écoles, au lieu d'analyser devant l'enfant les paysages locaux et régionaux, de décomposer dans une féconde leçon de choses, les différentes parties qui les constituent, de montrer ce qui les rend harmonieux et plaisants, on cherche trop à l'intéresser à des sujets généraux d'ordre conventionnel, à des pays, à des monuments étrangers qu'il ne verra probablement jamais, et qui ne peuvent éveiller en lui, le goût des choses qui l'entourent.

C'est pourquoi je regarde le mouvement de *l'Art à l'Ecole* comme le complément indispensable de celui que nous poursuivons. Mais qu'il évite le danger de verser dans une pédagogie trop étroite, qu'il ouvre les sources du goût, sans prétendre établir celui-ci sur des données n'ayant aucun rapport avec l'ambiance naturelle des élèves.

Né moi-même dans une ville particulièrement pittoresque, où les monuments et les maisons racontent l'histoire de ma race, où les éléments naturels et urbains se combinent pour former un décor incomparable, je ne saurais pardonner à mes maîtres d'autrefois d'avoir fermé mes yeux sur la beauté des choses éparses autour de moi, pour me faire bêtement goûter les sept merveilles du monde, invisibles ou lointaines.

L'art local entendu dans son sens le plus large, tient partout dans l'enseignement une place infiniment trop restreinte, tandis qu'il pourrait devenir le stimulant de nos énergies productrices.

L'Art local nous conduira vers les trois buts supérieurs de toute notre action : la connaissance de l'histoire nationale, l'amour du Beau et la formation de l'esprit patriotique.

Il ne me reste plus qu'à joindre à cet exposé, les vœux suivants que je me permets de soumettre à l'examen et à la ratification du Congrès :

I. — L'agrandissement des villes ne saurait être livré au hasard, il doit se faire selon des règles précises et avec une large prévoyance.

II. — Comme il est certain que *plus une ville se continue, moins elle s'enlaidit*, on respectera sa physionomie caractéristique, on suivra les indications essentielles de l'ancienne configuration, on conservera aux constructions nouvelles la note locale ou régionale, afin d'harmoniser par leurs lignes générales les parties anciennes et les parties neuves.

III. — On imposera à toutes les localités urbaines, quelle que soit leur population — les petites villes méritent autant d'être préservées de la *laideur* que les grandes, et souvent elles sont plus qu'elles dignes de nos soins — un plan d'extension dans lequel les exigences techniques et esthétiques devront se concilier. Ces plans d'extension, une fois admis, ne pourront être modifiés sans une expertise et sans l'approbation de l'autorité supérieure compétente et des commissions spéciales commises à la défense des paysages et des monuments historiques.

IV. — Le paysage que la ville forme, la silhouette générale des cités doivent être protégés contre les remaniements et les constructions qui en dénaturent complètement l'effet et en détruisent le charme.

V. — Il importe que les villes, en s'agrandissant, tiennent davantage compte des éléments naturels qu'elles rencontrent sur leur route. Au lieu de les saccager, elles s'en serviront adroitement ; elles conserveront, comme enclave, à l'imitation de Bruxelles, les sites naturels dignes d'être protégés ; une adaptation intelligente les rendra toujours plus agréables et plus utiles que des créations horticoles factices et étriquées.

VI. — Le voisinage des forêts étant pour les villes un inappréciable avantage à tous les points de vue, celles-ci feront l'impossible pour en empêcher la disparition et s'en rendre propriétaire. Ces forêts, ouvertes au public, seront aménagées simplement, afin que leur caractère sylvain ne soit pas diminué. On se gardera d'y multiplier les établissements de plaisir, les restaurants et débits de boisson, qui, non seulement les enlaidissent, mais suppriment leur rôle bienfaisant.

VII. — On ne regardera jamais comme un facteur assez important l'ambiance géographique des cités ; dans leur développement, on tiendra compte toujours davantage du sol, du climat, des cultures, des productions régionales. On donnera toujours la préférence aux matériaux de la contrée, leur emploi contribuant grandement à harmoniser le paysage urbain avec le paysage naturel général.

On réagira, par ces moyens, contre la fusion de tous les exotismes, productrice de la banalisation universelle.

VIII. — Comme il est intolérable que l'effet monumental produit par les édifices, que l'ordonnance des places et leur style acquis, que la perspective des vues et la plantation originale de tout un décor urbain soit à la merci des intérêts particuliers, il importe d'introduire dans la loi une servitude nouvelle, que je nommerai *servitude de beauté*. Elle maintiendra l'intégrité des paysages urbains classés, ou délimitera les modifications qu'on pourra légitimement y apporter. Il ne faut plus qu'un seul propriétaire ou constructeur puisse, par bon plaisir ou spéculation, infliger une *dépréciation* à l'esthétique d'une ville tout entière, au détriment de la communauté citadine.

IX. — Comme le cadre général qui entoure les édifices profanes ou sacrés, consacrés par l'admiration des siècles, importe beaucoup à l'effet produit par ceux-ci, effet qu'un seul changement malencontreux détruit souvent, on étendra à ce cadre la surveillance nécessaire. Le dégagement à outrance auquel on se livre de nos jours autour des monuments architecturaux leur est moins profitable que la conservation intelligente de leur voisinage ancien.

X. — L'exagération actuelle de la hauteur des constructions étant, pour les paysages urbains la principale cause de ruine, on réglera strictement la surélévation des maisons anciennes, ne l'autorisant que dans certaines conditions bien déterminées. Cette autorisation devra être refusée là où la largeur des vues ne la comporte pas, là où le resserrement des constructions est déjà trop considérable, et, dans tous les cas, où le paysage urbain aurait à souffrir de ce changement dans les proportions.

Il importe de restreindre également la hauteur des maisons locatives nouvelles, il y va de l'intérêt social comme de l'intérêt esthétique, et d'entreprendre partout une campagne énergique en faveur des types d'habitation bourgeoise ou ouvrière, conçus pour une seule famille.

XI. — La campagne commencée partout en faveur de l'augmentation des *espaces libres* dans les villes sera poursuivie. Tout en demandant la multiplication des *espaces libres publics* : parcs, jardins, squares, places de jeux et de sports, promenades, etc., on cherchera à maintenir les *espaces libres privés* : cours, jardins et dépendances non bâties des habitations particulières.

On visera à les affranchir des charges fiscales trop lourdes, qui rendent leur possession impossible au grand nombre, en faisant considérer que, générateurs d'air et de lumière, *ils sont le seul luxe privé* utile à la communauté tout entière.

On recommandera aux municipalités la conservation de *réserves territoriales* en vue de l'avenir, afin que l'évolution normale de la cité ne soit pas, à un moment donné, gênée, entravée et désorientée, faute de terrains libres suffisants.

XII. — S'il est important de sauvegarder le paysage que la ville *forme*, il ne l'est pas moins de préserver celui que la ville *voit* et d'empêcher qu'une évolution maladroite de l'agglomération urbaine ne rende, inutile pour elle et invisible à ses habitants, le voisinage d'un magnifique horizon. Trop de villes se sont ainsi privées, par des constructions intempestives, de la vue qui faisait leur principal attrait.

XIII. — L'infiltration continuelle dans les villages et en pleine campagne des habitations citadines et de tout ce qui a un caractère urbain prononcé, constitue un grand danger pour l'intégrité des paysages naturels et une détérioration de la physionomie régionale des villages et hameaux.

On cherchera à remettre en honneur les types locaux de maisons, de clôtures, de fontaines, etc.

Les autorités donneront l'exemple en maintenant la note de la contrée aux mairies, maisons d'école, auberges communales, stations de chemins de fer et autres bâtiments administratifs, au lieu d'implanter, comme elles le font habituellement, dans les milieux purement ruraux, des types de construction en désharmonie complète avec l'ambiance générale.

XIV. — On poursuivra la formation esthétique de l'enfant, en lui montrant tout d'abord ce qui est beau et ce qui est laid, autour de lui, dans la maison où il est logé, dans la ville et le village qu'il habite, dans la campagne environnante.

Demandons qu'au lieu d'aller chercher au loin, sous des cieux exotiques, les éléments de ses premières émotions d'art, de ses premières relations avec le beau, on veuille bien les prendre sur place, là où ils ont toute leur puissance inductive.

Par des promenades méthodiques, faisons visiter aux écoliers les curiosités du pays ou de la cité, expliquons-les, racontons-en l'histoire et, de cette manière, nous obtiendrons non seulement une culture esthétique profonde et raisonnée, mais en même temps nous obtiendrons l'esprit patriotique, nous attacherons davantage l'enfant au terrain natal, nous lutterons préventivement contre tous les déracinements dont il est menacé, et nous arrêterons la laideur dans son rayonnement lamentable.

M. le Président. — Le Congrès est-il d'avis de voter les vœux qu'il vient d'entendre ?

M. Beauquier. — Nous nous sommes déjà occupés de cette question et nous avons proposé un projet donnant satisfaction à vos desiderata.

M. Mellerio. — Il serait peut-être intéressant de joindre à ces vœux un autre vœu réclamant de la part du Parlement français le vote le plus rapidement possible du projet de loi que notre Président, M. Beauquier, a bien voulu déposer sur le bureau de la Chambre il y a quelque temps. C'est la proposition de loi ayant pour but d'imposer aux villes l'obligation d'un plan d'embellissement et d'extension.

M. Beauquier. — Il y a une différence : Le vœu de M. de Montenach ne fixe pas le chiffre de la population comme dans mon projet. M. de Montenach parle des petites villes comme des grandes.

M. Benoit-Lévy. — Nous avons discuté cette question et nous nous étions mis d'accord sur les chiffres de 10.000 habitants ; mais après ces observations, il me vient à l'idée que nous devrions modifier notre proposition. Il est évident qu'il n'y a pas besoin d'attendre que la ville ait 10.000 habitants pour faire un plan d'agrandissement. Nous connaissons l'exemple de villes qui se sont constituées d'un seul coup et il serait très intéressant de leur dire : faites d'abord un plan d'extension. C'est ce qui existe non seulement dans les cités-jardins, mais dans les villes qu'on construit au Canada, en Amérique. Je crois qu'il serait intéressant de demander dès le début le plan d'extension, c'est-à-dire d'appliquer la loi Beauquier telle qu'elle est, aux villes qui ont dix mille habitants et d'y ajouter un paragraphe concernant les villes qui ne se sont pas encore développées. Le corps humain se développe rationnellement, tandis que les villes se développent suivant une évolution anarchique qu'il faudrait réglementer. L'observation de M. de Montenach n'est peut-être pas sans intérêt.

M. Marmottan. — Je proposerai, pour simplifier un vœu ainsi rédigé : « Il sera prévu, par des plans d'extension, à l'agrandissement des villes en tenant compte des conditions nouvelles qui leur sont faites. » (Applaudissements.)

M. Duval fait remarquer qu'il arrive souvent qu'à côté d'une petite ville déjà existante, vient se former une autre petite ville, comme le fait s'est produit par exemple avec Essonne et Corbeil. C'est un point spécial qu'il faudrait prévoir.

M. le Secrétaire général observe que le Congrès ne peut poser que des principes généraux.

M. le Dr *Fuchs.* — Permettez-moi de vous dire que l'Allemagne vous a devancé dans vos desiderata. Nos grandes villes et nos villes moyennes ont toutes des plans d'extension qui évidemment pourraient être meilleurs, mais qui sont certainement mieux que rien. Si vous venez en Allemagne, nous pourrons vous montrer ce que nous avons fait. Nous avons des lois d'extension municipale et même des lois d'Etat qui prévoient des plans d'extension. Le grand inconvénient, c'est la maison caserne dans les quartiers excentriques. Vous la trouvez non seulement au centre, mais encore en banlieue. Heureusement, nous avons des lois et des arrêtés qui réglementent la construction dans la plupart de nos villes. Je ne peux pas vous donner tous les détails, mais j'espère bien vous les montrer quand vous voudrez bien nous rendre visite. (Applaudissements.)

M. Augustin Rey, architecte, présente un rapport sur les PLANS D'EXTENSION ET D'EMBELLISSEMENT DES VILLES et, avec M. Albert Coureau, son collègue, il en donne un exemple dans le Plan d'Assainissement, d'Embellissement et d'Extension de la ville d'Agen :

Ce plan est inspiré par la proposition de loi tendant à obliger les villes d'au moins dix mille habitants d'établir, dans un délai de cinq ans après sa promulgation, des plans d'assainissement, d'embellissement et d'extension.

Le Musée Social a consacré de nombreuses séances de sa Commission d'Hygiène urbaine et rurale, à l'étude de cette question du plan d'extension des villes, s'entourant de toute la documentation importante qui vient de l'étranger. La Commission des Sites s'est jointe à cette étude. M. Beauquier, député du Doubs, a déposé à la Chambre une proposition de loi résumant ces travaux. Comme auteur de la loi du 21 avril 1906 sur la Protection des Sites et Monuments naturels de caractère artistique, il semblait tout désigné. Ces lois sont inspirées du même idéal social. Le principe du plan d'extension a pour but de sauvegarder l'avenir hygiénique des villes de la perte de ce qui garantit à la fois leur salubrité et leur beauté, des Sites pittoresques et des ombrages qui font l'ornement de leurs banlieues. Il ne suffit pas seulement, en effet, d'assainir le centre des agglomérations par l'expropriation des quartiers insalubres et leur transformation en voies larges et en espaces libres encadrés de maisons saines et ensoleillées ; une tâche autrement plus grande consiste à réglementer, dans la banlieue des villes, les constructions qui s'y élèvent. Celles-ci sont plantées suivant la fantaisie de chacun, dans des rues nouvelles tracées en dehors de tout plan administratif, percées suivant des convenances purement individuelles, par des particuliers ne cessant de saccager les arbres et les plantations qui seraient susceptibles d'être maintenus.

Ce qu'il faut, c'est réglementer, au moyen d'un plan d'alignement ayant un réel souci d'une coordination générale, tout ce qui concerne l'évacuation des eaux résiduaires ou pluviales et les raccordements avec les autres quartiers. Il n'est rien de plus funeste à l'avenir d'une ville, que cette liberté laissée aux particuliers, car elle la prive de la possibilité ultérieure de se développer dans des conditions favorables à son embellissement, en y faisant concourir les beautés naturelles des Sites qui en décorent les alentours.

L'agrandissement des villes est le corollaire de leur assainissement. Leur population s'accroît au fur et à mesure de l'immigration des campagnards, attirés dans les villes par leur développement commercial et industriel et par le mirage des hauts salaires.

Rien n'est donc plus désirable que de sauvegarder les beaux Sites, les Parcs, les Bois de la banlieue, par des plans d'ensemble et de rigoureuses mesures administratives qui en imposeront le respect aux propriétaires compris dans les nouvelles zones.

Aucune autre ville ne saurait mieux justifier que celle d'Agen, l'application de ces principes, en raison de la mortalité excessive causée par son état d'insalubrité.

Si l'on s'en rapportait aux apparences extérieures, à la perspective de ses avenues ombragées, de sa belle promenade du Gravier, sur la Garonne, du Canal latéral, encadré de verdure, à l'éblouissant décor offert par le coteau de l'Ermitage, aux larges boulevards modernes qui se croisent à l'intérieur, rien ne paraîtrait plus invraisemblable que le record que tient Agen dans l'échelle de la mortalité française. Agréablement placée au centre d'une région admirable qu'on a qualifiée de Lombardie nouvelle, des améliorations ont été, certes, tentées au point de vue de l'Hygiène, et Agen n'a pas été étrangère au mouvement général de transformation des cités. Mais en dehors de ses belles avenues extérieures et de ses boulevards intérieurs, voyez ces rues étroites et tortueuses, dépourvues de trottoirs, mal pavées, aux rigoles mal entretenues et débouchant, quand elles existent, dans une canalisation rudimentaire, plus qu'insuffisante, pour l'écoulement rapide des eaux pluviales et ménagères.

Les municipalités agenaises se sont efforcées d'améliorer cet état de choses. La municipalité actuelle ne le cède à aucune devancière et cherche à marquer son administration par les plus sérieux sacrifices en faveur de l'Hygiène publique. Malgré ces améliorations, il n'est pas moins réel que le taux de la mortalité est encore très grand à Agen et qu'il reste aux pouvoirs municipaux, pour mener à bien l'œuvre d'assainissement définitive, de grands efforts à accomplir.

Le plan d'assainissement et d'extension de la ville d'Agen, dressé par anticipation, n'a d'autre prétention, lorsqu'une loi le rendra obligatoire ultérieurement, que de servir de point de départ à l'étude définitive qui sera faite pour la génération future.

Le traiter d'utopie parce qu'il est au-dessus du pouvoir financier immédiat de notre génération, serait ne tenir aucun compte des enseignements du passé, qui démontrent jusqu'à l'évidence que si nos devanciers avaient eux-mêmes commis cet acte de folie, la ville d'Agen et toutes les villes de France ne ressembleraient nullement à ce qu'elles sont actuellement. Les sacrifices restant à faire pour compléter leur assainissement et les embellir, seraient ainsi considérablement réduits.

Une fois que le plan d'extension, en vertu de la loi dont nous attendons le vote, aura été adopté et reconnu d'utilité publique, il n'est pas douteux qu'il n'imprime

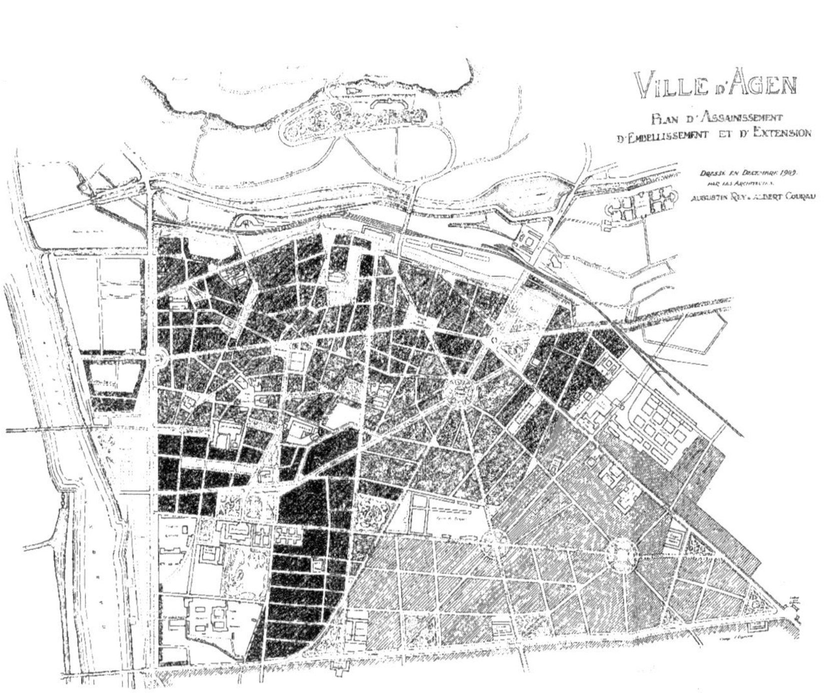
VILLE D'AGEN
PLAN D'ASSAINISSEMENT
D'EMBELLISSEMENT ET D'EXTENSION
AUGUSTIN REY & ALBERT COURAU

dans les villes, sur toute la surface du territoire, un mouvement en avant en faveur d'une œuvre gigantesque qu'il appartiendra à nos successeurs de mener à bonne fin. C'est à ce mouvement que la ville d'Agen devra de devenir bientôt, entre les métropoles de Bordeaux et de Toulouse, non seulement un modèle d'élégance par ses monuments, la beauté de ses perspectives et son incomparable banlieue, mais surtout une ville type salubre.

M. Georges Harmand dépose ensuite le vœu suivant relatif aux plans d'embellissement des villes, qui est adopté à l'unanimité :

Que dans l'établissement des plans d'embellissement des villes et municipalités ainsi que des règlements sanitaires ou relatifs à la hauteur des maisons en bordure des rues et des places, il ne soit pris de décision qu'après avis des Commissions d'Hygiène et des Sites et Monuments intéressés.

M. Henri Vuagneux raconte comment la construction d'une usine qui avait été projetée aux pieds même de la Fontaine de Vaucluse n'eut pas lieu, grâce à l'intervention du Touring-Club qui versa trois mille francs, et aux habitants du pays qui souscrivirent une somme égale.

L'orateur parle ensuite de Chatou. La Compagnie de l'Ouest voulait faire abattre certains arbres qui la gênaient. Grâce encore à la générosité des habitants de cette commune et au Conseil municipal qui indemnisèrent la Compagnie (lui versant la somme de deux mille francs), celle-ci consentit à laisser les arbres subsister.

Des félicitations sont adressées au Conseil municipal de Chatou et M. le Secrétaire général est chargé, au nom du Congrès, d'adresser à MM. Berteaux, Poilpot, etc..., une lettre de remerciements pour leur attitude dans la circonstance.

M. le Commandeur Boni, président. — Je peux ajouter que la municipalité de Rome a préparé un projet qui coûtera plusieurs centaines de millions pour l'extension de cette ville. Dans ce projet, plus de la moitié des terrains que l'on va acheter sont destinés à la construction des villas. Mais il y a deux ou trois villes en Italie, surtout Venise, où il n'y a pas moyen de préparer un projet d'agrandissement. Là, nous devons lutter au contraire contre tout projet d'extension : La seule chose que nous ayons à faire, c'est tracer un grand canal à travers la lagune en traversant la campagne.

M. le Président donne lecture d'une lettre de la Société pour la protection des Sites alpestres de Genève.

M. Duval signale au Congrès la réponse bizarre faite par un conseiller municipal de Paris à quelques personnes qui demandaient que l'emplacement du Temple fût réservé à l'établissement d'un square public ; sous prétexte que les espaces libres sont pleins de microbes, ce conseiller déclarait : si vous voulez respirer du bon air, allez donc Place de la République !

Il est évident, continue l'orateur, que si des villes comme Paris donnent des exemples pareils, c'est-à-dire construisent sur leurs espaces libres des maisons de sept étages, on n'arrivera jamais à grand chose. Heureusement que dans chaque quartier, il y a eu des hommes de bonne volonté qui se sont réunis, qui ont formé des Comités et ont fait ce que la ville ne voulait pas faire.

Après ces observations, les conclusions du rapporteur sont adoptées.

M. Marmottan. — La sollicitude de notre président a déjà doté notre pays d'une loi admirable qui s'applique à la protection des Sites intéressants de notre pays. Cette sollicitude ne s'est pas arrêtée là. M. Beauquier a présenté à la Chambre des députés, le 22 janvier 1909, une annexe qui vise plus spécialement les paysages urbains.

Or, dans une démocratie comme la nôtre, où l'apprentissage des Pouvoirs publics est quelquefois encore à faire, comme au sein des Conseils municipaux, par exemple, le rôle des Sociétés comme la nôtre, ou des Commissions d'art public, est précisément de prendre les devants, pour apporter des idées qui plus tard prendront leur place dans des projets de lois ou des arrêtés de Conseils municipaux.

Cette précaution prise par M. Beauquier, visant plus spécialement le paysage urbain, n'était pas inutile, et déjà au sein d'une autre Société, la Société des Amis des Monuments Parisiens, j'avais émis l'idée que, lors de l'établissement du square du Champ-de-Mars, on eut soin d'établir une servitude de hauteur, de façon à ne pas étouffer le square. Nous avons obtenu une victoire sur le règlement du 13 avril 1902, en faisant décider, en haut lieu, que la hauteur des maisons entourant le Champ-de-Mars ne devait pas dépasser 17 mètres. Pour ma part, je trouve encore que c'est trop. Et je voudrais que l'aire des squares de Paris ne fût pas trop sacrifiée.

Cette question des squares publics dans une grande agglomération comme Paris est à l'ordre du jour. Nous allons avoir bientôt la démolition des fortifications. Il y a déjà des projets pour établir des parcs immenses. Si nous comparions à ce point de vue Paris et Londres, nous verrions que notre capitale a une grande infériorité sur Londres et sur Vienne.

Dans cet ordre d'idées, je me permets de déposer le vœu suivant sur le bureau du Congrès :

Vu les Décrets Règlements de 1884 et du 13 août 1902, qui permettent aux propriétaires de la ville de Paris d'élever des immeubles à des hauteurs exagérées et inconnues jusque-là, de 24 mètres en façade et de 31 mètres au faîtage, hauteurs qui n'ont pas seulement pour effet d'abîmer l'aspect général de la ville, mais qui ont en outre le grave inconvénient de mesurer peu à peu, à la population, un cube d'air indispensable à ses poumons ;

Le Congrès émet le vœu,

Que si, d'une façon générale, les réclamations produites dans la Presse, au Conseil municipal et à la Chambre des députés (1) contre les arrêtés précités ne peuvent recevoir satisfaction, il soit au moins édicté ceci (2) :

(1) Séances de la Chambre des 11 novembre 1908 et 24 juin 1909, et du Conseil municipal des 22 mars et 10 juin 1909.

(2) A la 5e Section du Congrès de l'Art Public, à Liège, en septembre 1905, M. Raoul de Clermont proposa le vœu suivant :

« Le Congrès de l'Art public émet le vœu que les municipalités et les Pouvoirs publics en général fassent tous leurs efforts pour augmenter les parcs et jardins publics, principalement au centre des villes et dans les parties où la population est la plus dense, et qu'en tout cas, il ne soit jamais consenti aucune aliénation ni diminution des espaces libres.

» Il y a lieu, en outre, de consacrer à titre de droit l'obligation de ne pas dévaster les paysages, ou tout au moins celle de réparer ou d'atténuer, par des dessins et plantations, les dévas-

1° Que toutes les maisons à bâtir en bordure des squares à établir dans la ville de Paris soient frappées d'une servitude qui arrête l'élévation de leurs façades, de façon uniforme à 16 mètres, y compris leurs combles, de façon que le paysage urbain que donnent les squares ne soit pas d'une part étouffé et que le périmètre d'aération soit ainsi favorisé du côté des maisons de seconde ligne ;

2° Que les terrains provenant de la désaffectation des fortifications de Paris et de la zone militaire soient aménagés, dans leur presque totalité, en espaces libres frappés de servitude *non œdificandi ;*

3° Que si dans l'opération de ce chef à intervenir entre l'État et la Ville, les terrains déjà plantés de la zone des fortifications bordant le bois de Boulogne doivent être réservés pour la vente, on stipule expressément que cette partie des terrains bordant le bois soit, par une servitude spéciale, construite en maisons particulières de deux ou trois étages, toits compris, sans commerce ni industrie, c'est-à-dire *en villas*, entourées d'une grille et avec retrait de dix mètres de leurs façades, depuis cette grille.

Ce vœu est adopté à l'unanimité.

M. Raoul de Clermont. — Je demande au Congrès d'émettre le vœu que l'exemple de ce qui s'est fait à l'étranger soit suivi chez nous, en ce qui concerne les fortifications de Paris. Je demande, en outre, de nous rallier au projet qui nous donnera le maximum d'espaces libres, parce qu'il y a là non seulement une question d'esthétique, mais encore une question d'hygiène publique. A côté des gens qui peuvent se promener en automobile, à bicyclette, à cheval, à côté de ces promeneurs privilégiés qui peuvent s'éloigner à quarante kilomètres de Paris, il faut considérer les pauvres piétons qui n'ont que la faculté de se promener dans Paris. Toutes les villes d'Europe et même du monde entier ont, du reste, complètement transformé leurs fortifications, désaffectées en promenades.

Voici quelques renseignements bibliographiques sur la question traitée ci-dessus :

PROJETS RELATIFS AU DÉCLASSEMENT DES FORTIFICATIONS DE PARIS

CHAMBRE DES DÉPUTÉS. — N° 177, 8e Législature, session de 1902, annexe au procès-verbal de la séance du 1er juillet 1902. Projet de loi concernant le déclassement et l'aliénation des fronts Ouest et Nord de l'enceinte de Paris.

N° 441, 8e Législature, session extraordinaire de 1902, annexe au procès-verbal de la séance du 13 novembre 1902. Rapport fait au nom de la commission des crédits chargée d'examiner le déclassement et l'aliénation des fronts Ouest et Nord de l'enceinte de Paris, par M. Ruau, député.

N° 1865, 9e Législature, session de 1908, annexe au procès-verbal de la séance du 1er juillet 1908. Proposition de loi concernant les fortifications de la ville de Paris et les espaces libres de l'agglomération parisienne, par M. Jules Siegfried, etc.

CONSEIL MUNICIPAL DE PARIS. — 1908, n° 73. Proposition au sujet du déclassement total des

tations inévitables, de même que de réserver les emplacements pour les jeunes gens se livrant au sport. »

A ce vœu fut ajouté :

« Le Congrès de l'Art public émet le vœu que la ville de Paris tienne compte du vœu précédent dans le plus bref délai et dans la plus large mesure, relativement au Bois de Boulogne. »

Ces vœux furent adoptés par la 5e Section, mais à l'Assemblée générale, sur les instances de M. Lampué, conseiller municipal de Paris, ils furent remplacés par le texte suivant :

« Le Congrès, réuni à Liège, émet le vœu que les parcs et les bois ne soient pas enclavés immédiatement dans les habitations, mais qu'ils soient continués par de larges espaces ou avenues appropriées, pouvant même les relier autant que possible les uns aux autres. » — N. D. L. D.

fortifications et de l'annexion de la zone militaire, présentée par M. Louis Dausset, Conseiller municipal.

1908, n° 91. Note complémentaire et additionnelle à la proposition au sujet du déclassement total des fortifications et de l'annexion de la zône militaire, présentée par M. Louis Dausset, Conseiller municipal.

1909, n° 110. Deuxième proposition, relative au déclassement total des fortifications, à l'annexion de la zone militaire et à sa conservation en espaces libres, présentée par M. Louis Dausset, Conseiller municipal.

Voir *Annales du Musée Social*, 5, rue Las Cases, Paris, année 1908, pages 25, 57, 59, 60, 61, 99, 118, 125, 159, 162, 365, 366. — Année 1909, pages 54 à 58, 247 à 249, 389 à 393, 395 et 396.

Voir, *Musée Social*, juillet 1908, n° 7. Les Espaces libres à Paris :

1° Les Espaces libres, résumé historique, par Robert de Souza ;

2° Les Espaces libres à Paris, par Eugène Hénard ;

3° La Campagne électorale municipale, par Raoul de Clermont et F. Cros-Mayrevieille ;

4° Conférence de Me Henri Robert, avocat à la Cour d'appel de Paris, sur les Espaces libres, au grand amphithéâtre de la Sorbonne, le 5 juillet 1908.

Rapport de M. Raoul de Clermont à la Section d'hygiène urbaine et rurale du Musée Social (séance du 8 juillet 1908).

Voir *Comptes rendus de la Ligue des Espaces libres* (président M. P. Doumer), dans le *Bulletin de la Chambre des Propriétaires*, 7, rue Scribe, Paris (IXe). — 36e Année 1908, n° 588, 1er décembre 1908, page 557 ; n° 589, 16 décembre 1908, pages 583 et 584. — 37e année, 1909, n° 590, 1er janvier 1909, page 3 ; n° 591, 16 janvier 1909, page 33 ; n° 592, 1er février 1909, pages 64 et 71 ; n° 593, 16 février 1909, pages 96, 98 et 107 ; n° 594, 1er mars 1909, pages 127 et 128 ; n° 595, 16 mars 1909, page 166 ; n° 596, 1er avril 1909, page 207 ; n° 597, 16 avril 1909, pages 231 et 236 ; n° 599, 16 mai 1909, pages 297 à 301 ; n° 600, 1er juin 1909, pages 329 à 336 ; n° 601, 16 juin 1909, pages 366 à 371 ; n° 602, 1er juillet 1909, pages 393 et 394 ; n° 603, 16 juillet 1909, pages 416 à 421 ; n° 605, 16 août 1909, page 472 ; n° 606, 1er septembre 1909, page 496 ; n° 607, 16 septembre 1909, pages 521 à 523 ; n° 609, 16 octobre 1909, pages 576 à 579 ; n° 610, 1er novembre 1909, pages 601 à 605 ; n° 611, 16 novembre 1909, pages 636 et 637 ; n° 612, 1er décembre 1909, pages 659 à 663 ; n° 613, 16 décembre 1909, pages 695 à 697; n° 620, 1er avril 1910, page 199; n° 622, 1er mai 1910, p. 272; n° 623, 16 mai 1910, p. 295 ; n° 625, 16 juin 1910, p. 372.

Voir brochure, *La Ligue pour les Espaces libres, l'Assainissement et les Sports, Déclassement des fortifications et conversion de la zone en espaces libres*, Roger et Cie, édit., 54, rue Jacob, Paris, 1910.

Voir *Bulletin de la S. P. P. F.* 1902, pages 101, 102, 103, 104 et 117 ; 1904, p. 3 à 12, 21, 52, 54, 88 et 89 ; 1905, p. 56 ; 1906, p. 12, 75, 82 et 87.

Voir ouvrages de M. Hénard sur les Transformations de Paris ; de M. Forestier sur les Espaces libres et de M. Floureus sur les Fortifications de Paris.

D'une façon plus générale, voir les travaux de M. G. Benoit-Lévy sur les Cités-Jardins et aussi de M. Magne, l'*Esthétique des Villes*, édition du *Mercure de France* 1908 ; de M. Bacquet, les *Jardins ouvriers en France*, Paris, Thèse, 1906 ; de M. Henri Robin, les *Jardins ouvriers*, Paris, Thèse 1905. Voir surtout l'ouvrage de M. de Montenach, *La Fleur et la Ville* (Lausanne, 1906), et *Pour le Visage aimé de la Patrie* (Lausanne, 1909).

M. Bellamy, *Habitations à bon marché* ; M. Bourguignon, *Intervention des Pouvoirs publics en matière d'hygiène de l'habitation.*

Déjà en 1789, Mirabeau s'écriait : « L'entassement humain engendre la pourriture, comme celui des pommes. »

Tableau comparatif des Espaces libres dans différentes villes :

A *Paris*, surface des promenades : 1/8 ; à *Londres*, surface des promenades : 1/6 ; à *Berlin*, surface des promenades : 1/7 ; à *Leipzig*, surface des promenades : 1/5 ; à *Bruxelles*, surface des promenades : 1/5.

Proportion par rapport à la population :

A *Paris*, chaque habitant a 3 mq. 70 de promenades ; à *Londres*, chaque habitant a 7 mq. 90 de promenades ; à *Berlin*, chaque habitant à 2 mq. 30 de promenades ; à *Prague*, chaque habitant a 1 mq. de promenades ; à *Vienne*, chaque habitant a 4 mq. de promenades ; à *Bruxelles*, chaque habitant a 1 mq. de promenades.

APPENDICE

Commentaire de la Loi du 20 avril 1910 ayant pour objet d'interdire l'affichage sur les Monuments historiques et dans les Sites ou sur les Monuments naturels de caractère artistique.

Une des grandes préoccupations de la Société pour la Protection des Paysages de France a été, jusqu'à ce jour, d'obtenir des mesures propres à combattre les abus de l'affiche-réclame. Des plaintes lui parvenaient de toutes parts, et plus spécialement de la Côte-d'Azur, où le maire de Villefranche n'avait pas hésité à prendre, le 20 avril 1905, un arrêté interdisant l'apposition d'affiches-réclames sur les murs, façades et clôtures appartenant à la commune, dans toute l'étendue du territoire (1). D'autre part, le *Journal des Débats* du 13 février 1907 nous faisait connaître qu'en Suisse, la guerre aux affiches barbares ne se bornait pas à de vaines protestations, mais qu'au surplus, un groupe important d'hôteliers de la vallée du Rhône, réunis en Assemblée annuelle, venait de décider le boycottage des industriels qui se plaisaient à déshonorer les flancs des montagnes nationales avec leurs écriteaux, affiches, pancartes, de dimensions ridiculement exagérées, et placés avec intention sur les points les plus en vue, auxquels ils enlèvent ainsi leur caractère naturel. D'autre part, une Ligue suisse pour la Protection des Sites et des Paysages s'apprêtait à solliciter des gouvernements cantonaux la prise en considération d'un projet de loi dû à la plume du jurisconsulte bâlois, le Dr Wieland, et prohibant l'affichage comme une profanation du Paysage. Notre Société française a donné à son heure le texte du projet Wieland (2), comme elle n'a pas manqué de publier tous les autres documents qui lui ont paru utiles à signaler à ses adhérents (3). D'ailleurs, la question de la réglementation de l'affichage semblait, voilà déjà quelques années, préoccuper de très nombreux pays. M. Ch. Beauquier et M. Maurice Faure, dans l'exposé des motifs de la loi française, que nous aurons tout à l'heure à examiner, ont donné un compte rendu complet, quoique succinct, de cette législation étrangère. En 1903, le Landstag prussien vote une loi interdisant l'affichage dans les campagnes des provinces rhénanes le long des chemins de fer et dans les Sites fréquentés par les Touristes. L'Amérique possédait diverses lois dans les États de Massachusetts, de Pensylvanie et de Michigan, notamment relatives à l'affichage le long des routes. En Suisse, avant le dépôt du projet de M. Wieland, quelques communes du canton des Grisons, Saint-Moritz et Pohernic, et celle de Zug avaient déjà interdit l'enlaidissement des Paysages par les affiches-réclames. Il n'était point jusqu'à la principauté de Monaco, où ne veillait une autorité attentive pour dire : on ne passe pas !

***

Mais suivant quel mode atteindre ces abus. Bien des systèmes avaient été proposés ou préconisés. M. Delien, qui fut pendant longtemps délégué à Cannes de notre So-

(1) Voir *Bulletin de la S. P. P. F.*, 1902, p. 74 et suiv. : 1903, pp. 19, 42, 68, 91; 1904, p. 76 et suiv. ; 1906, p. 84. L'arrêté du maire de Villefranche était ainsi conçu : « Considérant que si les propriétaires d'immeubles et de terrains clos ont le devoir de sauvegarder les Beautés actuelles de la région, par leurs restrictions personnelles, il est aussi du devoir de la municipalité, par son action légale, de prendre les mesures les plus efficaces pour assurer la même préservation..... »

(2) Voir *Bulletin de la S. P. P. F.*, 1907, p. 192 et suiv. *A Travers la Législation étrangère, Contre l'abus de l'Affiche-Réclame*, par F. Cros-Mayrevieille.

(3) Voir également *Bulletin*, 1907, p. 242 : *Les Projets Anglais*, par F. Cros-Mayrevieille, et le *Monde des Voyages*, janvier 1908.

ciété, aurait voulu que l'on accorde aux maires un pouvoir discrétionnaire pour réglementer l'affiche-réclame, par exemple en exigeant des couleurs atténuées. En outre, M. Delin demandait à ce qu'il soit établi un régime spécial quant aux villes d'eaux, ces villes ayant plus que toutes autres besoin de coquetterie pour maintenir et attirer l'étranger. Un tel système avait bien des points communs avec le système anglais de 1907 : dans le Royaume-Uni, il appartient aux Conseils locaux de rédiger des règlements par lesquels ils puissent interdire l'étalage de toute réclame qui affecterait d'une façon préjudiciable un paysage ou un lieu public ; les Conseils de bourgs et de comtés peuvent, au surplus, exercer un contrôle dans les cas d'affichage dépassant 12 mètres de hauteur.

Un autre système était préconisé par M. Bonnard (1). Suivant lui, on devait frapper d'un droit fiscal très élevé, au mètre carré, par exemple, les affiches, de façon à ce que l'industriel n'y trouve plus son compte.

Autre question : entendait-on seulement protéger certains Sites ou bien édicter une mesure appliquée uniformément partout : les deux systèmes étaient également défendables. Ceci résolu, convenait-il d'interdire, dans certains cas seulement ou partout, les affiches-réclames en pleins champs, sur poteaux et étrangères au sol sur lequel elles sont placées, de façon à réserver le droit éventuel du propriétaire à indiquer que son terrain est à vendre ou à louer... ; et, si une telle mesure pouvait paraître trop radicale, convenait-il plus simplement d'édicter une mesure se rattachant à la police des routes et interdisant de placer des réclames à moins d'une distance déterminée des routes et chemins de fer, ce qui, en les éloignant de la vue, ferait disparaître, en raison directe de l'éloignement, l'intérêt à les élever ? Et, dans le même ordre d'idées, devait-on, en matière de police des constructions, ne tolérer une affiche-réclame qu'après enquête préalable ?

Pour sauver les aspects intéressants de la Nature, il y avait bien encore un autre moyen dont la difficulté apparaîtra tout de suite : c'est le procédé en usage dans la Société anglaise : « *National Trust for Historic interest and Natural Beauty.* » Cette Société, depuis une quinzaine d'années, a acheté de nombreux Sites et en a sauvé d'autres ; dans le rayon de son action, l'affichage est interdit, elle est, en l'espèce, le propriétaire modèle, qui est non seulement un « bon père de famille », mais un bon citoyen. Aussi lui a-t-on confié la conservation de quelques Monuments, notamment celui qui a été élevé en l'honneur de Ruskin, par Friars Crag. Le *Times* du 15 juillet 1904 nous offre un autre exemple de cette intervention généreuse, à propos de la magnifique propriété de Sowbarrow, près des lacs écossais. Cette propriété a été rachetée par souscription privée, à l'instigation du *Riw-Canon Rawnsley*, et même de de souscriptions en nature, les artistes mettant leurs œuvres en vente au profit de cet achat.

C'est là un moyen auquel la Commission de législation de la Société de Protection des Paysages ne pouvait guère songer. A supposer que d'aussi généreuses interventions n'eussent à se produire, elles ne pouvaient s'appliquer qu'à un nombre fort restreint de Sites, et laissaient en dehors une multitude de points fort intéressants.

On pouvait aussi garder le *statu quo*, et ne compter que sur l'influence morale de la Société et sur la persuasion des propriétaires intéressés, mais l'expérience avait

(1) Voir Bonnard : les *Affiches barbares dans le canton de Vaud* (*Gazette de Lausanne*), 14 nov. 1907. Dans le même sens voir Henri Baudin : l'*Enseigne et l'Affiche*, imprimerie Atar. Genève 1905. On y trouvera une définition de l'enseigne, son historique, les règlements les plus connus la concernant, sa place dans l'architecture, la promulgation de la loi du canton de Vaud de novembre 1903, à la suite d'une pétition signée par 6.000 citoyens. M. Baudin émettait les vœux suivants : 1° Interdiction de placer des enseignes dépassant la corniche des toits ; 2° Interdiction des enseignes se rapportant à un commerce ou à une industrie étrangères au fonds sur lequel elles se trouvent placées ; 3° Création d'une taxe annuelle sur les enseignes plates (façades, murs mitoyens...), égale à celle sur les enseignes en saillie.

malheureusement montré que si quelques bons résultats avaient été obtenus (notamment à propos de la place Masséna, à Nice), il ne fallait pas trop compter sur le désintéressement des propriétaires.

***

Au moment où la Commission législative de la Société pour la Protection des Paysages avait ainsi à se prononcer en faveur d'un système de réglementation de l'affichage, comment l'affiche était-elle réglementée en France ? Nous avions d'abord l'article 30 de la loi du 8 juillet 1852, l'article 5 de la loi du 26 décembre 1890, et la loi du 26 juillet 1893, puis les lois de finances établissant des taxes annuelles de timbres sur les affiches peintes sur les murs, et, lors de la discussion du budget général de 1903, M. Rouanet, député, proposait un amendement assimilant « les affiches de quelque nature qu'elles soient ou dont le papier aura subi une transformation quelconque, vernies ou collées sur zinc, linoléum, toile... » aux affiches peintes, soumises à la taxe en vertu de la loi de finances du 26 décembre 1890.

Le 13 décembre 1906 (Chambre des députés, 9e législature, 13 décembre 1906), M. Georges Gérald, député, proposait à son tour un amendement à la loi de finances, établissant un droit de timbre progressif, notamment applicable aux enseignes lumineuses.

Ce n'étaient là que des mesures fiscales, mais il y avait mieux, et le but que se proposait la Commission de législation de la Société pour la Protection des Paysages de France était partiellement atteint par une loi du 27 janvier 1902, due à l'initiative parlementaire de M. Bompard. Cette loi fit, au Sénat, l'objet d'un rapport au nom de la Commission chargée d'examiner la proposition de loi adoptée par la Chambre des Députés, tendant à modifier l'article 16 de la loi du 29 juillet 1881 sur la Presse, en ce qui concerne *l'affichage sur les Edifices et Monuments ayant un caractère artistique* (Sénat, année 1901, annexes 412 et 445). Présentant cette réglementation, l'exposé des motifs déclare que « l'intérêt purement esthétique et artistique suffirait grandement à justifier l'interdiction des abus... » ; et, plus loin : « Il serait permis d'ajouter beaucoup d'autres considérations sur la moralisation des procédés de publicité électorale et de penser que les candidats n'ont aucun profit à tirer, bien au contraire, d'actes de vandalisme commis souvent à leur insu, disons-le à leur honneur, et qui les déconsidèreraient eux-mêmes s'il en était autrement. » (1)

(1) Voici le texte de cette loi :

LOI du 27 janvier 1902. — Article 1er. — Par dérogation à l'art. 16 de la loi du 22 juillet 1881, les Maires et à leurs défauts, les Préfets dans les départements, le Préfet de la Seine à Paris, ont le droit d'interdire l'affichage, même en temps d'élections, sur les Edifices et Monuments ayant un caractère artistique.

Les contrevenants seront punis d'une amende de 5 à 15 francs par contravention.

Art. 2. — La présente loi est applicable à l'Algérie.

Quant aux documents parlementaires, voir (*J. Off.* du 16, déb. parl., p. 2186. — *J. Off.* doc. parl., déc. 1901, p. 111) ; Sénat (*J. Off.*, doc. parl. de janv. 1902, p. 409); Rapport de M. Legrand, dépôt le 10 mars 1901 ; texte (*J. Off.*, doc. parl. d'avril 1902, p. 440) ; Déclaration d'urgence, discussion et adoption le 21 janvier 1902 (*J. Off.* du 22, déb. parl., p. 21) (Voir Sirey : *Lois annotées*, 1903, p. 514).

La loi du 29 juillet 1881 (Sirey : *Lois annotées* de 1882, p. 201) permettait dans son article 16, à la seule exception des emplacements désignés « pour recevoir les affiches des lois et autres actes de l'autorité publique » de placarder « les professions de foi, circulaires et affiches électorales sur tous les édifices publics autres que les édifices consacrés au culte ». Une telle faculté avait donné lieu à des abus, qu'on avait pu justement qualifier de scandaleux, à l'aide desquels étaient déshonorés, non seulement les façades lisses des monuments et édifices, mais même les bas-reliefs, ornementations, statues, etc... qui les décorent, ou qui décorent les voies, promenades et places publiques.

Il est à remarquer, qu'en vertu de la loi de 1902, le droit d'interdire l'affichage s'applique

Signalons que si des décisions de justice étaient intervenues, elles n'avaient, à notre connaissance, porté que sur la question d'assujettissement ou non assujettissement au timbre (1). Il convient toutefois de remarquer que la jurisprudence admettait le droit pour les municipalités de réglementer l'affichage, et nous avons vu comment le maire de Villefranche avait heureusement tiré parti de cette faculté. En présence d'un arrêté municipal, dont le caractère est obligatoire, l'apposition d'une affiche-réclame, sans autorisation préalable, constitue une contravention, punie des peines de simple police (tribunal de simple police de Toulouse : 18 juin 1904. Dalloz, 1904-5-9). La Cour de cassation a jugé que l'article 68 de la loi du 29 juillet 1881, en proclamant la liberté de l'affichage, n'a en rien modifié les pouvoirs des maires en ce qui concerne la voirie, ni autorisé les affiches maintenues par des encadrements en saillie qui pourraient porter préjudice à la circulation sur la voie publique. Dès lors, on doit considérer comme légalement pris l'arrêté municipal qui interdit toute saillie sur la façade de la voie publique, sans autorisation, et, par suite, l'apposition de tableaux-réclames en saillie sur la voie publique, sans autorisation, constitue une contravention au dit arrêté, qui doit être punie (Cour de cassation, Chambre criminelle, 4 janvier 1906. Dalloz, 1906-1-512).

Mais, on vient de le voir par cet exemple, le pouvoir municipal ne pouvait intervenir qu'autant qu'une question de voirie pouvait être mise en jeu, danger ou embarras dans la circulation. La Commission de législation de la Société pour la Protection des Paysages de France estima donc qu'elle était en présence de moyens d'action insuffisants.

***

Nous avons énuméré plus haut les procédés auxquels elle pouvait avoir recours ; on ne pouvait songer à l'achat par souscription, on écarta également l'idée d'une taxe élevée sur l'affiche-réclame, taxe qui n'aurait eu pour résultat que de créer une gêne notable au petit commerce et n'aurait en rien arrêté les commerces et industries puissants. On opta donc pour le droit d'interdire. Mais à qui confier ce droit ? Aux municipalités, elles semblaient trop près des intérêts privés, et puis n'avait-on pas un organe tout trouvé au chef-lieu du département, la Commission départementale des Sites, qu'il convenait de réveiller de son engourdissement et à qui l'on devait faire entrevoir le rôle important et grandissant qu'on voulait lui attribuer ? Et pour exécuter les décisions de la Commission, ne devait-on pas avoir recours au Préfet, non point en sa qualité de représentant du Pouvoir central, mais bien en sa qualité de Président de la Commission départementale des Sites ?

d'une façon générale à tout affichage, non seulement en temps d'élections, mais en toute autre période ; par suite, il est bon de signaler à l'attention des Maires, que leurs arrêtés, s'ils le jugent utile, seraient, à bon droit, rédigés de manière à donner un caractère, non pas temporaire et spécial à une période, mais permanent et général. (Déclarations de M. Legrand : Sénat, séance du 21 janvier 1902 ; *J. Off.* du 22, débats parlementaires, p. 21.)

Cette loi ne visait que les monuments et édifices *publics* et l'affichage est toujours permis sur les propriétés privées, sans le consentement des propriétaires, qui ont même le droit d'enlever les affiches indûment apposées. (Sénat, rapport de M. Legrand.) Elle ne visait nullement les monuments historiques. M. Riou, député, ayant demandé quelle garantie on peut avoir « que l'arrêté ne sera pas pris pour des monuments ou édifices artistiques, appartenant aux particuliers, par exemple, à ceux qui ont un caractère un peu indéterminé, tels, par exemple, que les édifices et monuments classés parmi les monuments historiques », M. le rapporteur spécifiait que la disposition ne pouvait s'appliquer qu'aux édifices publics.

(1) Voir sur ce point : Dalloz, *Jurisprudence générale* : supplément 1° Timbre, n°s 495 à 498 et 577 ; Tribunal civil de la Seine, 7 juillet 1894, *Répertoire périodique de l'enregistrement*, article 8390 ; Tribunal civil Meaux, 21 décembre 1894, *Répertoire périodique de l'enregistrement*, article 8603 ; *Dictionnaire des Droits d'enregistrement* : 1° amende n° 47.

Sur le caractère électoral de l'affiche, voir Tribunal civil de Châteaulin, 24 juillet 1906 (Dalloz, 1907, 4, 59).

Cette question résolue, il n'y avait pas seulement lieu de protéger le Monument ou le Site lui-même, mais encore ses alentours, à la manière d'un cadre qui met le tableau en valeur. De là l'idée d'un périmètre de protection, à la manière de celui qui existe, en vertu de la loi du 14 juillet 1856, autour des sources minérales. La détermination de ce périmètre devant appartenir, pour chaque cas particulier, à la Commission départementale des Sites, on conçoit, en effet, facilement, qu'on ne pouvait, en cette matière, édicter une règle uniforme et rigide.

On ne pouvait s'arrêter là, car il ne convenait pas seulement de protéger contre l'affichage les Sites et Paysages classés, mais encore ceux qui ne le sont pas, tels que les longs rubans qui se déroulent à droite et à gauche des lignes de chemins de fer.

La proposition de loi dont nous venons de donner l'économie générale fut déposée sur le bureau de la Chambre par M. Ch. Beauquier, et votée sans difficulté (1). Transmise au Sénat, elle venait en discussion à la 2e séance du 22 mars 1910. Devant la Commission, la proposition avait subi des modifications qu'il convient de signaler. (Rapport Sénat, annexe, année 1910, n° 84.) Tout d'abord, une modification sans importance, portant sur la désignation des lieux à protéger, la Commission ayant remplacé le mot « édifice » de l'article 1er de la proposition et les mots « Monuments naturels », par la phrase plus explicite : « les Monuments historiques classés en vertu de la loi du 30 mars 1887, ainsi que sur les Monuments naturels et dans les Sites de caractère artistique, classés en vertu de la loi du 21 avril 1906. »

Modification plus grave, en ce qui concernait l'établissement autour de ces lieux d'un périmètre fixé par arrêté préfectoral, sur avis de la Commission départementale des Sites. La Commission substituait la faculté à l'obligation, « la nécessité de ce périmètre pouvant, en certains cas, ne pas apparaître avec évidence », ajoutant, d'ailleurs, « que le préfet restera juge de l'opportunité de la mesure, dans les conditions prévues au deuxième alinéa de l'article 1er ».

Modification beaucoup plus grave, l'article 2 était supprimé, celui-là même qui visait les Paysages et Sites non classés. Cet article était ainsi conçu : « En dehors des cas prévus par l'article 1er, le Préfet pourra, sur avis conforme de la Commission des Sites, prendre un arrêté interdisant l'affichage, toutes les fois que l'exigeront la beauté et la conservation des Edifices, Monuments naturels, Sites et Paysages non classés. » De cette amputation, la Commission donnait les raisons suivantes : « Notre Commission estime qu'il y a lieu de supprimer cet article, dont les dispositions ne s'accordent pas avec le caractère limitatif de la proposition de loi, tel que le détermine l'article 1er. Ces dispositions, d'autre part, même avec la garantie de l'avis préalable de la Commission départementale des Sites, paraissent devoir laisser une trop large place à l'arbitraire préfectoral, et pourraient, en certaines circonstances, permettre de porter atteinte à la liberté de l'affichage, telle qu'elle est réglée par la loi du 29 juillet 1881 sur la liberté de la Presse (titre III). Aux termes de cette loi, d'ailleurs, les édifices publics peuvent être soustraits à l'affichage des placards privés non électoraux dans les mêmes conditions que les autres propriétés particulières : à cet égard, l'État, les départements et les communes ont, relativement aux immeubles dont ils sont propriétaires, des droits égaux à ceux des particuliers. L'article 2 instituerait donc, pour ce cas spécial, une faculté d'interdiction qui existe déjà. Il aurait toutefois le grave inconvénient de fournir un moyen d'annihiler, en ce qui concerne les dits édifices publics — les églises et temples exceptés — la liberté absolue d'affichage établie. »

(1) *PROPOSITION DE LOI présentée* par M. Charles BEAUQUIER, *député.* — *Annexe au Procès-Verbal de la Séance du 28 janvier 1908.* — N° 1472, Chambre des Députés, neuvième législature, session de 1908.

NOTA. — Cf. pour l'exposé des motifs, *Bulletin de la Société pour la Protection des Paysages*, n° 25, 1908, janvier, p. 269 et rapport conforme de M. Cloarec, député (loc. cit. n° 30, 1909, 15 avril, p. 1, et *Officiel*, Chambre des Députés, annexe au procès-verbal de la séance du 29 janvier 1909, Chambre des Députés, deuxième législature, 1909, n° 2272 et 2575).

L'article 3, prévoyant les pénalités pour infractions, était maintenu, l'amende ramenée du taux de 100 à 3.000 francs au taux de 25 à 1.000 francs, avec application de l'article 463 du Code pénal, que la proposition primitive prévoyait en un article 6, supprimé.

L'article 4, rendant la loi applicable à l'Algérie, était intégralement maintenu, et l'article 5 supprimé. Le dernier article prévoyait l'élaboration d'un règlement d'administration publique, que la Commission jugeait inutile, étant donné que réduite aux dispositions de l'article 1er, la proposition de loi était d'une telle simplicité, au point de vue de son application, qu'il n'était nullement nécessaire, pour en assurer son fonctionnement régulier, de recourir à une procédure déterminée par un règlement d'administration publique.

Enfin, le titre de la loi était modifié comme ne spécifiant pas assez nettement son objet. A l'intitulé : *Loi contre l'abus de l'affiche-réclame*, était substitué celui-ci : *Loi ayant pour objet d'interdire l'affichage sur les Monuments historiques et dans les Sites et sur les Monuments naturels de caractère artistique.*

Ainsi amendée, la proposition de loi était adoptée par le Sénat, le 22 mars 1910, et par la Chambre des Députés, sur rapport de M. Ch. Beauquier (n°s 3271-3309, année 1910), à la deuxième séance du 31 mars 1910. Elle devenait bientôt la loi du 20 avril 1910.

***

Cette loi n'a encore reçu aucune application. Il serait prématuré de porter sur elle un jugement définitif. Au cours de son passage au Sénat, elle a été singulièrement réduite. Elle comprend deux dispositions : 1° l'interdiction de l'affichage sur les Monuments historiques et dans les Paysages et Sites classés ; 2° la *faculté* d'interdire l'affichage dans un périmètre à déterminer autour des dits Monuments et Paysages.

On ne peut, en somme, considérer la première de ces dispositions que comme le rappel des principes établis par les lois de 1887 et de 1906. Il ne faudrait pas croire, en effet, que jusqu'à ce jour, l'affichage sur les Monuments historiques, Sites et Paysages était autorisé, à supposer même qu'il ait été toléré. L'article 4 de la loi du 30 mars 1887 dispose que « l'immeuble classé ne pourra être détruit, même en partie, ni être l'objet d'un travail de restauration, de réparations ou de *modifications* quelconques, si le Ministre de l'Instruction Publique et des Beaux-Arts n'y a donné son consentement.... Les servitudes d'alignement et autres qui pourraient causer la *dégradation* des Monuments ne sont pas applicables aux immeubles classés. » De son côté, l'article 3 de la loi du 21 avril 1906 dispose que :

« Les propriétaires des immeubles désignés par la Commission seront invités à prendre l'engagement de ne détruire, ni *modifier* l'état des lieux ou leur aspect, sauf autorisation spéciale de la Commission et approbation du Ministre de l'Instruction Publique et des Beaux-Arts. »

Or, n'est-ce point modifier, en quelque sorte, l'aspect des lieux que de transformer un Monument ou un Site en ce qu'on a fort pittoresquement nommé un « immense habit d'Arlequin » ? Il en est pour l'affiche comme pour les statues de mauvais goût et sans style, que certains curés s'étaient avisés de placer dans les églises classées, dont ils avaient la disposition. Ils ont dû les enlever comme modifiant l'aspect des lieux, et pour les affiches, le fait s'aggrave de cette circonstance que leur enlèvement peut entraîner une détérioration, tout comme l'enlèvement d'une peinture murale.

Mais si l'affichage sur les Monuments historiques et dans les limites d'un Site ou Paysage classé pouvait être interdit en vertu même des règles posées par les lois de 1887 et de 1906, il était bon que cela fut explicitement dit. C'est ce qu'a fait la loi du 20 avril 1910.

Sur la deuxième disposition, on peut regretter que le Sénat ait remplacé l'*obligation* de créer un périmètre de protection par la simple *faculté*. Les environs des Sites et monuments sont dans tous les cas des éléments de mise en valeur de ces Sites et Monuments, et s'il est quelque chose à regretter, c'est que ce périmètre de protection ne puisse exister que pour l'affichage et non pour toute autre espèce de modifications, constructions, etc..., comme cela existe dans la loi hessoise. Nous aurons à voir dans quelle mesure les Commissions départementales des Sites useront de cette faculté.

Ce qui nous paraît bien plus grave, avons-nous dit, c'est la suppression de l'article 3 qui donnait aux préfets, sur avis conforme de la Commission départementale des Sites, la faculté de prendre un arrêté interdisant l'affichage toutes les fois que l'exigeraient la Beauté et la conservation des Monuments ou Sites. En rétablissant cet article, le comité de législation de la Société pour la Protection des Paysages avait pour but d'atteindre, dans la mesure du possible, ces longues théories d'affiches sur poteaux ou murs qui se déroulent inlassablement le long des voies ferrées ; elle avait aussi pour but de sauvegarder d'admirables perspectives, par exemple la Corniche, sur la côte d'Azur, également la côte d'Argent. Là, la plupart du temps, point de site classé et cependant, il apparaissait comme regrettable de ne point protéger ces sites contre l'envahissement de l'affiche. Bien des choses ne peuvent être précisées dans une loi qui ne saurait entrer dans les détails, qui peuvent être édictées dans un règlement d'administration publique. C'est ce que souhaitait le Comité de législation de la S. P. P. F. La réglementation de l'affiche-réclame touchait aux intérêts privés, il convenait de ne faire plier cet intérêt privé que dans des cas exceptionnels et appliquer ces dispositions avec la plus grande mesure. La proposition de loi de M. Beauquier s'expliquait d'ailleurs sur ce point. C'est ainsi qu'il y avait une distinction qui s'imposait dès l'abord, entre les « droits acquis » à ceux qui avaient usé du droit d'affichage et les « droits en puissance » appartenant à ceux qui n'avaient point encore usé de cette faculté. Il était bien évident que le préjudice causé à ces derniers était nul ou presque et pouvait être pécuniairement appréciable pour les premiers. La politique de la S. P. P. F. pouvait se résumer en quelques mots : « Faire la part du feu. »

Le Sénat a repoussé cette disposition, il a semblé considérer que l'auteur de la loi avait en vue les édifices publics par opposition aux édifices classés. Nous avons vu que l'affichage sur les Monuments publics peut faire l'objet d'arrêtés d'interdictions des maires et le Sénat a considéré qu'une telle disposition pourrait faire double emploi. C'était perdre un peu de vue que la loi visait également et avant tout les Sites non classés. Ainsi que le dit M. Defert, l'éminent président du Comité des Sites et Monuments du Touring-Club de France (*Bulletin du Touring*, avril 1910) :

« Comme argument, c'est plutôt faible !

» Que les professions de foi et affiches électorales aient besoin des édifices publics pour s'étaler au grand jour, passe encore ! Leur floraison n'a qu'un temps ; elle n'est que momentanément encombrante.

» Mais les sites, mais les paysages, dont le pittoresque ou la beauté attire les touristes, qu'ont-ils à voir avec l'affichage électoral ? C'est à un autre genre de réclame qu'ils sont de plus en plus exposés. Réclame commerciale ou industrielle effrénée, sans pudeur comme sans mesure, qui vient jeter sa note discordante, obsédante, irritante, dans la tranquille harmonie d'un paysage, la beauté d'un point de vue, la majesté de la nature !

» C'est de cette réclame-là qu'il faudrait nous débarrasser en armant l'administration du droit de l'interdire. »

Un autre scrupule a arrêté le législateur : la crainte de l'arbitraire préfectoral. Il est assez piquant de relever que la même crainte n'avait pas arrêté le même législateur de 1902, à propos du vote de la loi du 27 janvier 1902, citée plus haut, ayant pour but de modifier l'article 16 de la loi du 29 juillet 1881 sur la presse, en ce qui concerne l'affichage sur les édifices et monuments ayant un caractère artistique. Au Sénat, il fut nettement spécifié qu'il appartiendrait aux Préfets d'intervenir après s'être assurés administrativement que les maires ne croiraient pas devoir user du pouvoir leur appartenant, pouvoir expressément visé dans l'article premier. Et il est à remarquer qu'en la circonstance l'arbitraire préfectoral serait beaucoup plus à redouter, puisque les Préfets n'ont point, comme ils l'avaient dans le projet de la S. P. P. F., l'obligation d'agir sur l'invitation de la Commission départementale des Sites, ce qui constitue une garantie. Ajoutons que transformer une obligation en une faculté pour l'administration préfectorale, ainsi que l'a fait l'article premier c'est, en quelque sorte, s'en remettre à cette autorité préfectorale du soin d'apprécier l'opportunité d'une mesure et faire, par conséquent, une belle part à l'arbitraire.

Sous ces réserves, nous devons nous féliciter du vote de la nouvelle loi qui, ainsi que le dit M. Defert, « crée moins pour ce qu'elle contient que pour ce qu'elle permet d'espérer ».

Fernand CROS-MAYREVIEILLE.

V

La Protection des Forêts

« Quiconque aura premier la main embesognée
» A te couper, forest, d'une dure cognée,
» Qu'il puisse s'enferrer de son propre baston. »

(Ronsard, *élégie contre les bréchures de la forêt de Gâtine.*)

NOTA. — La question de la Protection des Forêts se rattache très étroitement à la question de la Protection des Paysages ; elle en est l'un des aspects et l'un des plus importants. Rappelons que c'est dans cet esprit que M. Beauquier a déposé sur le bureau de la Chambre une proposition de loi relative à la création de « Réserves nationales » boisées, en vue de l'hygiène et de la conservation des sites. L'arbre est l'un des éléments essentiels du Paysage. Aussi ne faut-il point s'étonner de la large place occupée par la question des Bois et Forêts dans les comptes rendus du Congrès.

Il convient ici d'indiquer quelques documents qui pourront être utilement consultés au sujet du déboisement et de ses remèdes.

D'abord, la collection de l'*Ami des Arbres*, revue dirigée par notre éminent collègue, M. Cardot, auquel on doit aussi *Le Manuel de l'Arbre*, magnifique ouvrage, édité par Le Touring-Club de France.

Le Déboisement et le régime des Bois des particuliers, Thèse pour le Doctorat, présentée et soutenue le 13 décembre 1909 par Charles Delahaye, garde général des Eaux et Forêts. (Niort, Mercier, imprimeur, 1909.)

Sur *Le Culte des Arbres et les Idées des anciens sur le rôle des Forêts*, consulter Buffault. (In-16, Rodez, Carrière, éditeur.)

Au point de vue historique : Monarchie capétienne (V. Luchaire : *Louis VI, dit Le Gros*, p. 234). On ne peut toucher à un bois sans l'exprès consentement du seigneur local, du roi et du grand-veneur. (V. également Tardif, *Monuments historiques*, n°s 364 et 398. Ordonnances de 1256 et 1280. *Recueil du Louvre*, t. I, p. 77 et t. XI, p. 346.)

Voir également les ordonnances protectrices de Philippe Le Bel : Ordonnance de 1303, art. 13. (*Recueil du Louvre*, t. I, p. 354) ; ordonnance du 13 avril 1317 (*Recueil du Louvre*, t. I., p. 645). Sur l'organisation à cette époque du service des forêts et des coupes, voir : Ordonnances du 18 juillet 1318, art. 42 et 46 ; ordonnance du 28 juillet 1318, art. 7 ; ordonnance du 16 novembre 1318, art. 23 (*Recueil du Louvre*, t. I, p. 656, 662, 668) ; ordonnances du 2 juin 1319 et du 17 mai 1320 (*ibidem*, p. 684 et 707) ; ordonnance du 11 juillet 1333 (*Recueil du Louvre*, t. II, p. 93).

Sur l'état lamentable des forêts et les déprédations dont elle sont l'objet jusqu'à l'ordonnance de Charles V, en juillet 1376, voir Vaitry : *Etudes sur le régime financier français, Philippe Le Bel et ses trois fils*, t. I, p. 50.

Sous Henri II, Bernard de Palissy protège les forêts.

Voir les édits de Sully (1597) et de Colbert (1669).

A la Révolution « on coupait un arbre centenaire pour avoir une paire de sabots ». Le danger de voir la marine manquer de bois motive le décret du 9 floréal an XI : « A chaque changement de régime on ne trouvait rien de mieux que de faire payer par les forêts les frais d'installation. En 1865, cette fois, on ne réussit pas ; le projet de loi qui demandait aliénation jusqu'à concurrence de 100.000.000 de francs dut être retiré devant l'alarme publique. » (Maxime Miane : *La Question du reboisement des Montagnes*. Paris, Chevalier-Mange, 1895, pp. 1, 18.)

Sur l'utilité de la Protection des Forêts et les Dangers des Déboisements. Voir : Le Rôle de la Forêt dans la circulation de l'Eau à la surface des continents, par Henry, professeur à l'Ecole nationale des Eaux et Forêts. (Congrès des Sociétés savantes, Nancy, 1901, p. 264 et suiv.). — Le Déboisement, péril de l'humanité, par Félix Regnault, dans la Revue *Les Documents du Progrès* (juin 1908, p. 509 et suiv.). — Les Grandes Forêts et le Climat, par E. Marchand, dans compte rendu du IVe Congrès du Sud-Ouest navigable, p. 377 et suiv. — Etude sur l'Aménagement des Montagnes dans la chaîne des Pyrénées, par Descombes. (Bordeaux, 2e édition, 1905), où est cité le curieux exemple d'une commune de 569 habitants, d'étendue fort modeste, dont la municipalité a eu toutes les sagesses et toutes les prudences et qui possède un revenu forestier de 24.000 francs, qui lui a permis de supprimer toute espèce d'impôt et qui pourtant, depuis dix ans, a consacré 100.000 francs d'excédents à des travaux d'utilité publique.

Le Rôle des Forêts dans la lutte contre les avalanches, par E. de Gorsse, rapport au IVe Congrès du Sud-Ouest navigable, p. 274 et suiv., etc..., etc...

Sur les projets de lois actuellemnt à l'étude. V. Rapport fait au nom de la commission de l'agriculture, chargée d'examiner : 1° la proposition de loi de MM. Ferdinand Bougère et Fernand David, relative à la faculté pour les propriétaires de soumettre leurs bois au régime forestier (n° 813) ; 2° la proposition de loi de M. Ferdinand Bougère, portant modification des articles 6 et 11 de la loi du 1er juillet 1901 et autorisant les associations reconnues d'utilité publique ou déclarées, à posséder des bois et des terrains à utiliser pour le reboisement (n° 814); 3° la proposition de loi de MM. Fernand David et Pierre Baudin, ayant pour objet d'introduire dans la Législation certaines dispositions permettant à divers établissements ou associations de coopérer à l'œuvre du reboisement du sol de la France (n° 1352), par M. Louis Vigouroux, député. Ces propositions ont été adoptées le 12 mars 1909 par la Chambre des députés, sans discussion, après déclaration d'urgence.

Sur le Reboisement et la Protection des Forêts à l'Etranger :

En Allemagne, Autriche, Hongrie, Suisse. Voir J. Madelin, docteur en droit, inspecteur des Eaux et Forêts : Les Restrictions légales au droit de propriété forestière privée (Paris, Rousseau, 1905).

En Angleterre : Voir article de Louis Vigouroux, député : Le Reboisement en France et en Angleterre, dans la Revue *les Idées Modernes*, février 1909, p. 201.

En Espagne : Les fêtes de l'arbre, communication au 1er Congrès du Sud-Ouest navigable, Bordeaux 1905.

Législation française actuellement en vigueur : Loi du 17 juin 1859, modifiant le Code forestier, décrets du 7 sept. 1870, du 22 décembre 1879, du 20 mars 1897. — Loi du 21 février 1903. — Loi du 4 avril 1882, pour la défense des terrains en montagne. Voir la discussion de ce chapitre à la Chambre des députés, 2e séance du 14 novembre 1907. (*J. Off.* du 15, Chambre, compte rendu *in-extenso*, p. 2229, 2230) — et 2e séance du 26 décembre 1907 (*J. Off.* du 19, *ibid*, pp. 2302 à 2310) ; et au Sénat, séance du 26 décembre 1907 (*J. Off.* du 27, Sénat, compte rendu *in-extenso*, pp. 1333 à 1336), une affectation de 3.376.000 francs a été proposée.

La Société pour la protection des Paysages de France entre actuellement dans sa dixième année. La protection des arbres et des belles forêts françaises est l'une de ses plus grandes préoccupations.

Elle nous donne dans son Bulletin un compte rendu des fêtes des Arbres (*Bull. S. P. P. F.* 1903, p. 61) en France et à l'Etranger, de celle de Saint-Vit dans le Doubs notamment qui fut particulièrement réussie.

Elle combat les Compagnies de chemins de fer qui, s'appuyant sur la loi du 9 ventôse an XIII et la loi de 1845, veulent supprimer les beaux arbres en bordure de la voie. (*Bull. S. P. P. F.*, 1904, p. 241.)

Dans sa chronique des arbres, elle nous signale les massacres et les morts illustres parmi les arbres. (*Bull.*, 1902, pp. 24 et 105 ; *Bull.*, 1903, pp. 17, 42, 43 et 93 et *Bull.*, 1904, p. 84.)

Elle essaye avec succès de détourner la Compagnie P.-L.-M. de son projet de tracé, de Melun à Bourron, qui menaçait de détériorer la plus belle partie de la forêt de Fontainebleau. (*Bull.*, 1902, p. 99 ; *Bull.*, 1903, pp. 5 et 31 et *Bull.*, 1904, p. 38.)

Elle obtient l'aménagement de la Mare-aux-Canes, un des plus beaux endroits de la Forêt de Saint-Germain. (*Bull.*, 1902, pp. 35 et 97 ; *Bull.*, 1903, p. 58 ; *Bull.*, 1904, p. 81.)

Elle attire l'attention de l'Administration des forêts sur la nécessité de préserver nos forêts des Vosges (*Bull.*, 1904, p. 69) et celle de Fontainebleau, que coupe l'exploitation d'un trop grand nombre de carrières.

En 1905, elle combat le déboisement des environs de la Grande Chartreuse (*Bull.*, 1905, p. 5), de la vallée de la Sioule (*Bull.*, 1905, p. 5) et du Cantal, de la Villosse, dans l'Yonne.

Elle publie l'histoire des arbres commémoratifs de France et de l'étranger. (*Bull.*, 1905, p. 13.)

Elle réclame, pour les promeneurs parisiens, l'accès plus facile des forêts de Fontainebleau, Saint-Germain, Compiègne et Chantilly. (*Bull.*, 1905, pp. 22 et 51 et *Bull.*, 1906, p. 91.)

Elle lutte contre la destruction des tilleuls de Cravent (Seine-et-Oise), contre l'arrachage abusif des oliviers que l'on remplace le long de la Corniche par la culture florale, et contre les abattages d'arbres du bois du Gast, près de Vire, et dans l'île Saint-Martin (*Bull.*, 1905, pp. 38 et 39 ; 1906, pp. 9 et 32), près de Paris.

En 1906, sur un intéressant rapport, rédigé par M. Cardot, elle vote les vœux du Congrès de l'Aménagement des Montagnes de Bordeaux. (*Bull.*, 1906, pp. 69 et 91.)

Elle nomme une commission spéciale pour les forêts et la revision du code forestier. (*Bull.*, 1906, p. 29.)

Elle défend de son mieux la forêt de Marchenoir (*Bull.*, 1906, p. 28), et combat les coupes abusives du Val-d'Aran. (*Bull.*, 1906, p. 98.)

Elle publie un compte rendu du deuxième Congrès de l'Aménagement des Montagnes à Pau (*Bull.*, 1906, p. 95) et en 1907, elle combat l'abatage d'arbres à La Roche (*Bull.*, 1906, p. 30), à Briançon.

Elle s'est encore occupée dans son *Bulletin*, des forêts et des bois suivants :

En *1907*, Sainte-Beaume, p. 172. — L'Yveline, p. 174. — Matemale, pp. 174, 213. — Vincennes, p. 208. — Fontainebleau, pp. 211, 213, 260 et 302. — Suburbaines de Berlin, p. 217. — Angleterre, p. 218. — Italie, p. 219. — Amérique, p. 220. — Le Lioran, pp. 263 et 298. — Bois-Noir, p. 263. — Bauncy, p. 265. — Olonne, p. 265. — Brunewald, Saint-Moritz, p. 306.

En *1908*, Suburbaines de Paris, p. 34. — Luxeuil, p. 29.

En *1909*, Fontainebleau, pp. 57, 58 et 59.

Enfin, elle a traité les questions de la Forêt et des Sports. (*Bull.*, 1907, p. 177.) — De la Forêt et du Journalisme. (*Bull.*, 1907, p. 216.) — De la Vente abusive des Forêts dans le Nord et l'Est de la France. (*Bull.*, 1908, p. 29.) — Et de la protection des Forêts à travers le monde. (*Bull.*, 1908, p. 71.)

M. de Sailly. — J'ai reçu de M. Descombes mission de présenter un mémoire relatif à LA DÉFENSE DES MONTAGNES.

La dégradation des montagnes, si pernicieuse pour nos paysages et le régime torrentiel des rivières qui en descendent, sont restés les plus grands obstacles au développement de la richesse publique, mais l'énormité de la dépense nécessaire pour y remédier avait toujours fait ajourner la solution de cet important problème.

Cette dépense avait été évaluée, en 1858, à plus de 2 milliards par Monestier-Savignat, ingénieur en chef des ponts et chaussées. On a commencé par la décomposer.

L'Etat a mis à la charge de son service forestier, par les lois de 1860 et de 1882, les travaux de correction des torrents, dont la dépense était évaluée à 200 millions de francs sur 200.000 hectares classés dans les périmètres de restauration.

Les travaux relatifs à la navigabilité des cours d'eau torrentiels ont été laissés au Ministère des travaux publics, qui les entreprend quand les intéressés y apportent leur concours financier.

La zone montagneuse, qui comprend 4 milliers d'hectares dont les trois quarts sont en voie de dégradation, a été abandonnée aux ravages des troupeaux qu'on a renoncé à réglementer, comme en témoigne l'article 23 du décret du 11 juillet 1882.

C'est cette lacune que l'A. C. A. M. (1) s'est attachée à combler. Elle a, suivant les

(1) L'Association Centrale pour l'Aménagement des Montagnes, fondée en 1904 par des hommes généreux, à la tête desquels se trouve M. P. Descombes, ancien directeur de l'une de nos manufactures nationales, a, dès sa fondation, subi une vigoureuse impulsion. Le programme que se propose l'Association a été fort bien défini par M. P. Descombes lui-même, dans son rapport à la Société de Géographie de Bordeaux (1906), rapport intitulé : « De la Propriété communale ». Il part de ces données que la propriété communale dans les Pyrénées comprend 1/5 de la superficie et 40 %, de la surface montagneuse. L'Association voudrait affermer par des baux à longs termes des terrains communaux dans les hautes vallées et les plateaux que les troupeaux de la plaine, affamés par une longue route, dévastent dès leur arrivée : améliorer la condition de la vaine pâture sur les usagers : créer des chemins, des abris pour les bergers, des prairies fauchables dont les fourrages faciliteront la stabulation : reboiser les pentes abruptes, aménager des pentes boisées où le bétail sera protégé et le sol consolidé ; favoriser la substitution des vaches aux brebis par l'organisation d'Associations forestières ; faire cesser les indivisions désastreuses de la propriété entre les communes françaises et étrangères ; remettre ensuite aux communes un domaine pastoral amélioré.

Le premier Congrès pour l'aménagement des montagnes eut lieu à Bordeaux, le 28 juillet 1905. Il s'occupa surtout, sous l'éminente direction de M. F. Schrader, du reboisement des Pyrénées. (V. *Le Matin*, 29 juillet 1905.) A ce Congrès, la S. P. P. F. avait officiellement délégué M. Cardot, membre de son Comité directeur, inspecteur des Eaux et Forêts. Il a publié un fort intéressant rapport sur ce Congrès dans le recueil du *Bulletin de la S. P. P. F.* de 1905, p. 93.

Les ouvrages et articles de M. P. Descombes sont tellement nombreux qu'il serait fort difficile d'en donner un aperçu sommaire. Il convient toutefois de signaler ceux qui ont paru dans l'*Action Régionaliste* et qui ont pour titre : « L'Action régionale dans l'aménagement des montagnes et le Reboisement » (*Action Régionaliste*, 1908). N. D. L. R.

principes de décomposition déjà appliqués, scindé la dépense correspondante en deux parties :

1° Suppression de la dégradation, correspondant à une dépense d'intérêt public ;

2° Mise en valeur du sol des montagnes, intéressant ses propriétaires ou exploitants.

I. Il suffit de supprimer la dégradation des montagnes, qui va toujours en s'accélérant et a comme conséquence immédiate la ruine des montagnards dans les hautes vallées, l'inondation et la disparition des forces motrices dans les plaines, pour mettre les pâturages alpestres en état d'amélioration spontanée, dans lequel ils peuvent attendre sans péril l'aménagement intensif correspondant à leur mise en valeur, et cette opération d'intérêt public se heurte à deux difficultés :

a) La dépense ;

b) L'inertie des montagnards hostiles au reboisement.

A. — L'A. C. A. M. a demandé ses ressources à l'initiative privée et aux subventions des pouvoirs publics.

B. — Elle a décomposé de nouveau le problème et abordé successivement :

Les pâturages à transhumance.

Les pâturages sans transhumance.

Sur les pâturages à transhumance, la mise en état d'amélioration spontanée n'est qu'une question d'argent, forcément compliquée par la durée de l'opération et les habitudes séculaires des populations. La location, par l'A. C. A. M. des territoires de transhumance, qui lui permet de supprimer la surcharge du pâturage et de mettre dans l'abondance les troupeaux des usagers, en versant aux communes propriétaires, pour restaurer leur domaine, autant que les possesseurs de transhumants leur versaient pour les dévaster, a produit de merveilleux résultats : son premier territoire de 2.000 hectares dans la vallée d'Aure était, au bout de trois ans, soustrait au ravinement ; au bout de cinq ans, les communes propriétaires pensent continuer l'amélioration spontanée sans aucun concours extérieur, en obtenant le même revenu avec moitié moins de bétail étranger qu'autrefois, et la dépense n'a été que de 3 fr. 62 par hectare.

La transhumance dans la vallée d'Ossau s'est réduite, en cinq ans, de 25.000 têtes ovines à 2.000, grâce à l'imitation par les communes ou syndicats des procédés qu'avait inauguré l'A. C. A. M. Les opérations de l'A. C. A. M. dans les Alpes ont donné des résultats analogues.

Sur les pâturages sans transhumance, la mise en état d'amélioration spontanée ne laisse pas d'être plus ardue, parce qu'il faut y faire cesser la course universelle à la destruction, en faisant accepter par les populations pastorales une réglementation indispensable. L'A. C. A. M. a organisé dans ce but, sur son territoire n° 10 de 1.275 hectares, affermés pour soixante ans, au Pic du Midi de Bagnères, une leçon de choses destinée à montrer la prospérité pastorale qui résulte de la seule réglementation des troupeaux qui y sont admis, et, dès la première année de cette expérience, le Syndicat du Haut-Ossau s'est occupé spontanément d'appliquer à ses usagers une partie de cette réglementation.

La question pastorale, qui semblait l'éternel écueil de la question forestière, étant maintenant résolue par l'initiative privée dans la partie la plus irréductible des Pyrénées, il est possible de dresser le devis d'une opération d'ensemble.

La surface en voie de dégradation étant d'environ 3 millions d'hectares et la mise en état d'amélioration spontanée coûtant moins de 5 francs l'hectare, la dépense n'excède pas 15 millions.

Cette dépense de 15 millions correspondant à la suppression de la dégradation est des plus abordables et correspond à une œuvre indispensable, qui suffira pour enrayer la dépopulation des montagnes et le péril des inondations.

II. Le développement progressif d'un aménagement intensif des montagnes en vue d'y créer des richesses et d'en augmenter les beautés, pourra alors être différé sans que son ajournement engendre de nouvelles ruines ; préparé par la première opération, il suivra son cours d'après les évolutions de l'esprit public, des intérêts et des ressources que les propriétaires, les pouvoirs publics et les capitalistes y pourront affecter.

M. de Sailly donne connaissance d'une brochure envoyée par la Société *Le Chêne*, de Marseille, qui poursuit à peu près le même but que la Société pour la Protection des Paysages, et demande acte de son adhésion au Congrès.

M. le Président, au nom du Congrès, remercie la Société *Le Chêne* et lui donne acte de son adhésion.

La parole est donnée à M. DE SAILLY (1) pour l'exposé de son rapport sur LA PROTECTION DES BEAUTÉS ET CURIOSITÉS NATURELLES EN FORÊT.

Nobis placent ante omnia sylvæ.

Du jour où elle s'est fondée, votre Société a facilement apprécié qu'au premier rang des éléments de beauté et de valeur artistique des paysages, il fallait placer les forêts qui tantôt avec les eaux des torrents, l'écume des cascades et les rochers sauvages, forment la parure délicate ou contribuent au décor grandiose de nos montagnes, tantôt associées aux rives gracieuses de nos fleuves ou aux bords paisibles de nos lacs composent les sites si harmonieux de nos plaines, tantôt empreintes par la seule majesté de leurs futaies d'un religieux mystère, semblent, dans cette diversité infiniment variée d'aspects, correspondre à tous les états tourmentés ou sereins, tristes ou enjoués, recueillis ou inspirés de la pensée humaine.

Mais si, à de tels titres, toutes les forêts de France méritent d'occuper votre sollicitude, celles qui appartiennent à l'État et aux communes doivent plus spécialement attirer votre attention lorsqu'on les envisage comme notre *patrimoine national*, constituant pour la France non seulement un fonds essentiellement productif au profit du Trésor public ou commun, mais aussi une incomparable valeur d'art et d'agrément qui, pour n'être pas susceptible d'appréciation en argent, ne laisse pas d'être infiniment précieuse.

C'est, en effet, à la forêt que les plus grands peintres, de Salvator Rosa, Ruysdaël et Claude Gelée, à Calame, à Rousseau, à Corot, à Français, à Daubigny, à Courbet, viennent depuis quatre siècles demander les scènes et les sujets de tant de chefs-d'œuvre légués à l'admiration de la postérité.

C'est sous l'ombre et dans la fraîcheur des bois que les compositeurs ont de tout temps puisé la poésie et l'harmonie comme à leur source naturelle.

(1) M. de Sailly, inspecteur des Eaux et Forêts en retraite, s'est très vivement occupé des questions de reboisement, et son concours dévoué est assuré à toute entreprise qui a pour but de protéger nos forêts. Il nous suffira de signaler la grande part qu'il prit au 7e Congrès de la Fédération Régionaliste Française, tenu au Musée Social, les jeudi 16 et vendredi 17 janvier 1908 (v. *Action Régionaliste*, 1908, p. 1 et suiv.), et où étaient envisagés « les moyens d'arrêter la destruction des forêts en France et de travailler à leur reconstitution ». Signalons également son article, dans la même revue (p. 69 et suiv.), sur le reboisement entrepris par les collectivités : soumission de leurs bois au régime forestier ; régime de faveur à appliquer aux bois ou terrains volontairement soumis au régime forestier par les particuliers ou les collectivités.
N. D. L. R.

C'est dans le silence mystérieux des profondes futaies que les penseurs viennent chercher l'inspiration et ont conçu souvent leurs œuvres les plus hautes.

On doit donc estimer qu'à ces titres, les forêts doivent être considérées comme le *Musée de la Nature* et traitées, non pas uniquement en vue du plus haut rendement en argent ou en matériaux utiles, mais aussi en raison de leur fonction morale dans la vie d'une nation et en vue de provoquer par l'aspect des beautés sylvestres, le sens de l'art et l'éclosion des hautes pensées et des idées fécondes.

Pour tout résumer d'un mot, l'on peut dire que la Nature est, suivant l'adage, *artis magistra*, la suprême maîtresse et la meilleure éducatrice d'art.

Votre Société donc, sans rien demander qui puisse nuire à l'exploitation normale des forêts nationales ou communales ou entraîner pour l'État des diminutions sérieuses de revenu, sachant d'ailleurs que tout massif boisé est dans un état de perpétuel renouvellement, que les futaies parvenues au terme de leur exploitabilité sont incessamment remplacées par celles qui les suivent dans l'ordre régulier de l'aménagement et, qu'en conséquence, la forêt bien gérée est impérissable et présente à nos yeux à la fois la plénitude et la perpétuité de la vie ; votre Société, dis-je, peut demander à l'Administration forestière de vouloir bien, à l'avenir, tenir compte, de plus en plus, de cette fonction morale et bienfaisante des forêts dans les dispositions à prendre en vue de leur aménagement général.

Elle pourrait donc, semble-t-il, exprimer le désir qu'en confirmation et extension des prescriptions tracées dans l'instruction administrative du 29 juin 1899 (n° 698), relative au recensement et à la conservation des arbres et rochers remarquables, l'administration invite les auteurs de projets d'aménagement forestier :

1° A signaler dans la partie statistique de ces documents, non seulement les arbres ou groupes d'arbres remarquables par leurs dimensions, leur port singulier ou leur antiquité, les rochers ou les ruines présentant un aspect pittoresque ou un intérêt spécial au point de vue géologique ou archéologique, mais encore les sites particulièrement dignes d'attirer l'admiration : tantôt une hauteur d'où l'œil découvre un panorama merveilleux (1), tantôt un site gracieux, une entrée de chemin creux sous bois, un coteau, une lisière bordée de vieux chênes, ayant contracté de leur lutte incessante contre les éléments, des formes d'athlètes au torse puissant et ramassé, aux membres tendus d'un perpétuel effort pour s'arcbouter en terre et résister au ciel et ayant mérité, par cette fière attitude, de ne mourir que déracinés par la tempête en un soir d'orage ;

2° A prévoir, en conséquence, le maintien des arbres sesquiséculaires, formant le décor des carrefours et étoiles de la forêt, la conservation à l'état de libre végétation de toutes les bordures d'étangs et berges de cascatelles, la protection des ruines et des rochers formant paysage avec leurs accessoires de végétation en quelque état de souffrance et d'exubérance qu'ils se trouvent.

Votre Société pourrait enfin, et je pense pouvoir dire *devrait* demander, avec la plus vive insistance à cette même Administration de publier sans tarder, comme nous venons d'apprendre que cela est déjà fait dans plusieurs États voisins, et notamment en Allemagne, en Belgique et en Suisse, le catalogue sommairement descriptif de tous les arbres, groupes d'arbres, rochers, ruines, séries ou cantons artistiques et Sites pittoresques.

En ce qui concerne les arbres et les rochers, l'Administration possède dès à présent les éléments de cette nomenclature. Elle ne saurait se laisser arrêter pour la publication d'un document si utile et si désiré du public, par une mesquine question d'argent. La dépense n'excéderait probablement pas dix à vingt mille francs si l'on voulait

(1) De tels sites sont souvent désignés à l'avance par des noms de cantons, comme le Miroir ou Miraille...

illustrer l'ouvrage par des reproductions d'un certain nombre de sujets les plus célèbres et remarquables.

Cet inventaire de nos richesses artistiques naturelles forestières pourrait être ultérieurement complété par la description sommaire et illustrée, autant que possible par des documents photographiques, des séries, contours ou parcelles artistiques et des sites pittoresques.

Il ne conviendrait certes pas de demander le classement de séries artistiques dans toutes les forêts domaniales... un tel vœu ne saurait être accueilli sans un grand détriment pour le Trésor, à raison de la valeur pouvant varier de deux mille à dix mille francs et plus par hectare des bois implantés sur de telles surfaces.

Mais ce qui serait possible et désirable, ce serait que dans chacune de nos trente-six conservations forestières qui correspondent assez exactement à la division de la France en nos anciennes grandes provinces, on désignât quelques forêts, quatre ou cinq au plus, dans lesquelles seraient classés et laissés, en dehors de l'aménagement des cantons ou parcelles, d'une contenance pouvant varier de trois à dix hectares, présentant, pour les diverses essences forestières, les plus beaux ou les plus curieux types de végétation.

Ces cantons ou parcelles ne seraient d'ailleurs pas voués à la décrépitude qui marque la fin de toute production de la nature végétale. Mais lorsque des signes certains feraient reconnaître qu'ils approchent de ce terme fatal, ils seraient abandonnés à l'exploitation et le plus souvent pourraient être avantageusement remplacés par d'autres cantons ou parcelles de valeur artistique, esthétique ou scientifique équivalente.

Cette réserve artistique pourrait correspondre à une valeur en matériel de quatre à cinq millions.

La parole est ensuite donnée à M. Georges Harmand, avocat à la Cour d'appel de Paris, membre du Comité des Travaux historiques et scientifiques, membre de la section des Sciences économiques et sociales du Comité, pour l'exposé de son rapport sur LES FLÉAUX MATÉRIELS CAUSÉS PAR L'IMPRÉVOYANCE DE L'HOMME, LEURS DOMMAGES ET LEURS RÉPARATIONS (1) :

M. Harmand demande tout d'abord à ajouter un mot à ce qui vient d'être dit. Dans toutes les législations européennes, dit l'orateur, il est possible de trouver une sanction qui s'applique à l'ensemble des désirs communs. Le sentiment artistique n'exclut pas les idées pratiques.

(1) Voir rapport de M. Raoul de Clermont, membre du Comité directeur de l'Association Française pour l'Amélioration et la Défense de la Navigation intérieure, au 2e Congrès national de Navigation intérieure à Nancy, le 26 juillet 1909, sur : « *Le Reboisement et le Gazonnement des montagnes au point de vue de la navigation.* »

Parmi les vœux qui ont été votés par le Congrès sur la proposition du rapporteur, il est intéressant de signaler ceux-ci :

« Le Congrès émet le vœu :

» 1° Que la partie de la loi du 4 avril 1882 et du décret du 11 juillet 1882 soit élargie de manière à ce qu'ils puissent être appliqués dans toutes les régions accidentées aussi bien aux dangers à naître qu'aux dangers nés ;

» 2° Que le Parlement reprenne et fasse aboutir sans tarder les propositions de loi dont il a été saisi les années dernières, et qui tendent :

» *a*) A la sauvegarde des forêts actuellement existantes ;

» *b*) A la défense des montagnes ;

» c) A la soumission au régime forestier de tous les bois communaux ;

» 3° Que des mesures d'urgence soient prises dans les régions accidentées en vue d'enrayer le partage des communaux et de favoriser le reboisement ;

» 4° Que les articles 219 à 225 du titre XV du Code forestier sur le défrichement des bois des particuliers soient rigoureusement appliqués. »

N. D. L. R.

L'orateur constate que c'est toujours à la source du mal qu'il faut se reporter pour le guérir. C'est quand on déboise les sommets que des dégâts se produisent dans la plaine.

Vous venez, dit-il, après avoir entendu plusieurs de nos confrères, de montrer tout le plaisir que peut nous donner le charme des forêts et combien vous appréciez la beauté des paysages, des vallées, des montagnes boisées. Nous avons goûté des plaisirs désintéressés et nous avons souhaité qu'autour de nous ces plaisirs soient appréciés au même point que des jouissances d'art causées par la vue des objets d'art, tableaux et statues que nous aimons contempler dans les musées et les collections privées.

Nous savons, hélas ! qu'il y a des ennemis de ces plaisirs et que les vandales ne sont pas entièrement disparus. Je veux vous parlez des dangers qu'ils font courir aux populations laborieuses, parfois cruellement éprouvées à de grandes distances du lieu où ces ennemis des arbres et des forêts ont imprudemment travaillé en abattant à blanc ou en défrichant.

La science contemporaine nous fournit maintenant, autant dans les affirmations des géographes que dans celles des géologues et des physiciens, la preuve indiscutable que des inondations néfastes ne sont que le résultat d'imprévoyants déboisements, dans bien des cas. Lorsque les arbres ont disparu sur les pentes des collines boisées, ou sur le versant de hautes montagnes, les terres qu'ils abritaient se sont trouvées rapidement entraînées ; dans de fortes pluies, les rivières qui coulaient sous leurs feuillées sont devenues des torrents, leur lit est devenu un ravin, les éboulements ont suivi la dénudation du sol, et, plus bas, les rivières, devenues torrents, ont amené la désolation, soit que les pierres des éboulements aient envahi les champs cultivés, soit que les sables, exhaussant le lit des rivières, aient produit des inondations qui entraînent dans leur violence les maisons, les ponts, les routes, sur leur passage.

Il n'y a qu'un remède à ces fléaux, que cause l'imprudence ou l'impéritie de ceux qui habitent les hauts plateaux, le sommet des collines, les pentes des hautes montagnes : c'est le reboisement, dans le plus bref délai, des parties dangereuses de ces pays, le gazonnement des pentes des ravins, des alentours du cours du torrent, de tous les terrains où il importe de retenir l'eau des pluies ou de la fonte des neiges.

Ce reboisement, nous souhaitons l'obtenir par la propagande de nos idées, par la vulgarisation des principes indiscutables que la science nous enseigne, par l'intérêt bien compris de la solidarité sociale ; mais, à défaut d'un résultat obtenu en temps utile, il faut songer au moyen de sauver du danger ceux qui sont menacés, dans leur sécurité comme dans leur fortune, et qui peuvent être ruinés tout autant qu'emportés par l'inondation menaçante.

C'est ce rôle sévère, mais justement prévoyant, que je vous propose d'envisager. Vous êtes trop pénétrés de ce sujet pour qu'il soit nécessaire de le développer plus longuement, et chacun dans votre pays, vous revoyez des régions menacées par les dangers que j'évoque. Vous serez donc, Messieurs, persuadés aisément avec moi de l'utilité du vœu suivant que j'ai l'honneur de présenter au Congrès :

Le Congrès,

Considérant que, dans l'état actuel de la science, on peut affirmer en toute certitude que des déboisements excessifs et mal réglés ont produit des conséquences dangereuses, telles que la violence des torrents, les inondations, les éboulements en montagne, en plaine l'ensablement des fleuves ;

Considérant que de nombreuses régions de France offrent des traces indiscutables de ces fléaux, et qu'il importe de remédier sans retard à ces causes de ruines de jour en jour plus menaçantes ;

Emet les vœux suivants :

A) Qu'il soit établi un relevé détaillé des régions éprouvées et des déboisements correspondant aux sinistres qu'elles ont subi ;

B) Qu'après un délai imparti pour procéder au reboisement ou à la réparation des causes dommageables, resté sans effet, il soit procédé à ces reboisements et réparations en régie, et que le montant de ces travaux soit inscrit, à titre de privilège hypothécaire, sur les immeubles causes du sinistre ;

C) Que les dommages-intérêts qui seraient accordés à la suite des sinistres, tant aux particuliers qu'aux communes, arrondissements ou départements sinistrés, soient garantis par des inscriptions d'hypothèques privilégiées sur les immeubles causes de ces sinistres.

Pour compléter le vœu que j'ai l'honneur de déposer sur le bureau du Congrès, je dépose également une rédaction, avec quelques adjonctions de plusieurs articles du Code forestier français, mettant en pratique les diverses parties du vœu que je viens de vous exposer ; il sera facile à chacun des délégués des pays étrangers de faire subir au Code forestier de son pays les adjonctions correspondantes à la rédaction que j'ai pu préparer pour le Code forestier français ; aucun des pays représentés au Congrès ne manque d'une loi sur ce sujet.

J'espère, en outre, que les délégués étrangers voudront bien faire, dans leur pays, tous leurs efforts pour faire réaliser, par leurs Gouvernements respectifs, ces améliorations correspondant à la mise en pratique du vœu que je présente et que dans notre pays, notre éminent Président, M. Beauquier, voudra bien s'inspirer de la rédaction que j'ai établie, pour en faire la base d'un projet de loi, dont j'espère voir bientôt la promulgation.

Adjonctions au Code forestier pour lutter contre le déboisement

Les articles 219, 221, 222 et 225 du Code forestier sont modifiés ainsi qu'il suit :

Il est ajouté à l'article 219, § 3, les mots :

Et après avis motivé de la Commission départementale des Sites.

Il est, en outre, ajouté les § 6, 7, 8 et 9.

L'article sera rédigé, en conséquence, ainsi qu'il suit :

ART. 219 (*C. Forestier*). — Aucun particulier ne peut user du droit d'arracher ou défricher ses bois qu'après en avoir fait la déclaration à la Sous-Préfecture, au moins quatre mois d'avance, durant lesquels l'administration peut faire signifier au propriétaire son opposition au défrichement. Cette déclaration contient élection de domicile dans le canton de la situation des bois.

Avant la signification de l'opposition, et huit jours au moins après avertissement donné à la partie intéressée, l'inspecteur ou le sous-inspecteur, ou un des gardes généraux de la circonscription procède à la reconnaissance de l'état et de la situation des bois, et en dresse un procès-verbal détaillé, lequel est notifié à la partie, avec invitation de présenter ses observations.

Le préfet, en conseil de préfecture, *et après avis motivé de la Commission départementale des Sites*, donne son avis sur cette opposition.

L'avis est notifié à l'agent forestier du département, ainsi qu'au propriétaire des bois, et transmis au Ministre des Finances qui prononce administrativement, la Section des travaux du Conseil d'État préalablement entendue.

Si, dans les six mois qui suivront la dite signification de l'opposition, la décision du Ministre n'est pas rendue et signifiée au propriétaire des bois, le défrichement peut être effectué.

§ 6. — *Les particuliers pourront, de leur côté, faire opposition à tous défrichements de bois appartenant à l'État, aux départements ou aux communes, à la suite de l'avis qui sera porté à leur connaissance, par voie d'affichage, dans les 4 mois qui précèderont le défrichement.*

§ 7. — *La Commission départementale des Sites du département dans lequel sont situés les bois à défricher devra faire un rapport sur ces oppositions, et son avis sera porté à la connaissance des opposants.*

§ 8. — *Le ministre devra fournir sa réponse dans le délai de six mois, à compter du jour de l'opposition, ainsi qu'il est dit au paragraphe 5 du présent article.*

§ 9. — *Les dommages-intérêts résultant de ces défrichements seront poursuivis et instruits devant les tribunaux civils, dans les mêmes conditions que ceux résultant de défrichements effectués par des particuliers.*

Il est ajouté à l'article 220 un § 5, les §§ 5 et 6 devenant les §§ 6 et 7 de l'article, qui sera rédigé ainsi qu'il suit :

ART. 220. — L'opposition au défrichement ne peut être formée que pour les bois, dont la conservation est reconnue nécessaire :

1° Au maintien des terres sur les montagnes ou sur les pentes ;

2° A la défense du sol contre les érosions et les envahissements des fleuves, rivières ou torrents ;

3° A l'existence des sources et cours d'eau ;

4° A la protection des dunes et des côtes, contre les érosions de la mer et l'envahissement des sables ;

5° *A la conservation des Beautés pittoresques, des Sites et des Monuments naturels ;*

6° A la défense du territoire dans la partie de la zone frontière, qui sera déterminée par un règlement d'administration publique ;

7° A la salubrité publique.

Il est ajouté à l'article 221 les §§ 2 et 3 ; l'article sera, en conséquence, ainsi conçu :

ART. 221. — En cas de contravention à l'article 219, le propriétaire est condamné; à une amende calculée à raison de 500 francs au moins et de 1.500 francs au plus par hectare de bois défriché. Il doit, en outre, s'il en est ainsi ordonné par le Ministre des Finances, rétablir les lieux défrichés en nature de bois, dans un délai qui ne peut excéder trois années.

Il sera également tenu de réparer les dommages qui résulteront pour les tiers du défrichement exécuté par lui, soit en contravention des dispositions des articles 219 et 220, soit dans tous autres cas, où il sera démontré qu'il a agi avec négligence grave ou imprudence, ou encore dans le cas d'une contravention à l'article 144 (Code forestier).

Le montant de ces dommages pourra être garanti au profit des tiers, par une inscription à titre de privilège.

Il est ajouté à l'article 222 un paragraphe ; il sera, dès lors, ainsi conçu :

ART. 222. — Faute par le propriétaire d'effectuer la plantation ou le semis dans le délai prescrit par la décision ministérielle, il y est pourvu à ses frais par l'administration forestière, sur l'autorisation préalable du Préfet, qui arrête le mémoire des travaux faits et le rend exécutoire contre le propriétaire.

Il pourra être pris, pour la garantie du montant du mémoire des dits travaux, une inscription d'hypothèque privilégiée sur tous ses biens.

Il est ajouté à l'article 225 un paragraphe ; il sera, dès lors, ainsi conçu :

ART. 225. — Les actions ayant pour objet des défrichements commis en contravention à l'article 219, se prescrivent par deux ans, à dater de l'époque ou le défrichement aura été consommé.

§ 1er. — *Mais l'action en réparation des dommages résultant des défrichements sera prescrite seulement par trente années, conformément à l'article 2262 du Code civil.*

J'ajoute, en terminant, que tous les pays représentés au Congrès ont, dans leur législation, un article correspondant à l'article 1382 du Code civil français : « Tout fait quelconque de l'homme, qui cause à autrui un dommage, oblige celui par la faute duquel il est arrivé à le réparer. »

En vertu de ce principe de droit, d'une justice incontestable, il faut envisager que non seulement les particuliers victimes d'une inondation ou d'un éboulement, mais encore les communes, les arrondissements, les départements dévastés, ont le droit de réclamer des particuliers, des communes, des arrondissements ou des départements, où l'inondation ou l'éboulement ont pris naissance, la réparation de la ruine qu'ils éprouvent.

De telles actions sont de nature à faire apercevoir aux habitants des régions rendues dangereuses par un déboisement imprévoyant ou nuisible, toutes les conséquences graves d'un retard à reboiser et à gazonner partout où un péril se révèle.

Il en est de même du système de l'inscription du privilège que j'ai préconisé dans la rédaction du Code forestier amendé et de la stipulation de la prescription trentenaire ajoutée au système de l'article 225.

Ce sont des mesures indispensables. En effet, d'une part, les conséquences néfastes du déboisement se font sentir plusieurs années après ce déboisement ; elles vont s'aggravant avec les années suivantes : une longue prescription est la garantie indispensable des régions et des habitants menacés.

D'autre part, les terrains rendus stériles et dangereux par le déboisement imprévoyant, qui se transformeront sous l'action des eaux, peuvent perdre leur valeur à la suite du défrichement ; les propriétaires imprudents et avides pourraient être tentés de se dérober aux conséquences de leurs agissements par des concessions apparentes ou réelles d'hypothèques destinées à les rendre insolvables : une inscription du privilège viendra les atteindre, malgré leurs combinaisons ou leur indifférence, et les contraindra au reboisement.

Si, malgré tout, ils persévéraient à rester inactifs, l'article 222 doit mettre aux mains de l'administration le moyen d'effectuer en régie, dans ces terrains menacés, le reboisement nécessaire à la sécurité des propriétés inférieures en situation.

Enfin, dans notre idée, l'Etat, les administrations publiques ne sont que des collectivités de particuliers, et, abstraction faite des droits que nous mettons ici en œuvre de police générale, ces organismes sociaux sont soumis aux mêmes règles que les particuliers. C'est pourquoi j'ai proposé, dans l'article 219, § 6, que les particuliers aient un contrôle contre les déboisements que l'Etat ou les établissements publics pourraient faire, et qu'ils aient, dans le Code, un moyen de faire prévoir les précautions nécessaires à leur sécurité, tout comme l'Etat était armé pour s'opposer aux déboisements tentés par les particuliers.

Enfin, il serait à désirer que les départements, les arrondissements, les communes, les particuliers, menacés par l'inondation ou l'éboulement du sol des régions supérieures, se groupent pour faire des oppositions, en temps prescrit, contre les déboisements qui les menacent. Ces actions collectives seraient des plus intéressantes, et l'autorité de telles protestations serait, à coup sûr, d'un effet moral considérable sur les régions menaçantes, leurs administrations et leurs habitants.

M. de Girard. — Je trouve l'idée de M. Harmand très intéressante et je l'en félicite. Si j'ai bien compris, les motifs qu'il donne sont purement utilitaires. Est-ce que vous ne trouvez pas qu'on pourrait ajouter un autre motif à la crainte des eaux, du vent, etc..., pour ne pas déboiser ? On pourrait invoquer, par exemple, la nécessité de ne pas dénaturer les paysages. En somme, on compléterait le point de vue utilitaire par le point de vue esthétique. Dans notre pays, en Suisse, nous avons, comme dans tous les pays du monde, une loi empêchant de tailler certaines forêts, imposant certaines règles pour la coupe des bois. L'année dernière, la Société suisse a réussi à décider les autorités fédérales à créer ce que nous appelons des forêts vierges, des réserves forestières. Ces forêts vierges ont deux buts : le premier est un but d'histoire naturelle, de botanique (1) si vous voulez. Il s'agit de voir ce que deviennent

(1) Au point de vue de l'intérêt botanique, scientifique et esthétique, des mesures de sauvegarde ont été prises en France et en Suisse, où des emplacements ont été créés pour la conservation des espèces rares de la flore alpine. (Voir Rapport R. de Clermont, Liège, page 53.)

Des arrêtés préfectoraux interdisent, en Savoie et en Dauphiné, l'arrachage de certaines

les bois quand on n'y touche pas. On y passera pas, c'est interdit. Puis il y a le point de vue de la beauté, le point de vue esthétique. C'est pour restituer à notre pays des massifs forestiers d'un caractère entièrement sauvage ; pour leur ôter l'aspect que prennent les forêts trop bien soignées. Au point de vue botanique, on a décidé que l'on ferait ces réserves dans un certain nombre de régions différentes mais, en même temps, que l'on choisirait des emplacements seyants. Dans la pratique, ce seront certainement des parties de forêts d'Etat qui seront déclarées forêts vierges, c'est-à-dire soustraites à l'exploitation.

M. Harmand. — Je crois que l'orateur aurait satisfaction si nous acceptions les modifications au Code Forestier que j'ai indiquées.

M. Beauquier. — Ce serait le pendant à ce que nous proposons dans un projet de loi en France.

M. Duval désirerait qu'il ne fut pas question de pénalités.

M. Harmand répond qu'il n'est pas question de pénalités, que l'on garde le Code Forestier tel qu'il est.

M. le Président fait remarquer que les Codes Forestiers variant avec chaque pays, il faudrait une Conférence internationale.

M. Harmand répond qu'il n'a fait qu'appliquer aux Codes Forestiers un principe déjà voté par le Congrès.

M. de Munck. — En Belgique, pour obtenir de l'Etat la protection que nous demandions, nous avons employé un moyen : nous avons simplement demandé que l'on protège les parties les plus pittoresques. Ainsi, par exemple, il y a un torrent, la Saur, qui descend des plus hauts plateaux de la haute Belgique, et l'on voudrait en réserver certaines parties. Le rapport qui a été fait par M. Beaumaire, conservateur du Jardin Botanique, demande simplement de conserver 20 à 25 mètres de largeur le long de ce cours d'eau. On a fait remarquer que dans cette partie, les coupes sont difficiles à faire, le ravin qui s'y trouve est profond, les ouvriers forestiers ont beaucoup de peine à mettre le bois abattu sur les chariots ; le charroi lui-même est difficile ; bref, on a accumulé toutes les difficultés d'ordre pratique pour dire que l'Etat en accordant la protection qu'on lui demandait, n'abandonnait pas grand'chose.

M. Harmand. — Je voudrais que nous demandions aux autorités de bien vouloir apporter leur sollicitude à la conservation de certains autres arbres remarquables. Il y a trois sortes d'arbres remarquables : il y a les arbres historiques, les arbres d'essence rare et les arbres de dimensions exceptionnelles. Nous avons, par exemple, en France, l'arbre de Lamartine, l'arbre de Josselin, près de Saint-Point. Il y a des arbres rares, comme les genevriers, et des arbres extrêmement beaux comme ramures et comme dimensions.

M. de Clermont demande à M. de Girard s'il est réellement possible de conserver, sans qu'elles dépérissent, ces forêts vierges, car il lui a été dit qu'il

plantes alpestres, et la loi autrichienne de 1901 interdit la destruction de l'edelweiss sous peine d'une forte amende et de quelques jours de prison en cas d'insolvabilité. (Voir Rapport Raoul de Clermont, Liège, page 13.)

Une Ligue envoya à M. le Président Roosevelt une requête lui demandant d'élever au rang de monument historique les *arbres géants de Californie* ; les « *Segronia Wellingtonia* » (12 mètres de circonférence, 120 mètres de haut et mille ans d'existence), et elle a obtenu gain de cause.

N. D. L. R.

était impossible de maintenir dans nos pays, des massifs forestiers sans aménagement.

M. de Girard n'a pas de données particulières sur ce sujet, mais il ne voit pas pourquoi les arbres ne se reproduiraient pas.

M. Duval cite l'exemple de l'Amérique, où l'on trouve des arbres qui ont quatre cents ans.

M. Beauquier croit savoir qu'il existe déjà de ces forêts vierges en Allemagne et en Autriche.

M. G. Benoit-Lévy. — Il paraît que quand on ne taille pas les arbres, ils dépérissent : c'est un jardinier du Luxembourg qui me l'a dit.

M. Duval. — Je comprends qu'on taille les arbres fruitiers pour avoir des fruits, mais je ne crois pas que l'on taille les autres arbres en Amérique qui, je le répète, atteignent quatre cents ans.

M. Emile Belloc, membre de la Direction centrale du Club Alpin français, craint que la proposition, d'ailleurs intéressante de M. Harmand, ne porte pas tous ses fruits dans certains pays. M. Belloc cite l'exemple du Val d'Aran qui est une enclave espagnole en France. Si des déboisements commis par les Espagnols causent des dommages aux Français, les Espagnols accepteront-ils de les dédommager ?

M. Harmand fait remarquer que pour produire ses effets, sa proposition doit s'étendre même au delà des frontières. Evidemment, il pourrait y avoir en Espagne des procès pour des faits arrivés en France. Nos rapports juridiques, avec les autres Etats, nous permettent d'avoir des actions juridiques dans tous les pays. Ce serait une simple question de rédaction.

M. Beauquier. — Nos paysans sont personnels et égoïstes. Ils ne comprendront jamais, habitant la montagne, qu'ils pourraient être rendus responsables de dégâts survenus dans la plaine. D'autre part, dans les montagnes, les paysans sont généralement très pauvres, quelquefois même réduits à la misère. La sanction serait donc illusoire. On peut évidemment les prévenir des inconvénients qu'il y a à déboiser, mais le seul moyen d'arriver à un résultat réel, ce serait d'engager l'Etat, les Sociétés particulières, à donner des primes pour ne pas déboiser les sommets, plutôt que de leur imposer la réparation des dommages causés en plaine. Si vous voulez exercer contre eux un recours au moyen de l'art. 1382, vous trouverez en face de vous des gens absolument insolvables.

M. Harmand répond que son vœu comprend deux parties. L'une vise l'avertissement et l'autre la répression.

En ce qui concerne la répression, l'objection de M. le Président peut être fondée en ce qui concerne les particuliers, mais l'action peut être exercée contre un département ou une commune, ou même un arrondissement. L'insolvabilité alors n'existe plus. La responsabilité des communes a déjà été mise en cause pour faits de grève.

Une Commission composée de MM. Georges Harmand, Albert Vaunois, Raoul de Clermont et Cros-Mayrevieille, est chargée d'étudier spécialement la question pour en tirer des conclusions pratiques.

A la suite de cette séance, M. le Dr Conwentz fait passer sous les yeux des Congressistes, de magnifiques projections en couleur, représentant des Paysages protégés, sauvés ou dévastés dans un certain nombre de pays.

LL. AA. le Prince, Ambassadeur d'Allemagne, et la Princesse de Radolin, assistaient à cette réunion.

M. Henri Duhem, artiste peintre, membre correspondant de la Société Nationale des Beaux-Arts, pour la région Nord de la France, a adressé à M. le Président du Congrès le rapport suivant, sur LE DÉBOISEMENT TOTAL DES CHEMINS DE HALLAGE, OU BORDURE DES CANAUX DU NORD, ET EN PARTICULIER DANS L'ARRONDISSEMENT DE DOUAI :

Monsieur le Président,

Je prends la liberté et la confiance de recourir à la haute initiative du Congrès, certain d'y trouver un écho, puis un secours, au cri douloureux dont vous comprendrez la poignante tristesse : toute une région de cette Flandre industrielle, la seule qui conservât sa verdure et qui doit la retrouver, est maintenant dévastée. Dans un rayon sans cesse agrandi, subitement les allées d'arbres qui escortaient nos canaux ont été abattues, à plusieurs lieues en amont et à plusieurs lieues en aval de la ville de Douai, une rive entière est ravagée et nue, toute illusion de beauté est détruite, pis encore, la berge, désormais voie de scories noires, se jalonne maintenant à l'infini de potences en fer, hautes de douze mètres, et barrées d'une portée de traverses en même métal, dont la perspective implacable évoque l'angoisse de la prison cellulaire.

Afin de découvrir mieux saignante la plaie dont il s'agit, quelques explications préliminaires sont d'abord nécessaires sur la ville elle-même :

***

Douai vient d'être démantelée et, nécessité sociale devant laquelle on s'inclina, loin de s'élever à l'encontre, puisqu'elle est inhérente à la prospérité d'une région laborieuse, l'industrie accapara vite la plupart des grands espaces devenus disponibles ; sur l'enceinte de verdure et sur la campagne primitive qui maintenaient autour de la cité une immense zone d'air pur, s'élevèrent les usines, fumèrent les cheminées.

Certes, il faut respecter les exigences du progrès ; mais, de son côté, partout où le progrès impérieux se manifeste, il devrait, à son tour, concilier ses exigences avec les beautés naturelles, avec le soin de la santé publique, contaminée dans les centres sur lesquels s'appesantit la griffe de l'industrie.

Il eût été, dans cet ordre d'idées, nécessaire de maintenir, parmi les terrains démantelés, de grands espaces d'air, où le peuple eût pu respirer librement à l'abri des ormes séculaires des anciens remparts. Tous furent abattus, il ne subsiste plus de verdure que les plantations encore maigres de quelques boulevards et d'un jardin public neuf, encerclé de fumées. Deux antiques promenades seules subsistaient au centre de la vieille ville, cubes d'air d'autant plus nécessaires que se viciait l'atmosphère ambiante : la première, parc centenaire d'un hectare planté de rares essences, vient d'être totalement sacrifiée pour l'agrandissement d'une école normale d'institutrices ; le dit parc d'un hectare vient d'être en entier concédé à l'école pour y construire six ares de bâtiments et faire du reste un préau. Une seconde promenade subsiste aux abords de la gare, vaste et sextuple allées d'ormes, dont une rangée déjà a succombé ; il fut question de faucher une partie du reste pour édifier un Hôtel des Postes, auquel la place ne manque guère ailleurs.

Ce ne sont point exposées ici de vaines récriminations, mais un ensemble de faits logiques comme le développement industriel du pays lui-même ; il fallait, concurremment à cet accroissement d'activité, conserver des zones d'air assez vastes pour éviter le péril des contaminations fatales, il fallait concilier le charmant pittoresque de l'ancienne ville avec les dures nécessités de la nouvelle ; les poètes, comme les travailleurs, ont besoin de la Nature. Au lieu de cette protection, il se poursuit une œuvre de destruction des jardins les plus nécessaires à la santé des vieux quartiers, et qui ne se reformeront pas à prix d'or, lorsqu'on s'apercevra que leur sacrifice était prématuré.

***

Cet exposé était nécessaire pour revenir aux zones d'air extérieures et mieux aborder l'objet de la présente requête : le Paysage suburbain et sa verdure, la santé et l'aspect des campagnes environnantes. Or, tous deux sont détruits par *le déboisement et la dévastation des canaux*.

Plus l'air et l'illusion font défaut au dedans, plus les Pouvoirs publics devraient se mettre d'accord pour permettre aux citoyens, les jours de repos au dehors, un recours à la Nature. Encore une fois, avec les progrès neufs, il y a une conciliation possible de la Nature. Hélas ! la puissance de ce dernier facteur est méprisable ! Ainsi vient de le décréter l'administration des Ponts et Chaussées.

La traction électrique privée s'était, depuis longtemps déjà, dans le Nord, organisée le long des chemins de halage pour justement aider et se substituer à la traction animale. Des poteaux et des fils, comme ceux du système télégraphique, le long des voies ferrées, sans déshonorer le Paysage, se confondaient le long de la ligne d'arbres, quelquefois double, escortant en Flandre, comme en maintes régions de France, cette berge de halage où cheminait le moteur électrique.

Actuellement, tout change, il paraît que la traction électrique qui, depuis tant d'années, sur les voies ferrées des tramways, qui, depuis tant d'années, le long des canaux de France, s'accommodait des arbres chers aux bateliers et aux piétons, ornements si utiles et si beaux de nos chemins d'eau, ne peut plus souffrir leur voisinage, et voici, pendant des lieues, l'état de nos chemins de halage dans toute son horreur.

Sur des lieues de longueur, tous les arbres, sans exception, ont été abattus, déracinés ; les jeunes lignes, plantées il y a peu d'années, comme les vieilles, de peupliers et d'ormes qui se rejoignaient en admirable dôme, perspective infinie au-dessus de la rivière (et dont la triple ligne, au lieu dit du *large de Férin*, formait, il y a peu d'ans encore, deux allées géminées le long de la voie marinière) !

Fauchées toutes ces merveilles, et seul subsiste rarement, sur la voie opposée au halage, un cordon mince de bois pour la plupart jeunes.

Toujours la berge la plus large, celle du chemin de halage, est maintenant déserte et nue ; plus une silhouette ne s'interpose entre le promeneur et les constructions neuves, les villages les plus lointains, dont la masse sombre et triste avance sur la plaine écrasée. A terre, plus de gazon, une voie ferrée recouverte de noires scories, ruban dont la désolation serpente et se perd à l'horizon.

Sinistres, des pylônes quadrangulaires de tôle quadrillée, hauts de dix à douze mètres environ, s'élèvent seuls sur l'emplacement des arbres, surmontés de bras de fer transversaux formant, de droite et de gauche, potences doubles et perpendiculaires : tous les cinquante mètres, seuls ils jalonnent la route, et leur perspective hideuse forme de biais une muraille qui ne peut même se perdre dans le ciel, barrés qu'ils sont au sommet de la portée quadruple des vergues en potence. Le spectacle est lamentable, et le passant se voit condamné à errer le long de ce rideau métallique et désolé, toujours pareil, qui fait songer à l'étreinte d'une prison de cauchemar.

Voilà ce qui se fait actuellement, soudainement. *J'insiste sur ce fait seul* ; nous ne nous étendrons pas sur les massacres antérieurs, organisés directement par les Ponts et Chaussées, des arbres en bordure de canaux, où la traction électrique n'intervient pas pour excuse. Lorsqu'on veut tuer le chien, toujours n'est-il pas enragé ! Là, c'étaient les feuilles des rares survivants qui gênaient l'administration, dont le budget ne souffrait guère d'exceptionnels curages, d'ailleurs peu nécessaires ; ou bien encore le bois, parvenu à maturité, alléguait-on, devait s'abattre... pour trouver amateur à des prix dérisoires ! J'insiste sur le seul présent, sur la mutilation lamentable d'un pays tout entier, de la Flandre, de la belle Flandre aux chemins de terre fleuris, aux chemins d'eau ombragés, où l'on n'attend plus désormais que la rencontre du garde-chiourme en uniforme.

N'est-ce point ici le lieu de rapporter les paroles de notre grand Flamand, Maeterlinck : « Il n'est, à mon avis, rien de plus important sous le soleil que la qualité des verdures d'un pays, c'est, avec celle de ses ciels, la Beauté la plus précieuse, la plus inaliénable et la seule essentielle. »

Ce massacre de l'essentiel, fut-il nécessité par le seul intérêt supérieur de l'Etat ? Non point. A la vérité, il s'agit d'une entreprise particulière, d'une *Société de Traction électrique*. Cette société a voulu améliorer son installation première, qui ne faisait point tort au Paysage et ne menaçait pas la sécurité privée ; cette installation comportait plusieurs stations créatrices de la force électrique. Or, on a voulu centraliser en un seul point la production du courant, et on a voulu que ce courant fût suffisant pour alimenter la traction depuis *Bauvin*, en amont de *Douai*, en passant par Douai jusqu'à Cambrai, en aval, sur un parcours de quinze à vingt lieues. Le foyer unique d'électricité se trouverait dans une concession minière qui fournirait également les nouvelles machines de traction.

Ainsi s'explique la nouvelle installation ; il faut un courant électrique d'une puissance énorme pour lui permettre d'être effectif à grande distance ; il faut, conséquemment, un matériel susceptible de supporter le réseau de fils conducteurs de douze millimètres d'épaisseur ; de là cette forêt de pylônes, hauts de huit jusqu'à quinze mètres et au-delà ; de là, la berge muée en voie ferrée, sur un parcours considérable. Enfin, pour permettre à l'entreprise de prospérer et de couvrir les frais de sa grandiose installation, celle-ci est combinée de façon à permettre des raccordements pour éclairer à l'électricité les villages qui le désireraient, limitrophes de la rivière. Tels sont les renseignements qui circulent et dont la base doit être exacte, qui pourraient se contrôler par les Pouvoirs publics auprès de l'administration des Ponts et Chaussées. Les faits sont, d'ailleurs, témoins probants.

Certes, la question est d'un intérêt évident et puissant pour la batellerie et le commerce, mais il reste non moins évident que l'administration aurait pu favoriser les intérêts généraux comme ils le méritent, sans permettre que la chose s'exerçât dans ces conditions favorables peut-être à une entreprise privée, mais véritablement néfastes pour une contrée. Il s'agit d'une Société de traction qui, concessionnaire d'un monopole, procède, avec toute l'ampleur nécessaire, à l'installation de son matériel ; cette installation d'une société privée a écarté toute préoccupation autre (approfondie, s'entend, car il dut y avoir objections vite tranchées) que celle des intérêts de l'entreprise, à l'exclusion de la destruction des beautés naturelles.

Sans entrer dans la discussion technique, il est permis d'affirmer énergiquement qu'il n'eût pas été impossible à nos ingénieurs de protéger notre pays et nos arbres, en cherchant une combinaison qui s'accordât avec leur conservation. Cela ne se produit-il pas pour la circulation des tramways de voyageurs, question d'une importance aussi vitale que celle du transport par eau ! La question de traction souterraine, à défaut, eût mérité d'être mieux prise en considération, ne fût-ce que dans un certain parcours ! C'était chose très possible, et si elle est coûteuse, jamais l'utilité d'une dépense ne se fût trouvée pareillement avérée. Etait-il nécessaire encore d'instituer un courant aussi fort pour la circulation de la batellerie ? Sa vitesse n'a-t-elle point pour limite le nombre quotidien d'éclusées possibles à certains points de son parcours ? Il y va de vingt lieues de pays saccagé, pendant lesquelles le passant ne pourra plus, pour ainsi dire, circuler le long de la berge. Et, vraiment, si l'on n'eût pu trouver meilleur dispositif de pylônes, n'eût-on pu laisser l'installation première, laisser subsister plusieurs postes productifs d'électricité ? Avec quelques améliorations judicieuses, si les bénéfices eussent été moindres pour l'entreprise, le résultat pour le bien commercial se fût produit le même.

Loin de notre idée de manifester une opposition ridicule et surannée à la marche nécessaire du progrès, que nous désirons tous, mais il nous est permis de conclure que la question commerciale d'intérêt général aurait eu ainsi satisfaction, en même temps que l'intérêt supérieur des beautés essentielles de toute une région eût été respecté. Cela valait la peine de restreindre les commodités d'une entreprise.

Le fond de la question est plus simple : pour une industrie qui ne songe qu'à elle-même, la destruction totale, comme ici, du caractère d'un pays, des éléments naturels de sa santé et de sa parure, ne vaut point qu'on s'y arrête sérieusement, ni qu'on discute longtemps. Sinon la conciliation eût été aisée. Voilà ce qu'a permis l'Administration, ce qui se fait actuellement sur des lieues de ce pays, et ce qui doit se propager dans la Flandre entière, sinon plus loin encore.

***

Si la science aboutit à pareille faillite, y sombrera également l'amour du sol nécessaire à la vitalité des forces d'une nation. Non seulement le poète ou l'artiste, par besoin de s'abstraire, recourt au spectacle de la Nature dans sa Beauté intacte, mais également tout homme, tout ouvrier porte en lui, sans le raisonner, l'instinct de Rêve et de Beauté qu'analyse le poète ; l'homme du peuple, lui aussi, les jours de repos, au sortir de l'usine, a cet identique besoin d'abstraction du travail de semaine, et cherche instinctivement le repos dans la promenade, au milieu des spectacles et des joies naturelles, les plus hautes, les plus vraies.

Or, si l'amour de la Patrie est fait de l'amour de chacun pour le sol natal, pour sa force d'énergie active et industrielle, comme aussi pour sa terre et son ciel dans leur caractère propre, il faut que les dirigeants s'efforcent de maintenir ces raisons d'amour parallèles ; au contraire, ils suppriment les dernières.

Artistes, nous n'hésitons pas, quand cela est nécessaire, à sortir de ce qu'on appelle notre rêve, et à affirmer nos vues et notre volonté souvent droites, par suite de notre vie même dans la Nature, nous aidons du meilleur de nos forces la cause d'égalité et de régénération sociale. Pourquoi nous est-il donné sans cesse l'amertume de constater que les choses qui nous sont les plus chères et sont les plus utiles, sont l'objet d'indifférence pour les Pouvoirs sociaux dont nous aidons l'activité. L'amour de la Nature, ce mot ne saurait trop se répéter, est-il réservé à la seule sollicitude d'une classe d'exception ou fait-il partie du patrimoine de la nation entière qui doit le sauvegarder comme les autres, sous peine de s'aliéner les penseurs et les créateurs dont le génie est la substructure de la France industrielle.

Telle est, Monsieur le Président, la plainte douloureuse d'un fils de Flandre, simple écho de beaucoup d'autres. Vous êtes à la tête d'un faisceau neuf de forces généreuses, agissant dans le but commun qui nous est cher, il importe d'attirer sur le Paysage de Flandre *l'attention des Pouvoirs publics*, de demander à ceux-ci d'appliquer, sans différer, le remède nécessaire au mal, de nous restituer nos verdures, nos saules et nos peupliers.

Veuillez, s'il vous plaît, Monsieur le Président, excuser ces explications, mais c'est pour l'artiste un devoir impérieux d'élever la voix. Vous le lui pardonnerez en voulant bien aussi, Monsieur le Président, recevoir, avec votre Comité, l'expression de mon sincère hommage.

Acte est donné à M. Duhem des précieux renseignements qu'il a fournis pour la région des Flandres.

La parole est donnée à M. le Dr Louis Cruveilhier pour l'exposé de son rapport sur LES ARBRES ET LA SALUBRITÉ.

Les arbres, protecteurs des Paysages et de la fertilité du sol, sont, par surcroît, protecteurs de la salubrité. C'est donc à tort que, toutes les fois qu'il s'agit de sauver une forêt ou de s'opposer à un déboisement inconsidéré, on parle seulement de la perte esthétique et agricole que l'on menace de faire subir à une région et qu'on ne considère jamais, ou tout au moins bien rarement, le point de vue de la salubrité et de l'hygiène publiques.

Les arbres ne doivent pas nous être précieux, en effet, seulement parce qu'ils représentent pour nous de vieux amis de l'homme, indispensables au charme, comme à l'attrait de nos sites et parce qu'ils ont une utilité agricole indéniable ; mais aussi parce qu'ils exercent une action utile et bienfaisante sur la santé, parce qu'ils sont pour une région un élément de salubrité de premier ordre.

On sait quelle est l'influence, sur la salubrité, des variations brusques de température et combien d'affections ont pour cause, au moins occasionnelle, un passage trop rapide du froid au chaud ou un refroidissement brusque.

Or, les arbres constituent un excellent régulateur de la température, qu'ils tendent à équilibrer pour le plus grand bien de la santé.

Dans les terrains boisés, le sol est moins bon conducteur de la chaleur et, s'échauffant moins vite et se refroidissant de même, il constitue un véritable réservoir de calorique. Durant les mois d'été, on éprouve une délicieuse fraîcheur sous les ombrages des forêts. Les arbres, en effet, qui, pendant la nuit, ont emprunté à l'atmosphère une réserve d'humidité, deviennent, dans la journée, le siège d'une évaporation qui refroidit l'air, tandis qu'ils s'opposent, en outre, à la réflexion de la chaleur solaire. En hiver, au contraire, on se trouve réchauffé et protégé contre le froid à l'abri des arbres qui permettent un rayonnement de chaleur très grand du sol. Ainsi, la forêt régularise la température et cet effet ne s'observe pas seulement dans les terrains boisés, mais aussi à l'entour des massifs forestiers.

Les arbres se comportent donc à la façon des grandes masses d'eau et de la mer qui, tour à tour, réchauffe ou refroidit ses rivages.

L'influence des arbres sur la température ressort bien nettement de ce fait, que dans les régions complètement privées de forêts, tel que le centre de l'Asie ou les bords septentrionaux de la Mer Noire, le thermomètre descend bien plus bas qu'aux mêmes latitudes dans les régions couvertes de forêts.

Dans notre pays, du fait du déboisement intensif, le sol s'est manifestement refroidi, là même, où on a abattu les arbres.

C'est ainsi que des documents anciens, tirés des registres des paroisses et des mairies, établissent que les redevances étaient payées jadis en froment et en maïs dans des régions où on ne récolte plus, actuellement, ni maïs, ni froment, mais seulement de la bruyère et des genêts.

Il en est ainsi de la région du plateau de Millevaches, cette lande déserte et inculte du département de la Corrèze, dont l'appellation témoigne assez d'un passé fertile et dans laquelle, si l'on en croit des vestiges de sillons et de défrichement, on cultivait du blé à une époque relativement peu éloignée. Or, il n'est pas besoin, pour affirmer l'existence de la forêt sur le plateau de Millevaches, de document historique ; elle est assez nettement attestée par la présence de troncs de chênes que l'on découvre, de temps à autre, au sein de quelque tourbière.

Les vents ont été accusés d'être les secteurs du choléra, de la variole, de la grippe, de la fièvre des foins, etc. Il est, en tous cas, certain qu'ils peuvent favoriser les affections catarrhales et rhumatismales, surtout par les poussières microbiennes qu'ils transportent et par les variations plus ou moins brusques de température et d'humidité qu'ils déterminent, surtout par l'évaporation qu'ils activent et par la perte de calorique qu'ils causent, en renouvelant rapidement les couches d'air en contact avec la terre.

Certes, la meilleure protection qui soit possible contre le vent, est constituée par les arbres, et les cultivateurs de la vallée du Rhône, pour protéger les récoltes plus particulièrement sensibles à la violence du vent, ont imaginé de remplacer l'abri des arbres absents, par des haies de deux mètres de haut.

La violence du vent est tributaire du déboisement, et il est probable que le vent ne souffle si fort dans certaines régions de la France, que par suite de la destruction de grands massifs forestiers.

N'a-t-on pas prétendu que le déboisement du massif des Cévennes avait eu pour conséquence l'existence du mistral, du fait de l'opposition de température entre ce massif montagneux et les grandes plaines de la Camargue, également dénudées.

Sans parler des effets de la fulguration qui peuvent entraîner des paralysies par lésions des centres nerveux ou la mort brusque par syncope réflexe ; l'influence sanitaire des orages est manifeste, particulièrement pour les personnes nerveuses ou arthritiques.

Or, les arbres et en particulier les conifères, dont les aiguilles du feuillage forment autant de petites pointes de paratonnerres, préservent les régions avoisinantes des orages qu'ils éloignent et divisent, de sorte que dans les terrains boisés la fréquence des orages comme leur intensité sont bien moindres, et cela à tel point que MM. Antoine et Edmond Becquerel ont pu conclure de deux notes communiquées à l'Académie des sciences que : « Les orages évitent les forêts. »

On a prétendu enfin, dans ces dernières années que la formation des orages à grêle s'effectuait principalement dans les lieux défrichés.

Les forêts exercent la même influence régularisatrice sur le régime des pluies. Celles-ci ont une action salutaire si elles sont bien réparties et pas trop abondantes, car elles purifient l'air au point de vue de sa teneur en acide carbonique, en ammoniaque, en iode et surtout en poussières, en insectes et en microbes. Trop abondantes, au contraire, les pluies laissent le sol plus contaminé qu'auparavant et souvent des épidémies, comme la fièvre typhoïde, par exemple, ne tardent pas à apparaître.

Les forêts augmentent en général la quantité de pluie qui tombe dans une région et l'atmosphère recevrait des bois cinq fois plus de vapeur d'eau que d'une égale superficie de terrain non boisé.

Non seulement les arbres augmentent la quantité de pluie qui tombe dans une région, mais encore ils la répartissent sur de plus longs intervalles de temps. Dans les régions non boisées, toute régularité dans le régime des eaux disparaît et les pluies y sont rares mais torrentielles.

Aussi, dans les vastes plaines de la Russie méridionale, où les récoltes sont très fréquemment compromises par la sécheresse du climat, il est fréquent que le Gouvernement et parfois les propriétaires eux-mêmes fassent planter à l'entour des terres de culture de grands rideaux boisés.

Notre grand géographe français, Elisée Reclus, attribue à la disparition des forêts, pour une grande part, les sécheresses prolongées qui désolent certains pays comme la Grèce, l'Asie Mineure, la Syrie, l'Algérie, l'Espagne et malheureusement aussi le Midi de la France. Impuissante à retenir les eaux du ciel qui s'écoulent à leur surface, les régions privées d'arbres n'enfantent plus de sources.

Dans les terrains boisés, au contraire, par leurs branches aériennes, les arbres divisent les eaux de pluie et en retiennent une partie à la façon, a-t-on dit, d'un parapluie percé d'un grand nombre de petits trous.

Avec ses amas de feuilles mortes, ses détritus de toutes sortes réunis et une couche d'humus plus ou moins épaisse, ainsi que par ses entrelacements de racines, la forêt empêche le ruissellement de l'eau le long des pentes, agissant à la façon d'une éponge et permet ainsi à l'eau de s'infiltrer peu à peu, de façon à donner naissance à des nappes souterraines qui formeront des sources.

Les arbres n'augmentent pas seulement la quantité des sources, ils influent encore sur leur qualité à laquelle est si étroitement liée la salubrité des villes. Aussi, un grand nombre de municipalités, telles que Birmingham, Manchester, Vienne, Liverpool, ont-elles acquis ou loué, en vue de leur alimentation en eau potable, des territoires sylvo-lacustres souvent considérables, où on a bien soin de maintenir la forêt et de raréfier les habitations et les troupeaux.

L'action épuratrice du sol forestier est telle, vis-à-vis de l'eau, que l'on a constaté qu'on ne trouve plus aucun microbe, aucun germe entre 1 m. 50 et 2 mètres de profondeur en forêt. C'est qu'avec ses arbrisseaux, ses fougères, ses mousses, ses herbes, ses microorganismes de toutes sortes, la forêt agit tout à la fois physiquement et biologiquement, à la façon d'un filtre.

Nos paysans ont donc bien raison de reconnaître la pureté des sources qui viennent des forêts, il n'est pas exagéré de dire qu'on ne peut espérer ni régularité ni salubrité des sources dont l'origine n'est pas protégée par la forêt.

***

Les forêts ont une influence certaine sur la propagation des maladies épidémiques, dont suivant Elisée Reclus, le déboisement serait une des causes principales.

Les divers modes d'action des bois sur l'éclosion et la marche des maladies épidémiques sont difficiles à préciser, car souvent l'influence de la forêt est indirecte et son rôle est difficile à mettre en évidence.

Il est toutefois certain que le réseau constitué par les branches, les tiges et les feuilles des arbres de nos forêts arrête les poussières en suspension, avec les germes morbides qu'elles transportent.

Dans la double action de la lumière et de la dissecation, les bactéries perdent leur virulence et quand elles sont de nouveau reprises par le vent, elles ne constituent plus que des corps inertes et sans nocuité. En outre, dans les forêts, les bactéries rencontrent un air très riche en ozone, dont on connaît la propriété destructrice des microbes et, suivant une thèse récente, l'air de la mer renfermerait deux fois moins d'ozone que l'air des forêts.

On comprend donc combien il est de maladies épidémiques tributaires directement ou indirectement du déboisement. Il semble qu'il en soit ainsi pour la tuberculose qui ravage surtout les régions dépourvues de massifs boisés. Si cette constatation est vraie pour la campagne, combien elle l'est encore plus dans les villes, où la tuberculose progresse, surtout dans les îlots dépourvus d'espaces libres ensoleillés et d'arbres.

Aussi, les municipalités, au lieu de construire à de très grands frais ces grandes maisons qui leur coûtent si cher et où on donne momentanément aux phtisiques de l'air, de la lumière et du repos, qu'on appelle des sanatoria, devraient-elles boiser et faciliter la conversion des terrains non bâtis en jardin au lieu d'imposer, comme elles le font, l'air et la lumière.

***

On le voit donc, quand il s'agit de sauver des arbres, inconsciemment ou consciemment, ceux qui travaillent pour la Beauté publique, sont les collaborateurs de ceux qui s'inquiètent de l'hygiène et de la salubrité publiques, de sorte que ce n'est pas assez de dire, avec Reclus, que le salut de la montagne et le salut de la plaine sont assurés par l'arbre, car au sort de ce dernier est étroitement lié aussi le salut de ceux qui demeurent sur ces montagnes et habitent ces plaines.

Nous pensons donc que le premier Congrès pour la Protection des Paysages voudra bien donner sa précieuse adhésion au vœu suivant :

« Que pour tout ce qui concerne la protection des arbres et l'aménagement des forêts, particulièrement pour tout ce qui a trait aux modifications des lois forestières, il s'établira une collaboration d'études d'efforts et d'action entre les hygiénistes et les défenseurs des Paysages. »

La parole est donnée à M. de NUSSAC, pour l'exposé de son rapport sur LE REBOISEMENT DU PLATEAU DE MILLEVACHES ET L'ACTION DE LA SOCIÉTÉ POUR LA PROTECTION DES PAYSAGES :

A ce Congrès international, j'ai été inscrit pour traiter une question d'ordre local, mais qui montre comment a porté fruit le patronage de la Société pour la Protection des Paysages, dans une affaire comme le reboisement d'une contrée de la France, qui a son importance au point de vue des Sites.

Cette contrée comprend la partie Ouest du Massif Central qui s'étend, avec les Monts du Limousin et de la Marche, en forme de patte d'oie, sur trois départements, la Corrèze, la Creuse et la Haute-Vienne. Ces monts sont reliés entre eux par un vaste plateau, le plateau de Millevaches.

Plusieurs affluents et sous-affluents importants de la Dordogne et de la Loire prennent là leurs sources : la Diège, la Sarsonne, la Corrèze, la Vézère, d'une part ; le Cher, la Creuse, la Gartempe, le Taurion, la Vienne, d'autre part.

Or, ce plateau de Millevaches et les petites chaînes de montagnes qui en dépendent sont, depuis des siècles, en grande partie dénudés, tandis qu'autrefois ils étaient couverts de magnifiques forêts : ce que l'Histoire et même les vestiges d'arbres dans les tourbières nous prouvent surabondamment.

Depuis longtemps déjà, des projets de reboisement avaient été agités qui n'avaient pas reçu, d'ailleurs, la moindre exécution. Çà et là, quelques trop rares planteurs isolés ont cependant réussi dans leurs tentatives particulières, mais sur une trop petite échelle, puisqu'il reste environ 300.000 hectares de landes et de rochers.

Ces landes et ces rochers sont surtout tapissés de maigres bruyères et parcourus seulement par quelques troupeaux de moutons. De loin en loin, des villages peu importants, entourés d'ombrages et de cultures, rompent la monotonie de la solitude, comme des oasis dans le désert. L'étude de la triste situation de ce pays, et la recherche des moyens pour y remédier, qui ont abouti à la création d'un Congrès de l'Arbre et de l'Eau en Limousin, comportent un enseignement de très haut intérêt scientifique — et même esthétique — autant qu'agricole et économique.

Les Congrès de la Loire navigable, du Sud-Ouest navigable, de la Navigation intérieure, ont demandé la plantation des arbres sur notre massif montagneux, pour obtenir la quantité d'eau nécessaire au déblaiement et à la régularisation de ses fleuves, comme à l'alimentation de ses canaux.

Les hygiénistes, les agronomes, les économistes réclament des rideaux d'arbres sur les hauteurs, pour protéger des vents froids les vallées inférieures, la plupart tournées du Nord-Est au Sud-Ouest, et améliorer les conditions climatériques du pays ; des forêts filtres pour assagir les torrents, fixer les terres végétales, assécher les marécages dans les bruyères ; des bois et des prés dont l'industrie restreindrait le courant de l'émigration qui, sans cesse, appauvrit la région.

Tous ces faits, et bien d'autres encore, ont été mis en évidence dans l'enquête menée sur le déboisement et le reboisement par le Groupes d'Études Limousines à Paris, que préside M. le Dr Louis Cruveilhier. Vingt-cinq praticiens des mieux avertis et des plus expérimentés de la contrée ont envoyé des rapports qui ont été étudiés pendant deux ans (1906 et 1907).

Cette enquête a soulevé, en outre, de nombreuses questions particulières, comme celles qui sont relatives à la condition des terres et à leur mise en valeur. Et toutes les faces du problème ont été envisagées tour à tour : l'esthétique des forêts, le culte et la fête des arbres, leur étude dans l'instruction primaire, leur défense comme ornement des Sites par les Syndicats d'initiative et la Société pour la Protection des Paysages.

Sur l'initiative du Groupe d'Etudes, il s'est même tenu un Comité parisien pour utiliser toutes les bonnes volontés et tous les concours, même étrangers au Limousin, et intéresser à sa cause les meilleurs éléments de la Société pour la Protection des Paysages ; c'est ainsi que se sont employés MM. Beauquier, Emile Cardot, Raoul de Clermont, le Dr Cruveilhier, André Mellerio, Adrien de Villemereuil, Robert de Souza, etc.

Un actif correspondant de la Creuse, M. le Professeur Léonce Manouvrier, présida même le Comité qui lança le questionnaire suivant, qui est tout à fait dans l'esprit de la Société :

IVe SECTION DU CONGRÈS DE BRIVE-TULLE 1909 : SITES ET PAYSAGES

QUESTIONNAIRE PRÉPARATOIRE

I. — Les Sites, Paysages, Monuments historiques, Objets d'art. Richesses du pays à ce point de vue ; ce qui est fait ; ce qui est à faire.

A) *Quels moyens de les mettre en valeur :*

a) Signalement ?
b) Expositions documentaires et artistiques ?
c) Collections publiques ?
d) Guides, cartes postales et publications ?

B) *Action sur l'opinion publique en leur faveur :*

a) Par la presse ? — *b*) Par l'école ? — *c*) Par la parole ? — *d*) Par les Sociétés ?

C) *Mesures de protection :*

a) Par la législation (application de la loi du 21 avril 1906 et extensions désirables) ?
b) Contre les déprédations provenant des travaux publics, des exploitations excessives, de l'industrialisme, des abus de l'affichage ?
c) Par les concours collectifs et individuels pour l'action et le fonctionnement des Commissions départementales des Sites ou celles des Monuments historiques ?
d) Contre les ventes ou vols d'objets artistiques ?

II. — Tourisme et Villégiatures : Leur développement en faveur des Sites, Monuments du pays, etc., ainsi qu'au point de vue social et économique.

A) *Mobiles :*

a) Besoin psychologique de changement ; Vacances ?
b) Hygiène, cures d'air ?
c) Curiosité et instruction ?
d) Sports, pêche, chasse, etc. ?

B) *Etat actuel :*

a) Usage et stations des villégiatures ?
b) Centres de tourisme ?
c) Tendances locales ; résultats acquis ?

c) *Efforts de progrès :*

a) Moyens de traction multiples et rendus plus économiques, en même temps qu'améliorés ?
b) Facilités de voyages, tels que les trains spéciaux, les circuits de chemins de fer, excursions par groupe ?
c) Action locale des diverses grandes Sociétés : Touring-Club, Automobile-Club, Club Alpin, Société de Géographie commerciale ?
d) Conditions hygiéniques exigées ?

D) *Les Syndicats d'initiative :*

a) Leur organisation ; leur action ; services qu'ils peuvent rendre ?
b) Leur entente et leur fédération dans la région ?
c) Leurs résultats moraux et commerciaux ?

III. — LA QUESTION HÔTELIÈRE (Condition vitale du tourisme et d'une bonne partie des villégiatures dans l'industrie hôtelière *intelligente* et *loyale*).

a) Où et comment, chez nous, l'industrie hôtelière peut-elle et doit-elle s'exercer ?
b) Exigences des étrangers pour l'habitat ; l'hygiène ; la nourriture ?
c) Applications qui peuvent être faites suivant les localités et les catégories de voyageurs ?
d) Exemples à prendre ailleurs, améliorations pratiques et désirables ?
e) Propagande à faire auprès des hôteliers pour leur donner conscience de l'esthétique et de l'intérêt du pays ?
f) Divers : Ressources dans la législation et l'administration publique ; l'entente entre hôteliers ; avantages et inconvénients ; mesures à prendre ?

Nota. — Les rapports ou avis sur telle ou telle partie de ce questionnaire seront : 1° concentrés au Secrétariat du Groupe d'Etudes limousines, à Paris, 13, rue Linné, dans le courant du mois de mars ; 2° confiés, selon leur importance, à des rapporteurs spéciaux, et discutés en réunions ; 3° présentés enfin en un rapport général au Congrès de l'Arbre et de l'Eau (4e Section) de 1909 pour en dégager des vœux, ce qui n'empêchera aucun auteur de traiter à part à ce Congrès les points qui l'intéressent.

Parallèlement au développement de la théorie, s'est effectué le passage à la pratique, toujours grâce aux concours que le Groupe d'Etudes obtenait.

A la suite de ses démarches au Ministère de l'Agriculture, appuyées par M. Beauquier, M. Emile Cardot, Inspecteur des Eaux et Forêts, l'auteur du *Manuel de l'Arbre,* fut chargée d'une mission officielle en Limousin, alors qu'il avait déjà préconisé au Groupe d'Etudes, un système de travaux mixtes de reboisement et d'améliorations pastorales.

Ainsi secondé, le Groupe a pu faire constituer, par les Conseils généraux de la Creuse, de la Corrèze et de la Haute-Vienne, une Commission interdépartementale, pour mettre en œuvre les moyens pratiques d'aboutir. Elle s'est réunie au Congrès de l'Arbre et de l'Eau qui se tint le 20 juin 1907, à Limoges. Ce Congrès, qui a créé le mouvement que nous suivons, possède, comme il est indiqué ci-dessus, une section spéciale aux Sites et Paysages, section dont le Groupe a singulièrement élargi la portée par le questionnaire cité plus haut.

D'autre part, M. Raoul de Clermont était délégué aux Congrès de Pau (1906) et de Bordeaux (juillet 1907), pour faire valoir le haut intérêt des travaux entrepris, devant l'Association Centrale pour l'Aménagement des Montagnes, et il décidait cette Association à tenir ses assises à Guéret, en 1908 (1). Là, comme du reste à Limoges,

(1) Voir compte rendu du 2e Congrès de l'Aménagement des Montagnes de Pau, 14, 15 août 1906, pages 104 à 121, le Rapport du BARON DE BELINAY, sur *Le Reboisement dans la Corrèze*, et pages 196 à 216, le Rapport de M. RAOUL DE CLERMONT, sur *Le Plateau de Millevaches, travaux du Groupe d'Etudes Limousines à Paris : Reboisement et améliorations pastorales.*

Il termine son rapport par la proposition du vœu suivant qui est adopté :

« Demander qu'en raison de l'intérêt général, des mesures soient prises en vue de la mise

et comme l'année suivante à Brive et à Tulle (juillet 1909), se sont rendus les membres actifs de la Société des Paysages, que nous avons indiqués.

Le Ministère de l'Agriculture, répondant toujours aux vœux du Groupe, constitua une Commission du plateau de Millevaches, qui achète 300 hectares de terrains incultes et en fait un vaste champ d'expériences de reboisement, pour prêcher l'exemple. Comme le Groupe d'Etudes a remis à cette Commission le dossier de ses enquêtes, pour qu'elle en tire profit, par cela même son rôle d'initiative est terminé. Il n'a plus qu'à remercier vivement la Société pour la Protection des Paysages du patronage et des appuis qu'elle a trouvés chez elle (1), et, en particulier, auprès de M. Raoul de Clermont.

Aussi, pour conclure, je dépose ce vœu : « Qu'il soit constitué des Sections des Paysages dans les Congrès analogues à celui de l'Arbre et de l'Eau qui fonctionne en Limousin et qui poursuit, avec le Groupe d'Etudes Limousines, à Paris, l'œuvre du reboisement sur le plateau de Millevaches (partie Ouest du Massif Central). »

---

en valeur des landes et tourbières du Plateau de Millevaches par des *Travaux mixtes de plantations forestières et d'amélioration pastorale.* »

Voir compte rendu du 1er Congrès international de l'Aménagement des Montagnes (IIIe Congrès de l'Aménagement des Montagnes), Bordeaux, 19, 20, 21 juillet 1907, pages 181 à 213, rapport de M. Raoul de Clermont, sur *Les Travaux du Groupes d'Etudes Limousines et de la Société pour la Protection des Paysages de France à Paris*, 1902 à 1907.

(1) Cf le *Bulletin de la S. P. P. F.*, 15 octobre 1907, p. 224 ; 15 octobre 1908, p. 69 ; 15 janvier 1909, p. 110. Consulter aussi L. de Nussac, *Pour le Reboisement d'un pays* (*La Science au* xxe *siècle*, n° du 15 janvier 1907, p. 334), puis sur le Groupe d'Etudes Limousines et son œuvre (son Bulletin trimestriel, *Le Limousin*, Paris, 13, rue Linné). 1er volume, 1907-1910, en particulier, pour le reboisement, pp. 14, 44, 114.

VI

Le Paysage à l'Ecole. — La Protection de la Flore et de la Faune

A la séance du mercredi 20 octobre, après-midi, Mme Lefèvre Saint-Ogan préside.

Mme la Présidente. — La parole est à M. André Mellerio, pour son rapport sur LE PAYSAGE ET L'ÉCOLE (1).

Lorsqu'une idée longuement discutée devient enfin vérité conquise, son triomphe ne paraît véritablement solide, que si elle passe dans l'éducation même des générations naissantes. Celles-ci l'aspirent, pour ainsi dire, dès l'enfance, la font intimement leur, et la portent avec elles durant toute leur vie. Ajoutons que dans un pays de large démocratie comme le nôtre, où l'enseignement obligatoire forme une des pierres angulaires, l'École est le véhicule d'une universelle diffusion.

Notre Société indiquait, d'une façon très précise, tout l'intérêt qu'elle attachait à cette importante question, lorsque, à l'occasion du Congrès tenu par la Société Nationale de l'Art à l'Ecole, à Lille, en juin 1908, elle prenait la décision suivante :

« *La S. P. P. F. approuvant l'idée du Congrès de l'Art à l'Ecole ;*

» *Emet le vœu que dans la décoration des locaux scolaires, une large part soit faite aux dessins, gravures et photographies représentant les principaux Paysages et Sites de France ;*

» *Que les maîtres et instituteurs apprennent à leurs élèves l'amour et le respect des Beautés naturelles comme une source de richesse et de patriotisme local.* »

(*Séance du Comité directeur du 13 mars 1908*) (2).

(1) La Société Nationale l'Art à l'Ecole, secrétariat général, quai de Béthune, 26, à Paris, compte parmi ses fondateurs notre excellent et distingué collègue, M. A. Mellerio. M. Ch.-M. Couyba, député, a, dans une note adressée à l'*Action Régionaliste*, fort exactement défini le but à atteindre (*Action Régionaliste*, 1907, p. 46) :

« Notre idée, en fondant l'Art à l'Ecole, n'a pas été, dit-il, d'unifier l'usage des pancartes scolaires ou d'uniformiser la construction des écoles sur tout le territoire. Bien au contraire. Nous souhaitons laisser à chaque pays son esthétique particulière et ses visions locales. Lorsque mon ami Léon Riotor, aujourd'hui secrétaire général de notre Société, m'entraîna à Anvers en visite pédagogique, j'en revins enthousiasmé, non pas seulement de la beauté des classes et du charme des élèves, mais bien encore parce que ces Flamands avaient su rester Flamands. Une des stipulations de notre règlement intérieur ne laisse aucun doute sur nos intentions décentralisatrices : la création de sections régionales.

. . . .

» Voyez ce que nous avons fait, Riotor et moi, à Nancy : nous fondons une section avec l'aide des articles du cru. Comment la baptisons-nous ? Section Lorraine. Quelle mission lui confions-nous ? Organisation d'un concours pour deux estampes murales d'école : sujet : un *paysage* et un métier lorrains, entre les seuls artistes lorrains, etc... Que chaque petite patrie fasse ainsi, pour le mieux de la grande. »

Rappelons, en outre, que M. André Mellerio a fait, au Collège libre des Sciences Sociales, de nombreuses conférences sur la Protection des Paysages. N. D. L. R.

(2) Voir *Bulletin de la S. P. P. F.*, numéro du 15 juillet 1908 : Direction et Propagande, page 63.

Ce vœu, envoyé à M. Ch.-M. Couyba, président de l'*Art à l'Ecole*, fut publié dans le *Bulletin* de cette Société, n° de juillet-août 1908, p. 12.

Il eut son retentissement, notamment à Angoulême, où la section locale de l'A. E., dirigée par M. Martin, a fait de louables efforts pour en amener la réalisation. Voir *Bulletin de l'A. E.*, nos de septembre-octobre 1908 et de janvier 1909. N. D. L. R.

En nous adressant à la Société Nationale de l'Art à l'Ecole, organe puissant et actif, nous savions que plus que toute autre, elle était susceptible d'aider efficacement à notre cause, dont elle approuvait le principe et partageait les idées.

En effet, cette association fondée à Paris, en février 1907 (1) (président : M. Ch.-M. Couyba, sénateur ; secrétaire général : Léon Riotor, 26, quai de Béthune), comprenant dans son sein des personnalités de l'enseignement, des lettres et des arts, ainsi que des amis de l'enfance, se propose, parmi les éléments essentiels de son but, « *de faire aimer à l'enfant la nature et l'art.....* » (2).

Cette indication générale s'est accentuée depuis au cours des travaux de la commission artistique, l'un des principaux rouages de la dite Société.

En voici des témoignages significatifs :

« *Les aspects de la Nature et des monuments fourniront souvent des sujets qu'on doit recommander.*

» *Comme corollaire, on approuvera, en principe, que les instituteurs puissent prendre, dans les Beautés naturelles, monumentales ou autres, se trouvant dans leur localité, ainsi qu'aux environs, un point de départ pour éveiller la curiosité artistique des enfants.* »

(*Procès-verbal de la séance de commission artistique de la S. N. A. E. du* 19 *avril* 1907).

« *Nous ne saurions trop recommander, à l'heure présente, la décoration florale. Ce mode si simple, si charmant, et si économique à la fois d'embellir la classe, met à la disposition des enfants des éléments naturels de décoration. Ils s'habituent à les manier et à les aimer, ce qui est le commencement du goût.*

» *Ainsi, sans leur imposer de formules strictes, éveille-t-on leur sentiment esthétique.* »

(*Séance de la commission artistique du* 29 *mai* 1907.)

Si nous passons au *Catalogue* des œuvres spécialement patronnées par la Société, nous y trouvons, au premier rang, les belles estampes en couleurs d'Henri Rivière, l'excellent artiste, dont la synthèse ornementale laisse transparaître le sentiment passionné et l'étude minutieuse de la Nature (3).

Enfin, il n'est pas jusqu'à la réforme de l'enseignement du dessin, commencée

(1) Consulter à l'égard de la Société et de son œuvre :

L'Art à l'Ecole, par M. Ch.-M. Couyba, sénateur, Président de la Société Nationale de l'*Art à l'Ecole*, et les Membres du Comité. Paris, Larousse. (Brochure de 144 pages avec nombreuses illustrations.)

Bulletin de la Société Nationale de l'Art à l'Ecole, Paris (publication mensuelle).

(2) *L'article 1*er des Statuts est ainsi conçu : « L'Association dite *Société Nationale de l'Art à l'Ecole...* a pour but de faire aimer à l'enfant la nature et l'art, de rendre l'école plus attrayante, et d'aider à la formation du goût et au développement de l'éducation morale et sociale. »

En ce qui concerne l'importance du rôle que la Nature peut et doit jouer dans l'éducation de l'enfance, consulter : Marcel Braunschvig : *L'Art et l'Enfant* (essai sur l'éducation esthétique), Toulouse, Ed. Privat, Paris, H. Didier, 1907. On lira tout particulièrement avec fruit les chapitres : V, *La Beauté des Villes* (p. 217) ; VI, *Les Beautés de la Nature* (p. 235).

(3) Voir les titres suggestifs des œuvres de l'artiste : *Les Aspects de la Nature ; Paysages Parisiens ; La Féerie des Heures ; Au Vent de Noroit ; Le Beau Pays de Bretagne ; La Clairière.*

C'est encore au talent d'Henri Rivière et à sa sympathie généreuse que la *Société pour la Protection des Paysages de France* et la *Société Nationale de l'Art à l'Ecole* doivent les modèles des estampes qu'elles décernent comme Diplômes d'honneur.

Dans la liste des œuvres patronnées par l'A. E. et qui doit s'augmenter dans l'avenir, citons encore :

Paysages et Monuments (collection Bullion et Neurdein), photogravures sur carton, 100 sujets.

déjà à l'école primaire et appliquée désormais aux établissements secondaires qui ne nous vienne en aide ? Ne fait-elle point, en effet, un juste appel aux facultés instinctives de l'enfant, et, par ce fait même de l'amener à représenter directement les objets et les êtres qui l'entourent, n'éveille-t-elle pas davantage son observation curieuse et sa sensibilité sympathique pour le monde extérieur.

Nous voulons signaler encore ici, une initiative des plus heureuses, due à la grande Société du Touring-Club. Elle a conçu et fait éditer, sous une forme élégante et pratique, deux Manuels illustrés, destinés à exercer la plus salutaire influence.

Le Manuel de l'Eau, par M. Onésime Reclus, est d'une belle élévation philosophique et d'une réelle poésie de langue.

Nous insisterons plus particulièrement, sous le rapport qui nous occupe en ce moment, sur le *Manuel de l'Arbre*.

Cet ouvrage, dû à M. E. Cardot, technicien émérite, constitue, par la clarté et la simplicité parfaite des idées et du texte, par l'appropriation des questionnaires et des résumés, un instrument de propagande absolument efficace pour nos idées, tant auprès des enfants des écoles que parmi les masses populaires.

Nous n'avons fait qu'indiquer, bien sommairement, les moyens de pénétration sur lesquels notre Société peut fonder un espoir légitime, pour la diffusion de ses idées, parmi les milieux scolaires, ainsi que le recrutement dans l'avenir d'un nombre sans cesse plus grand d'auxiliaires.

Nous devons conquérir les jeunes générations à notre cause. Comment ce résultat peut-il être obtenu ? Tout d'abord, par des promenades variées et intelligemment conduites, puis par la parole convaincue de l'instituteur, par des conférences, par des manuels, des livres et publications de toutes sortes. C'est encore par des estampes originales, inspirées de la Nature, ou de bonnes reproductions de nos sites pittoresques, par la décoration florale, par la multiplication aussi des jardins scolaires. Rappelons sans cesse combien la Nature est une éducatrice primordiale et vivifiante. Ne se révèle-t-elle pas aux fils de la France sous les aspects les plus variés et souvent enchanteurs. Nous prétendons qu'ils soient l'objet d'un pieux et universel respect, faisons-les donc comprendre et aimer dès l'enfance, car on ne défend avec énergie que ce que l'on comprend bien et que l'on aime passionnément.

M. A. de Villemereuil estime que l'on devrait créer autour des écoles, au moins dans les campagnes, un verger qui serait entretenu par l'Instituteur et les enfants eux-mêmes. Les fruits seraient partagés entre eux. Ainsi les enfants apprendraient à aimer la Nature, auraient des leçons pratiques d'histoire naturelle et de botanique.

M. Mellerio trouve très justes les paroles de l'orateur et il pense que l'on pourrait ajouter à son vœu une phrase à ce sujet, mais il se récuse pour la rédaction de cette phrase, parce qu'il s'agit là de matières purement pédagogiques auxquelles il est étranger.

Il est convaincu que l'on peut attendre une collaboration effective et constante des instituteurs. Il cite, à titre de précédent, ce qu'il a constaté et constate tous les jours à la Société l'Art à l'École qui n'a qu'à se louer de l'aide que lui donnent les instituteurs. Au surplus, fait remarquer M. Mellerio, nous ne demandons rien aux instituteurs, nous les prions, seulement, de pendre dans leurs classes des tableaux, des gravures que nous leur fournissons.

Le rapporteur cite encore en exemple ce qui a été fait à l'étranger dans cet ordre d'idées.

M. de Munck se plaint que les résultats obtenus dans son pays par l'école sont loin d'être brillants ; il n'en rend d'ailleurs pas responsables les malheureux instituteurs qui sont mal payés, surchargés de besogne, ayant à s'occuper chacun, de trop d'élèves turbulents.

M. de Girard estime qu'il faut, pour réussir, rallier le plus de concours possible. Il rappelle qu'on a proposé la collaboration des partisans de l'esthétique, avec les Botanistes et les Hygiénistes.

Puis il ajoute :

Je ne sais pas s'il sera possible d'inculquer l'amour de l'art et de la Nature aux enfants des écoles primaires. Ce qui fait que j'en doute, c'est que l'enseignement primaire ne me paraît pas fournir l'occasion de cet enseignement artistique, bien qu'il y ait à l'école primaire quelques leçons de choses et de sciences naturelles. Il me semble, au contraire, que cette occasion serait fournie par l'enseignement secondaire qui comprend dans toutes les parties du monde, de la botanique et de la géologie. Nous aurons des alliés le jour où nous demanderons que l'enseignement secondaire, qui a déjà pour mission d'enseigner les sciences naturelles, donne cet enseignement d'une façon poétique, qui ne chargera pas les programmes, qui ne surchargera pas les maîtres. Nous aurons aussi pour alliés tous ceux qui s'occupent de la réforme de l'enseignement secondaire. Vous savez où en est la question. L'ancien système consiste à avoir un livre et à l'apprendre par cœur. Dans beaucoup de petits pays qui ne se constituent pas un matériel scolaire à eux, on achète des livres faits à l'étranger. Il arrive alors ceci : par exemple, on parle de blocs erratiques et comme gravure on donne un bloc quelconque qui se trouve sur la route de Chamonix. Pourquoi cela ? Alors que nous en avons chez nous. Pourquoi parler d'une chose que l'on n'a jamais vue, que l'on ne verra sans doute jamais ?

Puis, pour les gravures dans les écoles, vous savez que cela s'use très vite, et puis les enfants ne les regardent pas. Ne vaudrait-il pas mieux aller sur le terrain ? A l'école primaire, ce n'est pas possible : il faut que les enfants s'amusent. Mais dans l'enseignement secondaire ce serait possible. Unissons-nous, nous qui avons le culte de la nature, à ceux qui poursuivent le même but et travaillons à ce que l'enseignement soit donné de façon plus objective. On a parlé du dessin : rien n'est plus vrai. Le culte de la Nature et le dessin, cela ne fait qu'un. Vous savez qu'on ne dessine pas dans les écoles. On a une équerre et un compas, mais cela ne sert jamais. Ce qui sert, c'est de sortir son petit crayon de sa poche et de dessiner d'après nature. La géographie aussi développe le goût. Mais comment s'enseigne-t-elle ? Trop souvent on l'apprend par cœur. Au lieu de s'exercer à tracer au tableau des cartes, si sommaires qu'elles peuvent être ?

Vous voyez comment, dans l'enseignement secondaire, soit par l'étude des sciences naturelles, soit par celle de la géographie, l'occasion s'offrirait d'introduire le culte de la Nature, de faire l'éducation artistique, sans charger les programmes.

Voici encore une dernière considération : à l'école primaire, on est un peu jeune. Vient ensuite l'enseignement secondaire. On commence par des classes de grammaire ; on parle grammaire, analyse, alors que l'esprit de l'enfant est fait pour contempler ce qui existe. On endort les facultés de l'enfant. Vers la fin seulement on s'occupe des sciences naturelles et alors les facultés endormies de l'enfant doivent se réveiller. Il faudrait renverser cet état de choses. Mais je ne veux pas m'étendre davantage sur des sujets si divers.....

L'orateur conclut qu'à son avis, c'est à partir de l'Enseignement secondaire seulement, qu'il faut inculquer des principes d'esthétique.

M. Mellerio demande que l'on vote son vœu (cité page 129) qui, en réalité, n'a rien à voir avec l'enseignement proprement dit, mais qui a besoin d'une extension internationale.

Le vœu de M. Mellerio, mis aux voix, est adopté.

Revenant à la discussion engagée, *M. Raoul de Clermont* déclare qu'il n'est pas de l'avis de M. de Girard. Il estime que c'est surtout à l'Ecole primaire que l'on doit éduquer l'enfant à ce point de vue spécial ; c'est lorsqu'ils sont très jeunes que beaucoup d'enfants se passionnent pour l'histoire naturelle. C'est donc à ce moment qu'on peut leur inculquer le goût des choses de la nature.

L'orateur cite l'exemple de ce qui se passe en Suisse où, dès les plus jeunes classes, on apprend aux enfants la protection des oiseaux. Les enfants versent même, de leur poche, 0.10 c. par an, pour la protection des oiseaux. Les enfants sont ainsi préparés lorsqu'ils arrivent à l'Enseignement secondaire plus complet et plus approfondi.

M. de Sailly tient à constater la bonne volonté des instituteurs pour toutes les œuvres auxquelles on les convie de coopérer.

M. Mellerio appuie les paroles de M. de Sailly et dit, qu'à son avis, il serait équitable, étant donné tout ce que l'on demande des instituteurs, de leur accorder des indemnités supplémentaires proportionnées à leurs services, émanant de leur initiative.

M. de Sailly indique qu'au Touring-Club on donne des subventions de 100 et 200 francs pour les créations de jardins-études ou de vergers scolaires, et que les bénéficiaires de ces subventions sont généralement des instituteurs, principalement de l'Alsace-Lorraine et de la Bourgogne.

La parole est donnée à M. Louis Ternier, pour l'exposé de son rapport, sur

LE PAYSAGE ET LA PROTECTION DE LA FLORE ET DE LA FAUNE.

La Nature, plus prévoyante que les hommes, semblait avoir créé la faune et la flore terrestres dans le but de concilier les besoins matériels de l'humanité avec ceux de son agrément. Les hommes ne l'ont pas compris ainsi. Cependant, joindre l'utile à l'agréable devrait être la devise du progrès. Malheureusement, le progrès, en outrant les sacrifices qu'il fait à ce qu'il croit être l'utile, a complètement oublié les leçons de la Nature et paraît n'envisager que les besoins matériels des humains. Se plaçant à un point de vue utilitaire mal compris, on s'efforce, depuis quelques années surtout, de tout subordonner au commerce, à l'industrie, à une exploitation irraisonnée des richesses naturelles.

On déboise à outrance. On abat les forêts, on saccage les paysages au profit de quelques particuliers qui prétendent agir dans l'intérêt général. Et c'est le mal dont souffre en ce moment la France : l'intérêt privé prime toujours l'intérêt public, et on laisse croire au public que son seul intérêt est en jeu. La première cause des bouleversements de notre sol, c'est toujours une opération financière.

L'établissement de voies de communication, de stations balnéaires, de casinos, d'exploitation de mines, est partout le résultat d'une entente entre des lanceurs d'affaires et des gens occupant des fonctions publiques qui, soit comme industriels, soit comme commerçants, ont un intérêt direct ou indirect à l'opération projetée. C'est ainsi que, sous le couvert d'intérêt public, les forêts disparaissent, les paysages s'enlaidissent, les rivières sont contaminées et finalement l'agrément artistique, intellectuel et moral des populations est sacrifié au seul profit de la fortune de quelques-uns de leurs membres.

Ce qui se passe pour la flore, les bois, les Sites et les Paysages, se passe également pour la faune. La disparition des forêts, des arbres, entraîne celle des animaux et celle des oiseaux. Et, toujours au profit de quelques-uns seulement, les animaux et les oiseaux sont systématiquement décimés. Sous le prétexte de permettre à une minorité de fileteurs et de poseurs de lacets, braconniers suivant la loi, de bénéficier des passages des oiseaux migrateurs, d'inqualifiables tolérances autorisent la destruction de millions d'auxiliaires précieux pour l'agriculture. Elles privent aussi nos campagnes d'hôtes charmants, de chanteurs agréables dont la valeur comme objets d'alimentation est contestable, mais dont l'utilité au point de vue esthétique et artistique mérite d'être prise en considération.

La Nature nous avait donné des forêts, des bois, des champs, des paysages admirables, à la fois utiles au point de vue matériel et en même temps utiles au point de vue de notre agrément. Elle y avait répandu des êtres utiles également à ce double point de vue. Nous aurions dû exploiter simplement les uns et les autres sans en abuser. Nous avons préféré anéantir les uns et les autres au profit de vagues et discutables améliorations de commodité, de confortable et surtout au profit d'intérêts pécuniaires particuliers. La Société des Paysages me paraît faire une œuvre de haute sagesse en essayant d'entraver les vandales qui dilapident à leur profit ces deux richesses nationales, la flore et la faune de la France.

C'est pourquoi, sur la demande de mon excellent ami, Raoul de Clermont, qui, en artiste et en admirateur de la Nature, s'occupe si activement et avec tant de fruit de la prospérité de notre Société, je propose au Congrès d'adopter le vœu suivant :

« Le Congrès, estimant que la flore et la faune de France constituent une richesse nationale, émet le vœu que soit mis à l'étude un projet de loi disposant que nulle entreprise pouvant porter atteinte à la conservation de cette richesse nationale ne sera autorisée sans avis préalable de la Société des Paysages de France, qui sera reconnue Société d'utilité publique. »

M. Harmand trouve le vœu de M. Louis Ternier excellent, mais il demande qu'on le rende international.

M. Raoul de Clermont fait le plus grand éloge des travaux de M. Louis Ternier, qu'il considère comme le spécialiste le plus autorisé et le plus compétent sur ces questions.

L'orateur préconise deux modes de protection pour les animaux rares, qui sont, selon lui, des Monuments naturels faisant partie du Paysage, et qui méritent d'être sauvegardés. Pour les uns, une destruction limitée, une chasse restreinte ; pour les autres, une interdiction absolue de les détruire.

Dans la première catégorie, il classe, notamment, les izards des Pyrénées, qu'il voudrait voir protégés en France, comme le chamois en Suisse, où il y a, dans des régions, des bans d'interdiction de 5, 10 et 15 ans, en prenant des limites naturelles telles que fleuves, rivières ou versants de montagne. L'autorisation de leur chasse ne durerait que très peu de temps.

Des mesures pour limiter la destruction ont également été prises en faveur des otaries, trop activement recherchées pour leur fourrure. La chasse pélagique a été interdite et leur capture a été réglementée.

Les derniers bisons et les élans d'Amérique, les aurochs de Lithuanie sont légalement protégés.

Il n'en est malheureusement pas de même pour tous les animaux rares et curieux, et il serait intéressant d'interdire, de suite, la destruction des derniers bouquetins survivants dans la vallée d'Arazas et dans la vallée d'Aoste, d'où ils vont se faire tuer par les braconniers, autour des sources de l'Arc. Ces animaux, très rares, ne se trouvent plus, en dehors de ces deux régions, que dans les Cordillières des Andes. Il faudrait protéger, en Amérique, les derniers condors et les derniers aigles dorés (1), dont il ne reste plus que quelques couples.

Il existe encore en France quelques très rares castors, vivant par couples, dans les ilons, les digues et les ségonneaux du Grand et du Petit Rhône, notamment entre Fourques et le Mas-des-Sauvages, en Camargue, entre Pont-Saint-Esprit et Salins-de-Giraud, dans le Gardon et dans l'Auvèze, dont M. Galien Mingaud, Conservateur du Muséum d'Histoire naturelle de Nîmes, s'est spécialement occupé.

Ces pauvres animaux, ingénieurs de leur nature, se permirent quelques travaux de construction le long des digues du Rhône. Immédiatement, le Syndicat des digues du Rhône de Beaucaire, les accusant de détruire l'œuvre de leurs concurrents de l'espèce humaine, mit leur tête à prix pour 15 francs par animal. Cette guerre dura de 1885 à 1891, et si M. le Professeur Velery-Mayet n'était pas intervenu pour faire supprimer cette destruction barbare, cet intéressant animal aurait disparu de la France. Quelques castors existent encore en colonies dans l'Europe centrale et orientale et en Norvège, notamment dans le département de Stavanger, dans le Saetersdal, dans le Telemark et dans le bassin du Nisserelv du département de Nedenaes (2).

Ces derniers survivants de l'espèce méritent d'être sauvegardés et protégés, ainsi que les quelques flamands qui ont l'imprudence de venir nicher régulièrement dans les Bouches-du-Rhône, et dont les œufs sont détruits. Le meilleur moyen serait de transformer la Camargue en un Parc National.

Le canton de Neuchâtel a réservé la montagne de Boudry, entre le lac et le Val-de-Travers, pour y faire un Parc National, destiné à y mettre à l'abri de la destruction et des chasseurs les animaux rares du pays, dont la race menace de s'éteindre (3).

Des parcs également pour la conservation et la protection des animaux rares ont été créés en Amérique, à Yellowstone, et par des particuliers, en Angleterre, à Tring, par S.-W. Rothschild et à Woburn-Abbey, par le duc de Bedford (4).

En Angleterre, des Sociétés particulières sont propriétaires d'îles aménagées spécialement pour assurer la sauvegarde, la nidification et la reproduction aux oiseaux de mer migrateurs (5).

En 1903 (6), M. le Président Roosevelt, par un Décret présidentiel, classa, comme réserve fédérale, l'île des Pélicans, de 2 hectares de superficie environ, située dans la Rivière Indienne, sur la côte orientale de la Floride.

C'est sur cet îlot que les pélicans blancs et bruns avaient, depuis longtemps, établi leur domicile ; ils y vivaient en paix, lorsque, en 1903, le caprice des élégantes mit leurs plumes à la mode pour l'ornementation de leurs chapeaux.

Les chasseurs se mirent aussitôt en campagne, et ces intéressants palmipèdes étaient en voie d'extermination lorsque, fort heureusement, intervint M. Roosevelt. Un gardien protège les bêtes de ce petit domaine, et son accès est interdit aux promeneurs.

En Scandinavie, des îles ont été spécialement réservées pour assurer aux eiders un refuge pour leur reproduction et leur nidification.

A ce moment Mme de Saint-Ogan abandonne la présidence qui est conférée

(1) Voir *Illustration*, n° 3501, du 2 avril 1910, pages 315, 316, 317 et 318. La photographie des oiseaux de proie : Aigles dorés et Buses rouges, de Californie, par William Lowell, Finley et Herman T. Bohlman.

(2) Voir article de M. Ch. Rabot, dans le *Bulletin de la Société de Géographie*.

(3) Voir Rapport Raoul de Clermont, à Liège, septembre 1905, Ass. Litt. et Art. int. : De la Protection des Monuments du passé, des Paysages et des Sites, p. 52, et *Bulletin de la Société pour la Protection des Paysages de France*, 1904, page 46.

(4) Voir Article de M. Louis Ternier dans la *Chasse Illustrée* (38e année), n° 14, du 20 juillet 1905, page 211, et Rapport R. de Clermont, au Congrès de Liège, page 52.

(5) Voir Rapport Raoul de Clermont, à Liège, page 53.

(6) Voir « *Dans l'Ile des Pélicans* », par G. Labadie-Lagrave (*Figaro*, samedi 20 janvier 1906).

à M. de Girard (1), délégué de la Confédération Helvétique. L'assistance applaudit le nouveau président qui déclare :

— Momentanément, ce sera la Suisse qui présidera et non moi !

L'Assemblée décide que les rapports ne seront plus lus et que l'on se contentera de donner connaissance des vœux proposés par les Rapporteurs.

M. de Clermont soumet au Congrès les vœux suivants :

1° Que les diverses législations, en s'inspirant le plus possible de la loi du 21 avril 1906 et des projets de loi devant le Parlement Français, prennent les mesures nécessaires pour la conservation des monuments du passé, des sites, des monuments naturels, et des paysages intéressants au point de vue artistique, scientifique, historique ou légendaire.

2° Que les mesures nécessaires soient prises pour la création de parcs nationaux et pour sauver de la destruction les animaux, les plantes et les minéraux particuliers au pays ;

Que des mesures spéciales soient prises, notamment pour éviter la destruction et pour restreindre et réglementer la chasse du chamois et de l'izard ;

Que des mesures d'urgence soient prises pour empêcher la disparition du bouquetin, du castor et du flamant en France et dans les pays voisins ;

3° Que dans chaque pays soit instituée une commission de classement des arbres et sites forestiers, intéressants au point de vue artistique, scientifique, historique ou légendaire.

M. de Girard voudrait voir changer le mot « minéraux » qui, à son avis, ne frappe pas le gros public dont il n'est pas compris.

M. Duval propose « spécimens géologiques ».

M. de Munck préférerait « monuments géologiques ».

M. de Clermont spécifie que, par son vœu, il demande la protection scientifique et la protection artistique. Il n'a pas parlé de dimensions, parce qu'il existe des minéraux très petits qui ont une valeur importante.

M. Harmand pense que la formule est assez large pour que le Congrès puisse l'adopter.

M. de Clermont fait remarquer qu'il a parlé des minéraux, parce qu'il a voulu mentionner les trois règnes de la Nature.

M. de Munck propose de mettre : les objets offrant un intérêt au point de vue des sciences naturelles.

M. de Girard indique : les monuments des trois règnes de la Nature.

Et il estime que le vœu pourra être voté tel qu'il est présenté si on ajoute après « minéral » le mot « remarquable ».

M. Beauquier trouve que le mot « remarquable » n'est pas assez précis.

Finalement, et sans nouvelles propositions, le vœu est adopté avec sa rédaction primitive.

Lecture est donnée des deux vœux suivants, au nom de M. R. de Clermont :

1° Que les municipalités établissent une taxe élevée pour les affiches-réclames proportionnée à leur surface et qu'elles délimitent expressément les endroits où il sera permis d'afficher ;

2° Que l'affichage soit formellement interdit sur et autour des monuments et sites classés dans un périmètre qui variera suivant les circonstances ; qu'une amende vienne sanctionner ces décisions.

(1) M. le docteur R. de Girard est professeur de géologie à l'Université de Fribourg, Président de la Délégation fribourgeoise de la Commission suisse pour la Conservation des Monuments naturels.

Il est l'auteur de l'intéressant ouvrage : « Le Chemin de fer du Cervin au point de vue de l'Alpinisme, des intérêts locaux, de l'esthétique naturelle et de la science ». (Fribourg, Suisse, Librairie de l'Université, avril 1907.)

Après les observations de MM. Duval, de Girard, Harmand et Mellerio, *M. Boni* déclare qu'il faut absolument prendre des mesures pour se défendre contre les abus de l'affichage. Il indique qu'à Venise, la municipalité actuelle a couvert la ville de placards qui nuisent à la beauté naturelle de la ville.

M. le Président rappelle le vœu déposé par M. de Montenach, demandant l'établissement d'une servitude de beauté, qui permettrait de donner une sanction pratique aux vœux proposés. Il demande que l'on ajoute au texte : en application du principe de servitude de beauté.

M. Beauquier pense que le meilleur moyen de diminuer le nombre des affiches sera l'application de la taxe proposée par le Ministre des Finances.

Les vœux sont adoptés.

M. Vaunois donne ensuite lecture d'une lettre qu'il a reçue d'un professeur au Collège Stanislas, qui signale un nouveau genre de vandalisme, — le bruit qui nuit aux satisfactions que peut procurer la vue des Paysages. Son correspondant lui écrit encore à ce sujet :

MONSIEUR,

J'ai si bien remis à vous écrire — dans le désir toujours contrarié de vous aller voir — que j'ai dû paraître impoli.

Je vous suis infiniment reconnaissant d'avoir lu ma lettre au Congrès et d'avoir eu l'intention de la joindre au procès-verbal. Je ne désespère pas de vous demander quelques conseils pratiques pour ma timide campagne contre le bruit. Je voudrais irriter les hôteliers de la rue de Rivoli contre les sifflets des bateaux.

Veuillez croire, Monsieur, à tous mes meilleurs sentiments et à mes sincères remerciements.

ERNEST DINNES.

M. Vaunois. — Ici, nous sommes tous des amis de la tranquillité et de la Beauté. C'est pourquoi nous acquiesçons au vœu qu'exprime cet honorable professeur de l'Université et nous désirons que des réglementations limitent les rumeurs incommodes et les bruits injustifiables.

VII

Régionalisme, Coutumes locales et Costumes

La parole est donnée à M. Vaunois, Avocat à la Cour, pour l'exposé de son rapport : PAYSAGES ET COSTUMES.

La question de la Conservation des Costumes (1) tient de près, assurément, à celle de la Protection des Paysages. Le Costume est souvent déterminé, au moins en partie, par la nature du sol, le climat, le genre de vie des habitants. Toujours il anime, complète, particularise le Paysage.

Je laisse de côté son rôle historique et social, ses relations avec les caractères de la race, ses traditions de clocher, les mœurs et les idées régionales. Nous savons qu'il témoigne l'attachement aux vieilles coutumes, qu'il constitue un patriotisme local et une défense contre les influences du dehors. L'habit ne fait pas le moine, mais il est en harmonie avec lui ; c'est un signe de ralliement ; il a servi parfois de bouclier moral à celui qui le porte.

Nous nous préoccupons ici de la Nature plutôt que de l'homme ; nous nous intéressons au voyageur qui traverse un pays autant qu'à l'indigène qui y habite. A ce point de vue esthétique, si l'effroyable banalité des vêtements purement utilitaires s'étendait, comme une lèpre informe, sur la plaine et sur la montagne, si elle venait, à satiété, nous poursuivre de localité en localité, affliger nos regards et gâcher partout le pittoresque, l'un des charmes des voyages, l'un des attraits de leurs souvenirs, ne disparaîtrait-il pas sans retour ?

Il est encore temps, en France, de lutter contre la suppression des costumes locaux. Ils existent toujours, quoique moins abondants qu'autrefois, sur toutes les côtes, de la mer du Nord à la Méditerranée. On les retrouve, sous les coiffures des pêcheuses de Calais et de Boulogne ; on les admire en Normandie, depuis le pays de Caux, en passant par les régions de la dentelle, jusque dans le Cotentin. La Bretagne reste l'asile des costumes les plus variés, les plus beaux, les plus riches, non seulement aux jours ouvrables, mais à tous les pardons, aux fêtes religieuses, aux cérémonies d'apparat. La Vendée avec ses marais salants, le Poitou, la Saintonge, nous amènent au bord de la Garonne, égayés par les foulards des Bordelaises, puis aux habillements des Pyrénéens et des Basques. Plus loin, c'est la Provence, où les Arlésiennes, d'elles-mêmes ou sous l'influence de Mistral, arborent leurs plus coquets ajustements.

Si l'on pénètre dans le Centre, le spectacle, là encore, change à chaque pas. Dès les bords de la Loire, en Sologne, en Touraine, dans le Berri, les coiffures pimpantes, les bonnets à fonds brodés varient leur complexité de village en village. Il en est de même dans le Nivernais, dans le Limousin ; les costumes de l'Auvergne renouvellent à leur tour le kaléidoscope des personnages sur le fond mobile des campagnes. Quant au Bourbonnais, il suffira d'évoquer la délicieuse figure qu'exposait récemment, au

(1) Sur la question du costume, voir, dans la revue l'*Action Régionaliste*, 1906, p. 457 l'article de Hugues Lapaire sur la Renaissance provinciale et la fête de la Renaissance provinciale, donnée aux Tuileries, le 15 juillet 1906. « Pendant quelques heures, la terrasse des Feuillants et celle du Jeu de Paume ont présenté une aimable reconstitution de notre vie provinciale. » Voir également le magnifique ouvrage de M. Jules-Charles Roux, ancien député de Marseille, sur le Costume en Provence. (Deux volumes in-4° de 250 pages chacun, ornés de 22 planches en couleurs, hors texte, et de 653 dessins originaux et illustrations dans le texte. A. Lemerre, Paris ; Ruat, Marseille, 1907.) N. D. L. R.

Salon, le sculpteur Mercié, cette paysanne exquise qui dansait la bourrée, inséparable, semble-t-il, de la jupe rayée et de la capote aux rubans noirs.

Non, le Costume, chez nous, n'est pas mort. Il faut reconnaître qu'il est malade, cependant. La ville gâte les champs, l'exemple de la dame tourne la tête à la fermière. Le chapeau fait du tort au bonnet, et la robe de soie aux jupes de bure. D'un autre côté, les grands magasins submergent de leurs confections et nouveautés les hameaux les moins accessibles. Le bon marché du vêtement commun, voyant et à la mode, offre l'excuse de l'économie à l'abandon du costume solennel et suranné des aïeules. L'uniformité des habits semble, d'ailleurs, affirmer cette égalité sociale et civique dont nous sommes si jaloux.

Mais n'introduisons pas la politique où elle n'a que faire. La redingote n'est pas pour le citoyen une marque d'affranchissement. La blouse des ancêtres, l'habit de travail de l'ouvrier ont leur raison d'être, aussi bien que les vêtements de fête. Nous devons être fiers des costumes nationaux, comme nous tenons aux liens qui rattachent les générations les unes aux autres.

Tout ce qui sort de la banalité chez les hommes, de même que parmi les aspects de la Nature, doit être respecté. Le Costume est un caractère régionaliste. Il faut l'empêcher de s'effacer.

Les efforts tentés en ce sens ont déjà produit quelques résultats. Des musées locaux ont été créés çà et là, non pas comme des temples de l'archéologie réservés aux choses mortes et aux civilisations disparues, mais pour réunir en un endroit ce que le temps ou l'espace avait séparé, pour présenter des modèles et exciter des émulations.

Les campagnardes copient les mœurs de la ville et de ce qu'on appelle le monde : il appartient aux classes, qui reçoivent le qualificatif de dirigeantes, de revenir aux costumes nationaux. Ce n'est guère qu'à l'étranger qu'on voit la grande dame se conformer ainsi aux anciens usages.

Les publications illustrées nous ont montré la cour de la reine de Roumanie, ou celle de la tsarine de Russie donnant cet exemple. Dans sa si intéressante conférence à l'Assemblée générale de la Société pour la Protection des Paysages, en avril 1909, M. Georges Maillard a rappelé les femmes de la société, en Suède, remettant en honneur, au moins aux jours de fête, les modes savoureuses de la Dalécarlie.

Une nation plus démocratique sera-t-elle moins soucieuse des costumes populaires ?

Pourtant, il n'en est pas ainsi partout. La mobilité du goût français a pour antithèse la constance relative des mœurs helvétiques.

Aussi bien, en tous les pays, d'actives influences peuvent être mises en jeu.

Puisque le voyageur fait, en quelque mesure, la loi, en amenant la prospérité sur son passage, le goût exotique et l'intérêt des commerçants vont trouver une heureuse convergence. Émules des hôteliers de l'Oberland Bernois et d'ailleurs, nos aubergistes ramènent déjà la vogue et attirent les clients en raffinant, dans nos bourgades, sur la couleur locale ; c'est pour eux un excellent calcul de faire tirer des armoires villageoises les corsages, les galons et les bijoux de leurs accortes servantes.

Les Syndicats d'initiative favorisent, à juste titre, cette renaissance.

Les poètes, les écrivains de terroir, entreprennent de réhabiliter le Costume par leurs descriptions, d'en renouveler la vogue par leur influence, de frapper les esprits, de déterminer le mouvemnt d'opinion décisif. Mistral et son groupe littéraire n'ont-ils pas infusé une vie nouvelle à la langue et au costume provençal ?

L'esprit régionaliste et décentralisateur s'accentue dans notre pays, en haine d'un régime qui a miné et décapité nos anciennes provinces. Le retour au Costume sera l'une de ses manifestations les plus intéressantes. Elle a l'avantage multiple de parler aux yeux, de redonner un essor indispensable à nos arts industriels, jadis si florissants un peu partout, dentelles, broderies et bijoux, de ressusciter les industries locales en train de disparaître.

Quant aux municipalités et autres autorités administratives, par l'organisation de fêtes, concours, par des subventions et encouragements de toute nature, elles accompliraient une partie de leur tâche, qui est d'aider au relèvement artistique et économique des populations confiées à leurs soins.

Je ne veux pas exagérer cette question du Costume, ni chercher la solution des problèmes sociaux. Elle tient, cependant, on a pu s'en rendre compte, à beaucoup d'autres. Le maintien ou le rétablissement des costumes locaux ne créera pas par lui seul une prospérité générale. Mais il est à souhaiter, à tous les points de vue ; tous les moyens d'y contribuer, auxquels nous venons de faire allusion, doivent être simultanément tentés. Le Costume est aussi pittoresque, aussi précieux que le Paysage le plus renommé. Le rapport si lumineux présenté par M. de Clermont au Congrès de Liège, en 1905, nous a tracé la voie, et nous n'aurons qu'à renouveler et compléter son vœu sous la forme que je vous propose :

Vœu de M. Vaunois ;

Que les municipalités et les autorités administratives de tous ordres coopèrent avec les écrivains, les artistes et les Sociétés régionales, en vue du maintien des costumes nationaux, et qu'on multiplie dans ce but les créations de musées spéciaux, célébrations de fêtes régionales, concours de coiffures et costumes et encouragements de toute nature.

M. le Président remercie M. Vaunois pour sa très intéressante communication.

Le vœu de M. Vaunois est adopté, avec l'addition du paragraphe présenté par *M. Raoul de Clermont*, qui demande :

Que dans les Musées de chaque ville soit affectée une place spéciale pour l'histoire du costume et les objets concernant l'art populaire, les usages et les fêtes de la localité.

(A ce chapitre se rattachent les divers rapports publiés précédemment sur le *Heimatschutz* et sur la Suède. Voir pp. 39 et 68.)

VIII

Clôture du Congrès

Fixation de la Prochaine Session

M. Duval soulève la question de la préparation du prochain Congrès. Le Président, MM. Beauquier, R. de Clermont, de Munck et Mellerio discutent si les rapports ou les vœux doivent être imprimés ou distribués avant ou après les séances. Finalement, il est décidé que ces diverses propositions seront transmises à la Commission des travaux, et M. de Clermont, rapporteur général, sur la demande de M. Harmand, est spécialement chargé de préparer la publication de la présente session.

M. Raoul de Clermont estime qu'il serait trop tôt de se réunir l'année prochaine, étant donné les nombreux Congrès auxquels les membres de la Société assisteront, en particulier celui de l'Art Public, à Bruxelles, qui comporte une section des Paysages.

M. Fuchs propose que le prochain Congrès ait lieu en Allemagne. *M. le Commandeur Boni* réclame que le second ait lieu à Rome. *M. René Vauquelin*, délégué de Nice, émet le vœu que celui qui se tiendra en France soit réservé à cette ville.

L'Assemblée décide que les futurs Congrès auront lieu tous les deux ans, comme l'a demandé M. de Clermont, que le premier se tiendra en Allemagne et le second en Italie.

M. le Dr Fuchs. — Au nom des délégués allemands (et je crois pouvoir dire aussi au nom de ceux des autres pays), j'ai l'honneur de présenter mes remerciements très cordiaux pour l'invitation qui nous a été faite d'assister à ce Congrès, en même temps que nos félicitations à la Société pour la Protection des Paysages et à son Président, pour la réussite de la session.

Ce premier Congrès international a parfaitement affirmé l'idée que j'évoquais, le premier jour, en disant qu'il y a ici un danger commun pour tous les pays industriels, le danger du capitalisme moderne. Spécialement, nous avons tous à craindre les problèmes économiques qui sont au fond de toutes ces questions.

Je suis sûr qu'en voyant comment on a entamé la lutte contre ces dangers, les différents pays s'inspireront d'un tel exemple.

C'est pourquoi je salue avec plaisir et empressement ce premier Congrès international, qui deviendra une institution perpétuelle.

Je vous remercie beaucoup d'avoir accepté notre invitation à tenir votre prochain Congrès, dans deux ans, en Allemagne, et, en terminant, je vous dis : « Au revoir, en Allemagne ! » (Vifs applaudissements.)

M. le Président de Girard. — M. le Dr Fuchs ayant bien voulu parler au nom des différents pays, je n'ajouterai rien pour la Suisse. Je me borne à vous adresser mes remerciements. On a fait à la Suisse un grand honneur en nommant un Suisse pour présider cette assemblée qui a tant de valeur intrinsèque. Mon pays en sera très heureux ; moi j'en suis très confus, parce que, personnellement, je ne le mérite pas. Seulement, je suis un très grand ami de la France, et tout ce qui se fait par la France, avec la France, remplit mon cœur de joie. (Applaudissements prolongés.)

M. Beauquier. — Messieurs, vous n'avez pas à nous remercier de vous avoir invités. C'est à nous de vous remercier d'avoir accepté notre invitation.

Comme je le disais en ouvrant la première séance, nous avons fait une sorte de répétition générale de ce qui se passera plus tard. Aussi demandons-nous pardon de toutes les lacunes, de toutes les imperfections de cette première organisation. Une autre fois, nous ferons mieux, surtout si nous avons quelques années pour nous préparer. Mais nous comptons sur l'indulgence et la bienveillance que vous nous avez témoignées.

Encore une fois, nous vous remercions tous d'avoir bien voulu accepter notre invitation.

Comme on le disait tout à l'heure, c'est un intérêt international — cela résulte de toutes les discussions qui ont eu lieu ici — c'est le patrimoine commun de l'Humanité que nous défendons. (Applaudissements prolongés.)

M. le Président. — Je suis obligé d'ajouter un mot aux paroles que vient de prononcer M. Beauquier. Il a parlé de lacunes ; je n'en connais qu'une, et c'est moi qui en suis responsable. J'aurais dû songer à remercier, en votre nom, à tous, M. Beauquier, qui a eu toute l'initiative. Je regrette beaucoup de ne pas l'avoir fait, mais il y a des choses que l'on sent tellement qu'il n'est pas besoin de les exprimer. (Chaleureux applaudissements.)

Un déjeuner à l'ambassade d'Allemagne a été offert par LL. AA. le Prince et la Princesse de Radolin, le lundi 18 octobre, en l'honneur du Président du Congrès et de la Société pour la Protection des Paysages de France.

Avec M. Charles Beauquier, assistaient à ce déjeuner : M. Anselme Changeur, Secrétaire général, Conwentz, Füchs, etc., ainsi que les membres de l'Ambassade.

***

Une excursion au château et au parc de Watteau, à Nogent-sur-Marne, a eu lieu, le mardi 19 octobre, sur l'invitation de leurs aimables propriétaires, Mlles Smith, qui ont fait prendre, place de la Bastille, les congressistes et leur ont fait gracieusement les honneurs de leur superbe Site, qui a été classé en vertu de la loi du 21 avril 1906, sur les instances de la Société pour la Protection des Paysages de France.

M. Charles Normand, d'ailleurs, a donné devant les visiteurs une très brillante causerie, pour rappeler les souvenirs historiques de l'endroit où est mort le peintre Watteau, et qui conserve son nom. Il a fait admirer le point de vue esthétique de cette merveille de la banlieue parisienne, qui commande le Val de la Beauté, sur les bords de la Marne.

L'excursion s'est terminée par un lunch somptueusement servi, offert par Mlles Smith, qu'en des toasts chaleureux, MM. Beauquier, Augé de Lassus et Mme Lefèvre Saint-Ogan ont vivement félicitées de conserver au pays un tel fleuron. Ils les ont remerciées de l'accueil fait aux congressistes et de l'aide généreuse qu'elles accordent à l'œuvre comme à la Société pour la Protection des Paysages.

Les délégués étrangers qui se sont fait présenter à ces dames, ont joint leurs compliments à ceux des orateurs.

***

Un banquet a été offert aux congressistes, le mercredi soir, 20 octobre, dans les salons Corraza, par la Société pour la Protection des Paysages, sous la présidence de M. Dujardin-Beaumetz, Sous-secrétaire d'Etat aux Beaux-Arts.

Au champagne, ont pris la parole successivement : MM. Beauquier, Conwentz, de Munck, Füchs, Georges Harmand, Anselme Changeur et M. Dujardin-Beaumetz lui-même.

Auprès de MM. Dujardin-Beaumetz et Beauquier avaient pris place : Mmes Beauquier, de Munck, Lefèvre Saint-Ogan, Marquette et Savine ; MM. Conwentz, Füchs, Conseiller Koechlin, Solta, de Munck, comte de Sarschot, Commandeur Boni, Albin-Perret, comte de Barck, Paul Léon, Augé de Lassus, Anselme Changeur, Louis de Nussac, Paul Marmottan, Eugène Hénard, Albert Duval, Raoul de Clermont, Dr Cruveilhier, Georges Maillard, Albert Vaunois, Georges Harmand, Adrien de Villemereuil, Georges Aubrun, Lefèvre Saint-Ogan, Savine, Paul Sébillot, Henri Spont (*Petit Journal*), Estienne (*Gil Blas*), Canu (*Siècle*), etc.

Après le dîner, M. Albert Duval a complété la soirée par une série de magnifiques projections, donnant des vues de Paysages, mais aussi de vandalismes.

S'étaient fait excuser, soit au banquet, soit au Congrès : MM. le Ministre de l'Agriculture, le Préfet de la Seine, le baron de Montenach, Wauwermans, Carton de Wiart, Osterrieth, Richardson-Evans, Prévet, directeur du *Petit Journal* ; Defert, Président du Comité des Sites au Touring-Club ; Robert de Souza, Ternier, Cuënot, F. Cros-Mayrevieille, Jean Canora, Dubuisson, député ; Lardy, ministre plénipotentiaire de Suisse, etc.

Le Parc de Watteau à Nogent-sur-Marne

Comme l'a expliqué très expertement M. Charles Normand dans sa causerie, c'est le 18 juillet 1721, qu'Antoine Watteau, le célèbre peintre des *Fêtes Galantes*, mourut à Nogent-sur-Marne, dans la belle propriété, sise 16, rue Charles-VII, qui appartient aujourd'hui à Mme Jules Smith, et que l'aimable et érudite cicerone faisait visiter aux membres du Congrès.

L'artiste qui est resté un des maîtres de l'École française au XVIIIe siècle, (né à Valenciennes, le 10 octobre 1684), fut emporté par une maladie de langueur dans tout l'éclat et la maturité de son talent, après une trop courte existence qu'il avait vécue, en dernier lieu, en Angleterre. Il était revenu mourant, à la fin de 1720 et un ami, M. Lefèvre lui avait prêté sa charmante résidence de Nogent, dont les jardins, en amphithéâtre sur la Marne, au milieu du plus riant paysage, lui offrait des études dignes de son pinceau, tout en assurant au malade un air pur et vivifiant. Mais il était trop tard : une phtisie pulmonaire avancée ne laissait aucun espoir de guérison.

« Watteau s'éteignit doucement dans cette délicieuse retraite où il ne demeura guère plus d'une saison, travaillant jusqu'au dernier moment, s'inspirant des ravissants aspects du Parc de Beauté et du Bois de Vincennes, que l'on retrouve dans ses dernières et plus charmantes compositions. » C'est, en effet, pendant ses quelques mois de séjour à Nogent, qu'il peignit : *Un Concert dans une Campagne*, tableau gravé par Boucher ; *La Fête de Village* et une *Vue du Village de Vincennes*, deux toiles inachevées, mais qui comptent parmi les chefs-d'œuvre du Maître. C'est aussi à Nogent que l'artiste malade, irrité contre la Faculté impuissante, continua la série des pièces satyriques, commencées en Angleterre, contre les médecins.

Watteau, décédé sans aucune fortune, légua ses portefeuilles à MM. de Jullienne, Hennin, Gersaint et l'abbé Haranger, qui le firent enterrer dans l'église de Nogent et lui élevèrent un modeste tombeau qui disparut ensuite pendant la Révolution, mais depuis le 15 octobre 1865, un monument rappelle la mémoire du grand peintre (1).

Quant à la propriété qui porte son nom — et dont nous sommes heureux de reproduire deux aspects, — Mme Smith en assure désormais l'intégrité et la perpétuité, par le classement en vertu de la loi Beauquier, ce qui conservera, comme le remarque André Hallays, un des paysages caractéristiques, en même temps que le plus beau, des hauteurs qui bordent la vallée de la Marne.

(1) Le tombeau de Watteau à Nogent-sur-Marne. Notice historique sur la vie et la mort d'Antoine Watteau, sur l'érection et l'inauguration du monument élevé par souscription en 1865, publiée par les soins du conseil municipal de Nogent-sur-Marne (Evocque, libraire-éditeur, Grande-Rue, 104), et à Paris, librairie Jules Renouard, 6, rue de Tournon, octobre, MDCCCLXV. — Brochure dédiée à S. A. I. Mme la princesse Mathilde.

Château et Parc de Watteau à Nogent-sur-Marne

Allée du Parc de Watteau à Nogent-sur-Marne

LA PRESSE

Avis, comptes rendus, articles, d'après le service du *Courrier de la Presse* et du *Lynx*.

BELGIQUE. — BRUXELLES : *Patriote*, oct., 26, 27 ; *Le Petit Bleu*, oct., 19, 26, 27 ; *La Meuse*, oct., 27 ; nov., 16 ; *Union Libérale*, nov., 6, 7 ; — VERVIERS : *Le Jour*, oct., 27 ; nov., 29.

CANADA. — MONTRÉAL : *Patrie*, oct., 19.

ITALIE. — BOLOGNE : *Il Resto de la Carlina*, oct., 22 ; — GÊNES : *Caffaro*, oct., 22 ; — *Il Lavoro*, oct., 22 ; — MILAN, *Perseveranza*, oct. 22 ; — ROME, *Corriere d'Italia*, oct. 22 (Miss Lorey) ; *Giornale d'Italia*, oct. 22 ; *Messagero*, oct., 17 ; *Popolo Romano*, oct., 22 ; *Tribuna*, oct., 17, 22 ; *Vita*, oct., 14, 22 ; — NAPLES : *Il Pangolo*, oct., 17, 22, 23 ; — PALERME : *L'Ora*, oct., 17, 22.

SUISSE. — FRIBOURG : *Liberté*, otc., 21 ; — GENÈVE : *Journal de Genève*, oct., 25 ; *Suisse*, oct., 19 ; *Tribune*, oct., 27 (Paul de Merry) ; — LA CHAUX DE FONDS : *Le National Suisse*, oct., 27 ; — LAUSANNE : *Gazette*, oct., 20, 21.

FRANCE. — PARIS, *Action*, oct., 19, 20, 23 ; *Action française*, oct., 8 ; *Action régionaliste*, nov. (Louis de Nussac) ; *Alerte*, oct., 3 ; *Atlas*, oct. (des Garets) ; *Aurore*, sept., 23, oct., 8, 16, 20 ; *Bâtiment*, sept., 23, oct., 8, 16, 20, *Bulletin de l'Art ancien et moderne*, oct., 21 ; *Chambre des Propriétaires*, nov., 1, 18 (Gabriel Mourey, d'après *l'Opinion*) ; *Comœdia*, oct., 10, 19, 21 (André Warnod) ; *Correspondance de la presse départementale*, sept., 22 ; *Croix*, oct., 7, 21, 22 ; *Démocratie rurale*, sept., 26 ; *Dion-Bouton*, oct., 8 ; *Eclair*, oct., 23 ; *Echo de Paris*, sept., 22, oct., 9, 22 (C. M. Savarit) ; *Echo du IXe arr.*, oct., 7, 14 ; *Estafette*, oct., 28 ; *Evènement*, sept., 24, oct., 19; 20, 22 (Frontis) ; *Figaro*, oct., 9 (René Gignoux, 19, 20, 22 ; *France*, oct., 13, 19, 20, 22 ; *Gaulois*, sept., 22, oct., 6 ; *Gazette de France*, oct., 7, 22 ; *Gil Blas*, oct., 22 (Maurice Cabs) ; *Grand National*, oct., 19, 20, 22 (J. Voltout) ; *Illustration*, oct., 9, 16 ; *Intransigeant*, sept., 22, oct., 3, 19 ; *Le Journal*, oct., 19 ; *Journal des Arts*, sept., 25, oct., 9 ; *Journal des Débats*, sept., 22 ; oct., 7, 19, 21, 22, 29 (André Hallays) ; *Journal des Deux-Mondes*, oct., 15, nov., 1 (A. de S.-Ogan) ; *Journal du Soir*, oct., 19, 20 ; *Liberté*, sept., 22, oct., 9, 19, 20, 22 (Claudien Ferrier) ; *Libre Parole*, sept. 22, oct., 20 ; *Matin*, oct., 19 ; *Mémorial diplomatique*, oct., 24 ; *Moniteur de Paris*, oct., 24 ; *Moniteur diplomatique*, oct., 24 ; *Moniteur général*, sept., 25 ; *Moniteur des Travaux publics*, oct., 21 ; *Mot d'ordre*, oct., 9 ; *Municipalités françaises*, oct. ; *New-York Hérald*, oct., 19 ; *Nouvelles*, oct., 9, 16 (Estienne), 18, 19, 20, 21, 22 ; *Opinion*, oct., 30 (Gabriel Mourey) ; *Paix*, oct., 15, 24 ; *Paris-Journal*, oct., 19, 20, 21 ; *Paris-Sport*, sept., 7, 20, 24 oct. ; *Patrie*, sept., 22, oct., 8, 20, 21, 22 ; *Petit Journal*, sept., 22, nov., 2 (H. Spont) ; *Petit Moniteur*, oct., 22 (Frontis) ; *Petit Parisien*, oct., 12 ; *Petit Temps*, oct., 20 ; *Petite République*, sept., 22, oct., 15 (Pierre Nolay), 19, 20, 21 ; *Presse*, oct., 19, 20, 21 ; *Radical*, sept., 22, oct., 19, 21 ; *Rappel*, oct., 22 ; *République*, oct., 19, 20 ; *Réveil*, oct., 10 ; *Revue*, nov., 1 ; *Revue des Artistes*, oct., 24 ; *Revue forestière*, nov. ; *Revue mensuelle du T.-C.-F.*, nov. ; *Siècle*, oct., 19, 20, 21, 22 (Max Dorville) ; *Soir*, sept., 24 ; oct., 14, 31 ; *Soleil*, sept., 24 ; oct., 19, 21, 22, 23 (Paul Nerval) ; *Temps*, oct., 3 ; *L'Univers et le Monde*, oct., 20.

Départements. — ANGERS : *Pays Bleu*, oct., 24 ; — AUTUN : *Autunois*, oct., 8 ; — BEAUNE : *Avenir*, oct., 17 ; — BESANÇON : *Petit Comptoir*, oct., 22, 24 (Max Dorville) ; *Dépêche républicaine*, oct., 9 ; — BORDEAUX : *Liberté du Sud-Ouest*, sept., 24 ; — BOULOGNE-SUR-MER : *Télégramme*, oct., 22, 23 ; — BOURGES : *Journal du Cher*, oct., 14 ; — CARCASSONNE : *L'Intérêt général de l'Aude*, janv. 1910 ; — CHALON-SUR-SAONE : *Courrier*, oct., 20 ; — CHARTRES : *Dépêche de l'Indre-et-Loire*, oct., 21 ; — CLERMONT-FERRAND : *Avenir*, oct., 15 ; *Moniteur*, oct., 19 ; — LE HAVRE : *Le Petit Havre*, oct., 21 ; *Le Havre*, oct., 21 ; — LAVAL : *Mayenne*, oct., 15 ; *Laval républicain*, oct., 17 ; — LIMOGES : *Courrier du Centre*, oct., 22, 31 (Paul de Merry) ; — LYON : *Le Lyon républicain*, oct., 26 (d'Urville) ; *Bien public*, sept., 23 ; *Nouvelliste*, oct. 25 ; — MONTPELLIER : *La Vie montpelliéraine*, oct., 24 (J. Charles-Brun) ; — NANTES : *Le Populaire*, oct., 16, 17 ; — NICE : *Dépêche*, oct., 31 ; *Petit Niçois*, oct., 30 ; *Union*, nov., 6 ; — PONTOISE : *Echo pontoisien*, oct., 12 ; — RENNES : *Journal*, oct., 15 ; — ROCHEFORT : *Courrier*, oct., 24 ; — RODEZ : *Aveyron républicain*, oct., 17 ; — ROUEN : *Dépêche*, oct., 19, 21 ; — SALINS : *Le Salinois*, oct., 24 ; — TROYES : *Petit-Troyen*, oct., 19, 20, 21.

TABLE ALPHABÉTIQUE

A

B

D

E

F

N

O

P

Q

R

TABLE DES MATIÈRES

PARIS & LIMOGES. — Imprimerie du *Courrier du Centre*, 18, Rue Turgot.

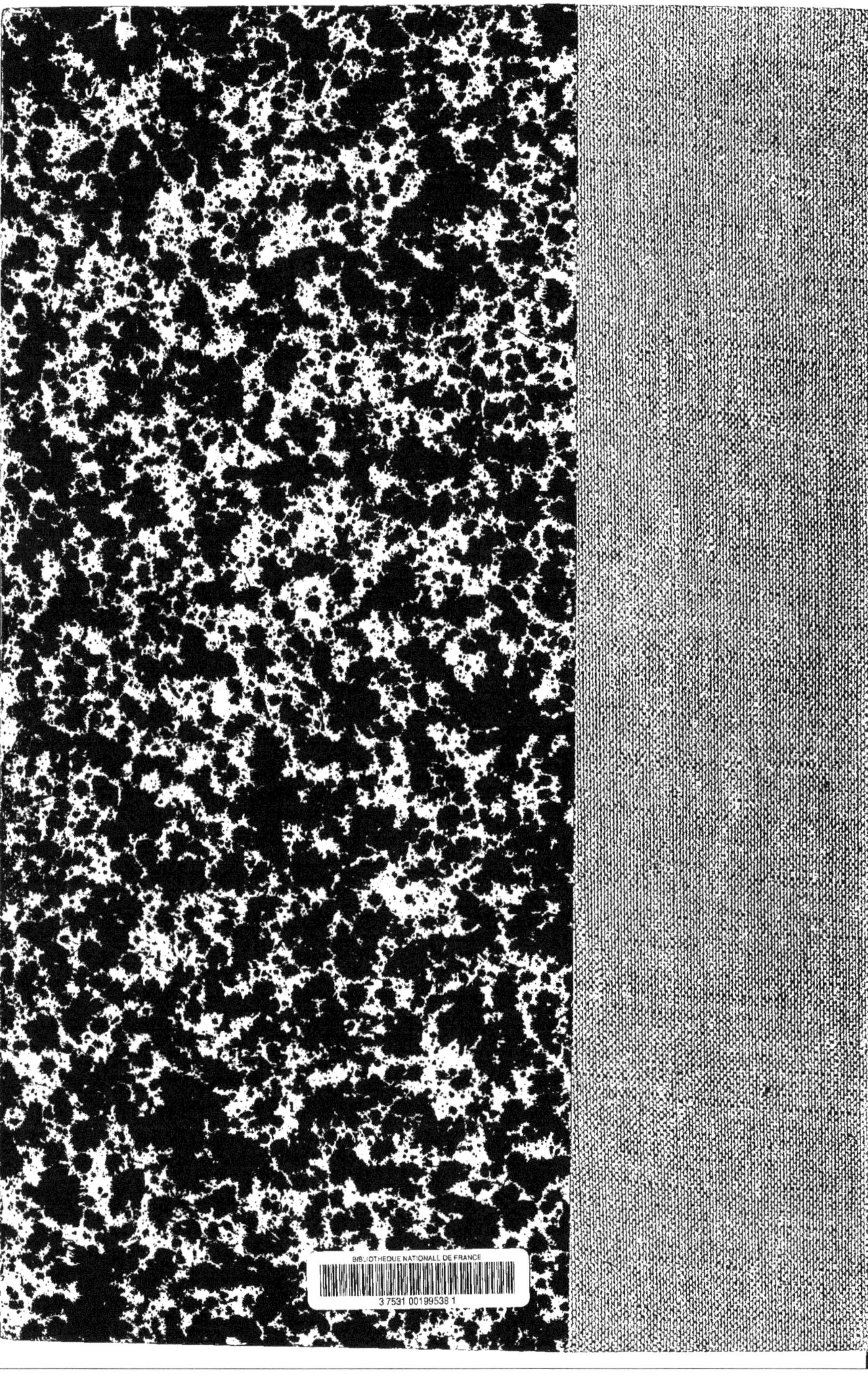
BIBLIOTHEQUE NATIONALE DE FRANCE
3 7531 00199538 1

www.ingramcontent.com/pod-product-compliance
Ingram Content Group UK Ltd.
Pitfield, Milton Keynes, MK11 3LW, UK
UKHW012218240726
13966UKWH00003B/824

9 782011 930187